大学新入生のための
基礎生物学

［第2版］

吉村 明／関 政幸 共著

ムイスリ出版

極微の世界

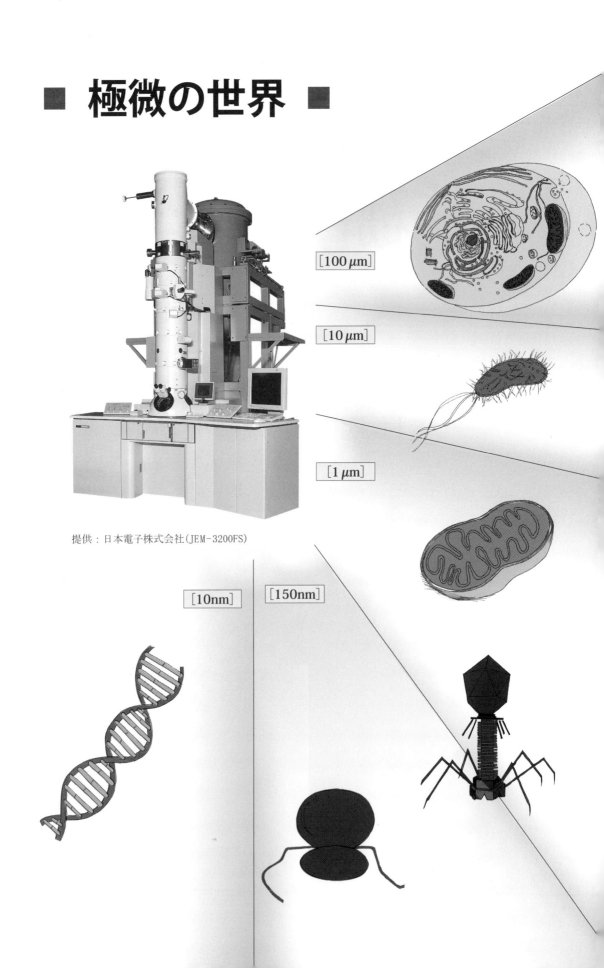

[100μm]

[10μm]

[1μm]

提供：日本電子株式会社（JEM-3200FS）

[10nm]　[150nm]

目　次

■ COLUMN 〜〜〜〜〜〜〜〜〜〜〜

序章　「我思う、ゆえに我あり」

　本教科書は、大学に入学した前期に生物学を習う学生を対象としたものである。従来の"大学の教科書""高校の生物学の教科書・参考書"ともまったく異なっている。たとえば、古典的実験であろうが、最先端の実験であろうが、科学史での発見の順番を無視し、読者が一番理解しやすい順に説明している。さらに、生物学全体を俯瞰でき、かつ最新のバイオテクノロジーの本質のみを短い間に理解し、そのうえで生物学を理解するための最小限の暗記物ができるようになっている。

　本書誕生の必然性は、本邦の中学・高校の教育課程における生物学の在り方、大学受験科目としての生物学、そして大学初年度で習うべき生物学の内容、の3者から導き出される。文系の学生の場合には、教養の一つとして「生物学」を学習することで、さまざまなマスメディアで報道される最新のバイオテクノロジーを十分に理解できるようになる。あるいは、自分とは何かという哲学的な問いへの回答に必要な生物学的知識が得られる。理系の学生の場合には、数学・物理・化学・工学を基盤として生物学自体を専門としない母集団と、生物学を基盤とした分野（医・歯・薬学、農学、環境学など）を専門にする集団に分かれる。

　前者においては、暗記物としての生物学ではなく、生命全体を俯瞰できるようになることを学習の主目的とする。なぜなら、文系と同様に教養としての生物学に加え、将来の自分の専門分野と生物学を融合させるような領域を切り開く専門家を生む一助となることを願ってのことである。そして、生物学を基盤とした専門分野に進む学生諸君にとっては、細分化された専門を習う前に、生命の全体像を新たな視点で捉え直すこと、および暗記物としての最低限の知識を習得することを目的としている。

　本書の使い方として4点の特徴がある。一つめは、生物学にまつわる暗記物への工夫である。高校までは教科書に加え、教科書ガイド、多種多様な参考書が存在し、学習者のニーズに合わせた学習教材を選択できる。しかしながら、大学で指定された教科書については、そのガイドは市販されておらず、また参考書は他の類似の教科書ということになってしまう。そこで本書では、重要暗記物を太字で区別する参考書的な要素を取り入れたので、学習に役立ててほしい。二つめとして、参考文献を2種類に分けたリストを巻末に掲載している。本教科書の内容に興味をもち、さらに本格的に深く勉強したい諸君に向け、（1）中・ヘビー級の500〜1,000頁の詳細な教科書、あるいは数頁ではあるが最新の英語原著論文のリストを載せている。一方、（2）もうちょっと知りたいが、手軽に読破できそうなもの、というニーズに対応して科学系の単行本のリストを載せておいた。三つめは、読者が知っているであろうことは説明なしに解説している。具体的には、ヒトも生物の仲間であるため、読者は脳・心臓・胃などの単語を知っている。読者は、高校の基礎化学で学習するメンデレーエフの周期表、原子や分子の基本的概

念、さらに酸素・二酸化炭素・水などの身の周りの分子は知っている（習った記憶がある程度でもよい）ことを前提とした。四つめは、ノーベル賞およびそれに匹敵する研究を行った日本人にまつわる話を記載したことで、それらの発見が読者の頭に残りやすいようにした。

　それでは、本書の主旨と使い方がわかったところで、生物学という窓を通じ、宇宙における自分探しの旅をはじめることにしよう。16 世紀フランスの思想家デカルトは、「我思う、ゆえに我あり」という有名な言葉を残している。いま、諸君は自らの意思でこの教科書を開き、読み、理解しようとしている。このようなヒトの意識や意思などの高度な精神活動について、現在の生物学ですべてを説明できるわけではない。しかし、意識をもつのに必要な最低限の物質的な基盤はわかっている。

　その一つが血液中のグルコース［ブドウ糖］濃度（血糖値という）にある。血糖値が 50 mg/ml 以下になるとヒトは意識障害が起きる。ヒトに ^{18}F-FDG（グルコース類似体で ^{18}F が崩壊した際に陽電子を放つようにした医薬品）を注射した直後に、そのヒトの全身を PET（陽電子と電子の衝突で生じた消滅放射線の検出装置）でスキャンすると、^{18}F-FDG が多い領域が浮かびあがる（図 0.1）。すると、脳に体全体の 20% の ^{18}F-FDG が局在していることがわかる。つまり、グルコースの大量消費が「我思う」を可能にしている。

　PET 以外の原理で脳の活性化を検出する装置に MRI がある。とくに、functional MRI では、Fe（鉄）量を強力な磁石で検出することで間接的に酸素消費量を計測できる。血液中で酸素を組織に運搬する赤血球中に存在するヘモグロビンは Fe を含む。脳が活性化すると "酸素と結合した Fe 量" が "酸素と結合していない Fe 量" に比べ増加する。前者のほうで磁性シグナルが高く検出されるので、活性化した脳領域を可視化できる（図 0.2）。

　以上をまとめると、デカルトが「我思う」と思考したと同様に、読者が本教科書の内容を理解しようとする行為に伴い、その脳内のさまざまな領域で酸素消費が増える。

　このような自分に関わる生命現象のみならず、地球上のすべての生物とヒトとの繋がりを、さらには生物と地球および宇宙との繋がりを科学的に理解することで、皆さんは「自分がどこから来て」、なぜ「我思う」ことが可能になったのかを大局的に理解することができる。ここで登場した「グルコース」と「酸素」は本書の全編を通じて登場する最重要キーワードに含まれる。それでは、早速、本編（第 1 章）に入ろう。

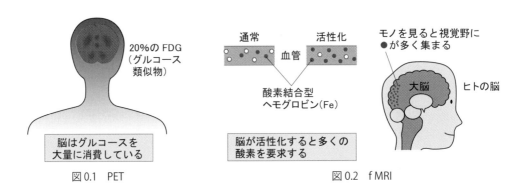

図 0.1　PET　　　　　　　　　図 0.2　f MRI

第1章　細胞とウイルス

1.1　「肉汁」と「茹でジャガイモ」　―微生物の発見―

　目に見えない微生物は、17世紀オランダのレーウェンフックによる顕微鏡の発明により、その存在が可視化された。また、17世紀イギリスのフックは細胞（Cell；小部屋の意味）を発見した。19世紀初頭ドイツのシュワンとシュライデンは、それぞれ動物や植物が細胞から成立していると主張している。微生物も動物も植物も、すべて細胞からなることから、「**生物は細胞からできている**」を第一の公理（その他の命題を導き出す前提となる仮定）と規定してよいだろう。19世紀中頃ドイツのウィルヒョウは、「**細胞から細胞へ**」（ラテン語で"omnis cellula e cellula"）を提唱している。これを第二の公理としよう。20世紀ノーベル賞受賞者であるフランスのジャコブは、この第二公理を「すべての細胞の夢は二つになること」と表現している。

　第二公理から、19世紀フランスでの有名なパスツールの「白鳥の首フラスコ」実験の結果が導き出される。煮沸した肉汁が腐るのは、空中に漂う微生物（第一公理より細胞でできている）が肉汁に落ち、それが第二公理の「細胞から細胞へ」によって繁殖した結果である。煮沸直後の微生物が落下する前に、空気は通るが、微生物の混入を防ぐ「白鳥の首」により、肉汁が腐らなくなった（図1.1）。これにより「生物の自然発生説」が完全に否定された。この発見は、微生物の混入を防いだり微生物を殺菌したりする応用に繋がり、現代の食品を長期間保存する方法、医療器具・医薬品の無菌化、社会基盤（水道の上水）の整備に活用されている。

　第二公理は、19世紀ドイツのコッホによる「茹でジャガイモ」の観察にも現れている（図1.2）。われわれの身の回りには、サークル状に増える生き物で溢れている。これは人類誕生以

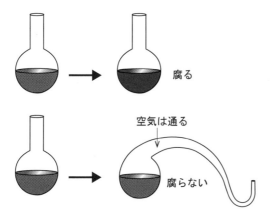

図1.1　白鳥の首フラスコ

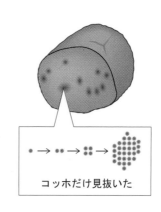

図1.2　茹でジャガイモ

来、誰もが目にしてきたものであり、その存在に何の疑問も抱かないのが通常である。ところが、コッホは放置された茹でたジャガイモに現れた模様を見ているうちに、その斑点の発生メカニズムを見抜いた。肉眼では見えない1個の微生物やカビの胞子という細胞（第一公理の生物は細胞からなる）が、冷えつつある茹でジャガイモ（高温により一度は殺菌された）の表面に吸着する。つぎに、第二公理に基づき1個から2個、2個から4個と倍々に細胞が増えていき、遂には肉眼で観察可能なサークル状の斑点になったと推察した。

　なお、本書では、細胞の化学成分の説明を章を追うごとに徐々に行っていく。しかし、その説明が一通り終わるまでは、細胞を単なる○として扱うことにする。

1.2　猛獣を捕獲する　―感染症の原因菌の同定―

　コッホは、弟子のペトリとともに「茹でジャガイモの事象」を微生物の研究へと転化することに成功した。具体的には、「栄養が含まれた寒天を高温で殺菌し液状化させた（パスツールの肉汁の煮沸に相当）ものを無菌シャーレに注ぐ。そこに無菌のふたを被せれば、パスツールの白鳥の首フラスコと同じ状態を作り出せる。寒天が冷えて固形化（コッホの茹でジャガイモが冷えた状態に相当）し、無菌で栄養が含まれた滑らかな固形の表面ができる」便宜上、これを"寒天培地"と呼称する（図1.3）。

溶けた寒天	固まった寒天	ふたをする
（パスツールの肉汁）	（茹でジャガイモの表面）	（パスツールの白鳥の首）

図1.3　寒天培地

　レーウェンフックによる顕微鏡での微生物観察やスケッチは、アフリカの草原で野生動物を望遠鏡で眺め、カメラを通じて写真を撮るのに似ている。ここで、望遠鏡で見えることや写真を撮ることとそれら野生動物を捕獲することは、別次元の話ということは自明であろう。コッホは、"寒天培地"を駆使し、ヒトに感染症を引き起こす微生物（本書では猛獣とよぶ）と、引き起こさない微生物を一網打尽に捕獲したのである。さらに、コッホは捕獲したどの微生物が猛獣か特定することができた。

　コッホはどうやったのだろう？　微生物などが原因で起こる疾病を感染症という。コッホは、感染者と非感染者のサンプル（糞便や血液など）を顕微鏡で比較観察し、感染者にのみ存在する原因菌を推定できた。しかし、顕微鏡での推定だけでは猛獣を捕獲したと宣言できない。そこで、感染者の糞便や血液などを適度に薄め、栄養を含んだ寒天培地に塗り、保温（ヒトの体温）し1〜数日放置（培養という）すると、寒天培地上にサークル状の斑点が生じる。この斑点は一つの細胞から肉眼で見えるまで増えたもので、**コロニー**とよばれる（図1.4）。一つ一つのコロニーを別々の試験管（滅菌した液体栄養培地［煮沸したパスツールの肉汁に相当］）

に移しとり、培養する。

　試験管一杯に増えた微生物を、それぞれ別々に小動物（ヒトに投与するわけにはいかないので、マウス・ラット・モルモットなどが用いられる）に投与する（図 1.4）。ヒトと似たような症状をもたらした試験管の中に、感染症を引き起こした微生物（猛獣）がいたと推定される。その試験管の中の微生物と同じ形態をした微生物が感染した動物から検出されること、さらにはヒトの感染者には該当の微生物が観察され、非感染者では観察されないことをもって原因菌の同定（猛獣の捕獲）が宣言された。

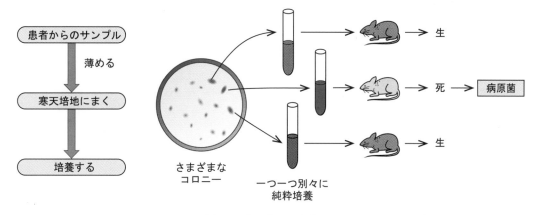

図 1.4　病因菌の同定法

　コッホとその弟子（北里柴三郎を含む）たちにより、感染症の原因という名の動物園がさまざまな猛獣で一杯になっていった。ちなみに、コッホは炭疽菌・コレラ菌・結核菌を、北里はペスト菌と破傷風菌を檻に入れた。北里の弟子である志賀潔が赤痢菌を、アメリカに渡った野口英世が梅毒スピロヘーターを捕獲した。これらが、医学に革命を引き起こした。

1.3　コロニーはどこまで大きく　―巨大多細胞生物―

　「茹でジャガイモ」に生えたコロニーは、どこまで大きくなれるのであろうか？ 多細胞生物（動物・植物・キノコ類など）は一つの受精卵が、2 個・4 個・・・と増えていった細胞群により構成され、ヒトの体は 40 兆個の細胞からなる。ヒト一人は、一つの細胞から増えたという点で「茹でジャガイモ」上のコロニーと同等である。したがって、過去から現在にかけて、巨大になったコロニーとは、多細胞生物でもっとも巨大なものが該当する。

　今日の陸上動物でもっとも大きいのはアフリカ象（約 7 トン）である。一方、絶滅した哺乳類のサイ類にあたるパラケラテリウム（3,600 ～ 2,400 万年前、20 トン）、トカゲの祖先が海棲爬虫類となったプリオサウルス（1 億 4,700 万年前、15 トン）、川で獲物を狩る肉食恐竜スピノサウルス（1 億 1,200 万～ 9,800 万年前、21 トン）、肉食恐竜 ティラノサウルス（6,800 ～ 6,600 万年前、15 トン）、巨大ザメ メガロドン（1,800 ～ 150 万年前、45 トン）が勢揃いしても、草食の恐竜 アルゼンチノサウルス（1 億 1,200 万～ 9,350 万年前、100 トン）の大き

さにはかなわない。ところが、カバを起源とする海棲哺乳類シロナガスクジラ（150 トン）は先のどの動物よりも大きく、しかも今日の海で生きている。そして、そのシロナガスクジラもかなわないのが、カリフォルニアの巨木セコイア（樹齢 3,500 年、2,000 トン）である（図 1.5）。

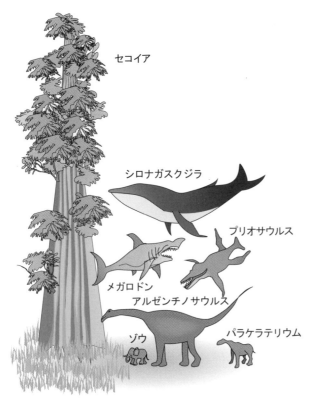

図 1.5　巨大コロニー

最後に、木に寄生するキノコ類であるナラタケ属の一種を紹介しよう。このキノコはコロニーとして、その菌糸が覆う地表面積が 965 ヘクタール（東京ドーム 4.7 ヘクタールの 205 個分、推定 544 トン）および、面積という点で世界最大の陸上生物である。このように、コッホの「茹でジャガイモ」上の斑点は、肉眼で見えない微生物から巨大生物まで、すべてで共通する第一・第二公理により説明される。

1.4　寒天培地が世界を変えた　―抗生物質の発見―

　寒天培地が変えた世界をもう少し眺めてみよう。イギリスのフレミングは涙に含まれるリゾチーム（細菌を溶かす能力をもつタンパク質）の殺菌力を測定するため、ブドウ球菌が寒天培地一面（たくさんのコロニー同士がくっついた状態）に生えたところに場所を決めてリゾチームを加えた。すると、リゾチーム周辺のブドウ球菌は溶かされ、殺された（溶菌）。1928 年のある日フレミングは、ブドウ球菌の生えた寒天培地を取り出したところ、サークル状に青カビがコロニーを形成していた（図 1.6）。フレミングはリゾチームの活性測定実験に使えないと思い、それを捨てようとしたが思いとどまった。なぜなら、青カビの周辺のブドウ球菌が溶菌していたからだ。これは、青カビが放出する物質がブドウ球菌を溶かしていることを意味していた。のちに、イギリスにおいてフローリーとチェーンはフレミングの青カビを大量培養し、そこから有機化合物ペニシリンを単離し実用化した。これが、**抗生物質・抗菌薬**第一号となり、第二次世界大戦中に多くの負傷兵や戦傷者を感染症から救った。

　フレミングらの発見に触発され、青カビ以外の生物 "放線菌" からストレプトマイシンを含むさまざまな抗生物質が単離され、病原性の菌の繁殖が原因で起こる感染症の治療に革命的な

リゾチーム
（涙の成分）

溶けて
透明になる

ブドウ球菌

ブドウ球菌が一面に広がっ
ていて、白く濁る

青カビ

溶けていた

〈フレミングの本来の研究〉　　　　　〈ペニシリン（抗生物質）の発見〉

図1.6　青かびのコロニー

効果をあげた。ストレプトマイシンは最初の結核に対する薬でもあり、後述する図6.14の反応を阻害する。結核は、戦国時代に豊臣秀吉の参謀だった竹中半兵衛や幕末の新撰組・沖田総司の死因であり、その後も第二次世界大戦終結まで、発症すると完治が困難な死病であり続けた。それが、続々と開発された抗生物質により完治への道が開かれたのである。

　ここで、青カビあるいは放線菌が放出する化学物質を抗菌活性の測定以外に転用した日本発の研究を三つ紹介する。筑波山麓の土壌中の放線菌から得た免疫抑制剤タクロリムス、これは臓器移植の際の拒絶反応を防ぐのに不可欠な薬となっている。コレステロール合成を制御し、動脈硬化を防ぐことで狭心症の予防薬となっているスタチンは青カビから得られた。静岡のゴルフ場の土から得た放線菌由来のイベルメクチンは、寄生虫駆除の特効薬として何億人もの人びとを救った。イベルメクチンを開発した大村智はノーベル賞を受賞している。

　寒天培地上でなされたいずれの発見も、コッホによる病原菌発見と酷似している（図1.4）。これを例として、科学研究（むしろあらゆる分野に置き換えてもよい）を進めるうえで、学ぶべき教訓の一つは、「先人の残した知識を吸収・消化したうえで、新しいことを加える、あるいは異なる視点から眺めることの重要性」である。同じことは、古今東西でもいわれている。2,500年前の中国の孔子は「温故知新」という表現を、万有引力を発見したイギリスのニュートンは「巨人の肩に乗って遠くを見る」という表現を残している。

1.5　網をすり抜けた小さな猛獣　—ウイルスの発見—

　1928年、アメリカのロックフェラー大学の野口英世はアフリカで黄熱病に罹り、死亡した。当時、海外において感染症で死亡したアメリカ国籍の者の遺体は、感染を危惧され、火葬ののちアメリカ本土への入国とされていた。しかし、彼の遺体は、密封された鉛の棺に収められ、英雄としてアメリカに帰還した。野口は梅毒スピロヘーターなどの感染症原因菌を捉えた微生物ハンターのプロだった。ところが、悲劇的にも黄熱病の原因は光学顕微鏡で見える菌ではなく、もっと小さな**ウイルス**だったのである。ウイルスを目で見るためには、本書のトビラ裏にある電子顕微鏡の登場する10余年を待たなければならなかった。

　ウイルスとは何であろうか？ウイルスは生物か否か？という議論は棚上げし、これまで述べてきた寒天培地でウイルスを捕獲する実験を最初に示す。栄養と寒天を含んだ培地を高温で無

菌化し、それが適度に冷えるまで待つ。その間に**大腸菌**（ヒトの大腸由来の菌。世界共通で実験生物の一つとして採用されている）と、それに感染するウイルス（バクテリオファージ：本書では単にファージとよぶ）を混ぜ、それをまだ人肌に暖かい液状の寒天培地と混合後、無菌的なシャーレに流し込み寒天を固める。その寒天培地を37度で培養すると、図1.7のようになる。寒天培地一面に大腸菌が増え白く濁る。その濁りに、ところどころ透明な丸い穴が見えるようになる。この透明な穴は、プラークとよばれている。

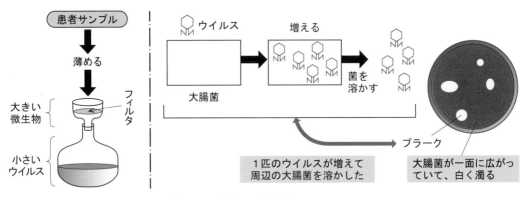

図 1.7　ウイルス

　プラーク形成は、1匹のウイルスが1匹の大腸菌に感染したところから始まる。ウイルスは大腸菌の細胞内で増え、大腸菌を溶かして隣の大腸菌に感染する。これが連鎖的に起こり、1匹の感染が肉眼で見えるところまで拡大したのがプラークである。このプラークから液体を取り出せば、ウイルスを捕獲したことになる（図1.7）。すなわち、たとえウイルスがどんなに小さくてもコッホ由来の寒天培地で捕えることができるのである。

　感染症を引き起こす原因が光学顕微鏡で見える微生物なのか、あるいは見えないウイルスなのかを区別するのは簡単である。両者は大きさに差があるので、感染症患者のサンプル液を素焼きろ過器に通し、すり抜けないもの（微生物）と、すり抜けたろ過液（ウイルス）のどちらが感染症の原因か特定すればよい（図1.7）。ウイルスの存在自体が知られていなかったのが野口の時代であり、野口は光学顕微鏡では見えるはずのない黄熱病ウイルスを追いかけていたことになる。

1.6　結晶になったウイルス　—ウイルスを構成する分子—

　植物のタバコに感染するタバコモザイクウイルスは、アメリカの片手の生化学者スタンリーにより、感染した葉（数トン）から精製された。その精製された液体中に結晶が現われたのである。それはウイルスが規則正しい構造を有する化学物質であることを示している。実際に、タバコモザイクウイルスは長いRNA分子の周りに**タンパク質**でできた殻がついたもので、電子顕微鏡で観察すると筒状であった（図1.8）。

　大腸菌に感染するT2とよばれるファージは、タコのような形をしており（図1.8）、DNA

とタンパク質からできていた。DNA、RNA、タンパク質は細胞内に見出される高分子化合物と
してウイルスの単離以前からわかっていたものである。これまでに同定されたウイルスには、
DNA あるいは RNA のどちらかとタンパク質が必ず検出されている。2020 年にパンデミック
を引き起こした新型コロナウイルスも RNA とタンパク質を含んでいる。

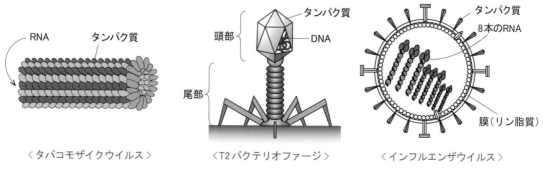

図1.8　ウイルスは物質

　さまざまなウイルスを電子顕微鏡で見ると、多彩な形をしている（図 1.8）。それは殻タンパ
ク質が多彩な形をとるためと予想される（実際にそうである）。一方、T2 ファージを高塩
濃度に曝すと、殻タンパク質に封じ込め、束ねられていた鎖状の DNA がほどけるのが観察さ
れる（図 1.9 (a)）。大腸菌やヒト細胞ではどうであろう。大腸菌やヒト細胞を部分的に壊し、
高い塩濃度に曝すと細胞の中に収納されていた 鎖状の DNA がほどけてくる（図 1.9 (b) (c)）。
読者はこれらの写真から、DNA の形はウイルスと細胞で同じという印象をもつであろう。そ
の直感が正しいことは、第 2 章で説明する。一つだけ大腸菌での写真に補足説明すると、プ
ラスミドとよばれる比較的小さな環状 DNA が観察される（図 1.9 (b) 矢印）。このプラスミド
DNA は遺伝子工学の主役として利用されており、そのことについては第 7 章で説明する。

真中はファージの殻
(a) ファージ

真中は大腸菌の残骸
(b) 大腸菌

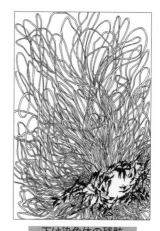

下は染色体の残骸
(c) ヒトの染色体

図 1.9　紐状の DNA

1.7 　細胞の増殖を化学式にできるか？　— 生化学 —

　高校の化学で、一般的な化学反応式は A＋B ⇄ C＋D と表され、反応を促進させるものとして触媒がある。化学的組成がわかっている水溶液で、大腸菌やヒト細胞が二つに増える反応を化学反応式で表せるであろうか？　答えは YES であるが、単純な一つの式では表せない。これまでにわかっている化学反応式は「生化学」とよばれる辞典のような教科書（200 頁［入門書］〜 1,000 頁［専門書］）に載っている。本書では、全生物に共通の重要な化学反応、および動物と植物の特性に関連する化学反応に絞って概説する。

　細胞で起こる化学反応式を単純化するために、ウイルスを使うことにする。大腸菌に T2 ファージ、Q β ファージを感染させると、それぞれ DNA とタンパク質、RNA とタンパク質からなる子孫のファージが生産される。同様に、ヒト細胞にヒト子宮頸がんウイルス、インフルエンザウイルスが感染すると、それぞれ DNA とタンパク質、RNA とタンパク質を含む子孫のウイルスが生産される。DNA、RNA、タンパク質は、細胞に普遍的に見出される高分子化合物である。DNA は動物細胞の核（第 9 章で解説）という構造体の中から検出された経緯から**核酸**とよばれ、現在は核酸といえば DNA と RNA を含めた名称となっている。そこで、化学組成の決まった培養液に細胞を加え、ウイルスを構成する核酸とタンパク質のできる過程から細胞での化学反応を理解することをはじめよう。

　大腸菌（ここでは親細胞とよぶ）を栄養に富む水溶液に入れ培養すると、20 分で娘細胞が形成され、それが 20 分おきに繰り返される。水溶液中の栄養分が枯渇して細胞増殖が停止するが、もし理想的な増殖環境を提供し続けられるなら、計算上 48 時間後には地球の重さを超えてしまう。大腸菌が生育できる最小限の化学成分もわかっている（図 1.10）。ここで、大腸菌が T2 ファージを生産する化学反応を考えてみると、この化学成分からファージを構成する DNA とタンパク質が合成されたことになる。

```
┌─────────────────────────────────────┐
│  大腸菌の最小培地 （M9 minimal medium）  │
│   ⎧ リン酸水素二ナトリウム               │
│   ⎪ リン酸二水素カリウム                 │
│   ⎪ 塩化アンモニウム                    │
│   ⎨ 塩化ナトリウム                      │
│   ⎪ グルコース                         │
│   ⎪ 塩化カリウム                       │
│   ⎪ 硫酸マグネシウム                    │
│   ⎩ 水                               │
└─────────────────────────────────────┘
```

図 1.10　大腸菌の最小培地の組成

　ヒト細胞が増殖するのに必要な培養液は、ヒト細胞を介してインフルエンザウイルスを生産するのにも必要である。培養液中の化学成分（図 1.11）から、ウイルスを構成する RNA とタンパク質（先の二つに加えリン脂質もできる：図 1.8）が合成されたことになる。実は、どのようなタンパク質でも、**20 種類のアミノ酸**に分解される。そのうちの 15 種類のアミノ酸と同じものが、ヒト細胞の培養液に添加されている。つまり、ヒト細胞に感染したインフルエンザウイルスの子孫ウイルス（図 1.8）は、培養液中の 15 種と、細胞自身で生合成した五つのアミノ酸を加えた 20 種のアミノ酸からできているのである。

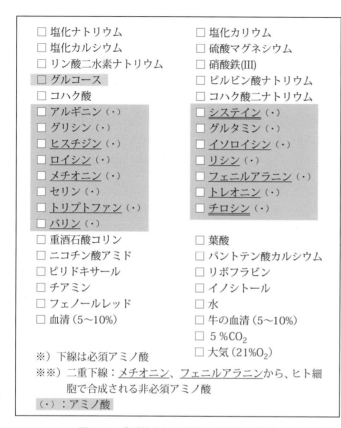

アミノ酸（図1.12）とは、アミノ基（-NH₂）とカルボキシ(ル)基（-COOH）および側鎖（R）をもつ。側鎖が変わるとアミノ酸の種類が変わる。20種類のアミノ酸のうち、アラニン、ロイシン、イソロイシン、プロリン、バリン、メチオニン、フェニルアラニン、トリプトファンは側鎖が疎水性の性質をもつ。その他のアミノ酸は側鎖が親水性で、電離して正の電荷をもつ塩基性アミノ酸、電離して負の電荷をもつ酸性アミノ酸、電離しない非電荷型の中性アミノ酸に分けられる。電荷をもつアミノ酸の側鎖同士はイオン結合で結合する。

図1.11　典型的なヒト細胞の培養液の組成

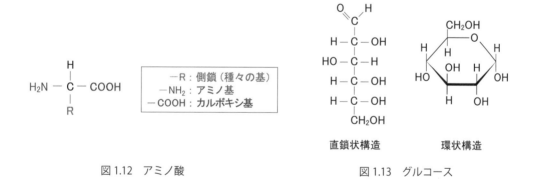

直鎖状構造　　　　環状構造

図1.12　アミノ酸　　　　　　図1.13　グルコース

　余談になるが、ヒト細胞を組成の決まった水溶液中で増殖できるようになるのは、感染症の原因菌や大腸菌の培養に比べ困難を極めた。コッホは晩年に「適当な培養液を使えば、おそらく動物細胞も培養できるのではないか」と周辺の弟子たちに話をしたそうだが、それを聞いた弟子たちは「師匠も歳をとったね」とささやきあったという。動物細胞の培養が成功したのはコッホの死後、半世紀が経過してからであった。

　ここまでで、ウイルスを構成するのが、DNA、RNA、タンパク質とわかった。また、大腸菌（図1.10）とヒト細胞の培養液（図1.11）の組成で共通しているものの一つに、グルコース（図1.13）が見出される。グルコース、アミノ酸、DNA、RNA、タンパク質などの分子の間にある関係を、

第 2 章以降で紐解いていこう。

　なお、図 1.11 の各成分の横にチェックボックスが付いている。読者は本書を読み進むうちに、徐々になぜその成分がヒト細胞の培養液に入っていなければいけないのか理解できるようになる。理解できたものからチェックしていき、いずれすべてにチェックが入る。その時点で、読者は " 細胞が生き、細胞が増えるのに必要な化学 " の大枠を理解できたことになる。

第2章　DNAと遺伝暗号

2.1　核酸の材料はグルコースとアミノ酸　─DNAとRNA─

　第1章で述べた大腸菌やヒト細胞の培養液中に6炭糖のグルコース（ブドウ糖）がある。このグルコースは、核酸であるDNA（Deoxyribonucleic acid）とRNA（Ribonucleic acid）の原材料となっている。核酸は、三つの構成要素、5炭糖・塩基・リン酸からなる。DNAは5炭糖としてデオキシリボースをもち、RNAはリボースをもつ。リボースとデオキシリボースの違いは2位の位置にヒドロキシ基（OH）があるか、水素原子（H）があるかであり、リボースから酸素原子が1個少ないのがデオキシリボースである。細胞が取り込んだグルコース（図1.13）は、リン酸の付加、炭素一つ除去、3位のHとOHの位置変換を経て5炭糖のリボース・リン酸となる。引き続き2位のOHから酸素（O）を抜き取ることでデオキシリボースもつくれる（図2.1）。5炭糖の炭素は番号を振って区別するが、核酸塩基を構成する炭素と区別するために、糖の炭素を指すときには数字にダッシュをつける決まりになっている。そこで核酸におけるデオキシリボースは2′位に水素原子（H）があると表現される（図2.3）。

　塩基は、プリンとピリミジンに大別される。塩基にはアデニン(A)、グアニン(G)、シトシン(C)、チミン(T)、ウラシル(U)がある（図2.2）。アデニンとグアニンはプリンに分類、またシトシン、チミン、ウラシルはピリミジンに分類される。プリン塩基は窒素を含む6員環と5員環が組み合わさった構造をしているのに対して、ピリミジンは窒素を含む6員環のみで構成されている。たとえば、痛風の病気の原因とされているプリン体はこのプリン塩基のことを指している。これら塩基は先ほどの5炭糖の1′位とグリコシド結合をしてヌクレオシドになる（図2.3）。アデノシンはアデニンにリボースが結合したものであり、リボースの代わりにデオキシリボースが結合するとデオキシアデノシンとよばれる。ヒト細胞は、培養の段階で、培養液（図1.11）から取り込んだ15種のアミノ酸に、自身で合成した5種のアミノ酸を加え、最終的には20種のアミノ酸をもつことになる。そのうち、アスパラギン酸・グルタミン・グリシンを使いプリン骨格を合成し、アスパラギン酸・グルタミンを使ってピリミジン骨格を合成している。プリンとピリミジンが、「窒素を含む塩基性の芳香環化合物」であるのは、窒素を含むアミノ酸から合成されたからである。

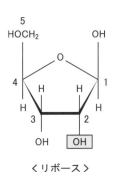
〈リボース〉

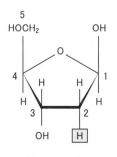
〈デオキシリボース〉

図 2.1　5炭糖

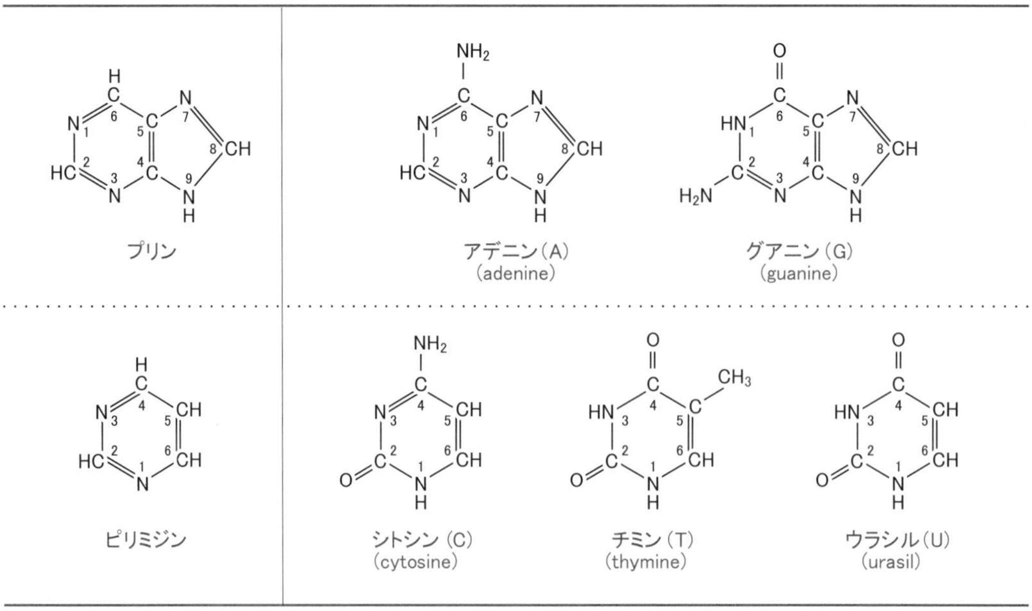

プリン
アデニン(A)
(adenine)
グアニン(G)
(guanine)
ピリミジン
シトシン(C)
(cytosine)
チミン(T)
(thymine)
ウラシル(U)
(urasil)

図2.2　塩基

大腸菌もDNAとRNAを合成できるにも関わらず、大腸菌を培養する最小限の化学成分（図1.10）の中にアミノ酸は含まれない。しかし、その培地に窒素源（NH_4Cl）が含まれている。大腸菌は、取り込んだグルコースを分解・加工し、窒素源と結合させることで、ヒト細胞の培養液中の20種類のアミノ酸すべてを自前で合成できるからである。ヒト細胞でも、20種のうち9種はグルコースの分解・加工で自前調達できる（図1.11では九つのうち下線なしの四つのアミノ酸が加えられている）。システインとチロシンの二つのアミノ酸は、それぞれメチオニンとフェニルアラニンを取り込んだヒト細胞により合成できる。残りの9種はヒト細胞には合成することのできないもので**必須アミノ酸**とよばれている。

最後に、リン酸の役割を説明する。リン酸は大腸菌とヒト細胞の培養液中に含まれているので、細胞はそれを取り込んで利用すればよい。細胞はヌクレオシドの5炭糖の5′位のヒドロキシ基（OH）にリン酸をつけ、**ヌクレオチド**とよばれる化合物を合成する（図2.3）。付加するリン酸は1個とは限らず、2個、3個とリン酸を結合できる。アデノシンであれば**アデノシン一リン酸（AMP）**、**アデノシン二リン酸（ADP）**、**アデノシン三リン酸（ATP）**となる。略語中のAはアデノシンを、Pはリン酸を意味し、M（mono：1）、D（di：2）、T（tri：3）はリン酸の数を表している。デオキシアデノシンにリン酸がつけば、**dAMP・dADP・dATP**になる。

5′
塩基
4′
1′
5炭糖
3′
2′
ヌクレオシド
リン酸
5′
塩基
4′
1′
5炭糖
3′
2′
ヌクレオチド

図2.3　ヌクレオチド

高分子としてのRNAやDNAを合成する際の材料に

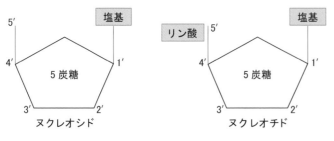

なるのは、それぞれ NTP（ヌクレオシド三リン酸）と dNTP（デオキシヌクレオシド三リン酸）である。DNA ではアデニン（A）、グアニン（G）、シトシン（C）、チミン（T）という 4 種の塩基が使われ、RNA ではチミンの代わりに構造的によく似たウラシル（U）が塩基として使われている。まとめると、細胞は、RNA の合成に必要な **ATP**、**CTP**、**GTP**、**UTP** および DNA 合成に必要な **dATP**、**dCTP**、**dGTP**、**dTTP** を自ら調達できるのである。なお、dTTP を作る過程で、**葉酸**を必要とする反応がある。大腸菌は葉酸を自分で作れるが、ヒト細胞は作れないため、ヒト細胞の培養液に葉酸が加えられている（図 1.11）。

RNA の合成材料の一つ ATP は、生命活動を支えるエネルギー源の役割ももつ。ATP はどのような形のエネルギーをもつのか、次節で説明しよう。

2.2 細胞のエネルギー通貨 ―ATP―

ATP のもつ三つのリン酸の存在状態を変化させてみる。ATP → ADP+Pi（リン酸の略）（図2.4）、ADP → AMP+Pi、ATP → AMP+PPi（ピロリン酸：リン酸が二つ重合したもの）、PPi→ 2 Pi、のいずれの反応でも**高エネルギーリン酸結合**が解放され、細胞内のさまざまな反応にエネルギー源として供給される。

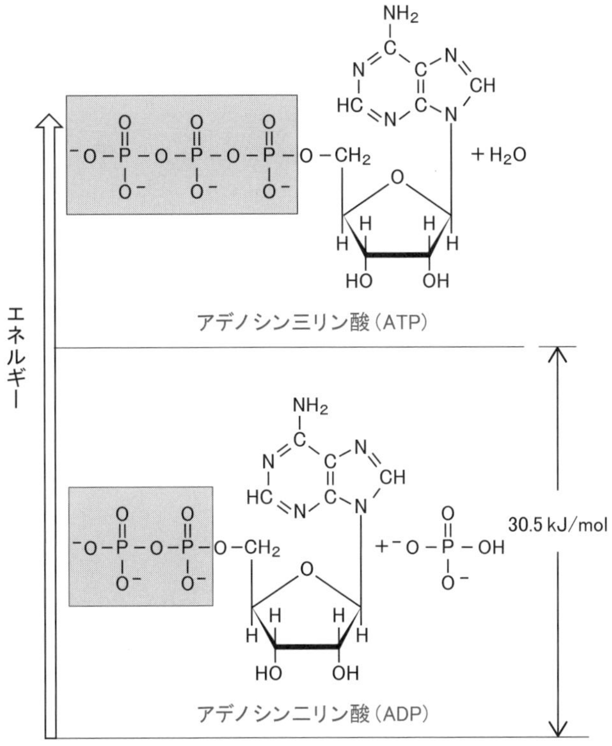

細胞は、RNA や DNA 合成の材料であるヌクレオチドをつくる（2.1 節）。グルコースとアミノ酸から、プリンヌクレオチドである各 ATP, GTP, dATP, dGTP を合成するのに投じられたエネルギーは 10ATP、ピリミジンヌクレオチドである各 CTP, dCTP には 7ATP、同じくピリミジンヌクレオチドである各 UTP, dTTP には 6ATP が投じられる。細胞は 8 種のヌクレオチドを揃えるだけでも 66 個もの ATP を消費し、一つのヌクレオチドあたり平均 8ATP が必要となる。

ここで、ウイルスに含まれる RNA あるいは DNA を、それを合成するための材料に用意するという観点と、エネルギーの観点から見てみる。大腸菌に感染する T2 ファージ（図 1.8）の DNA（図

$$ATP + H_2O \rightarrow ADP + リン酸$$
$$\Delta G^{\circ\prime} = -30.5\,\text{kJ/mol}$$

図 2.4 ATP

1.9（a））のゲノムサイズは約 170,000 塩基対、二重らせん構造（図 2.15）なので、その 2 倍の 340,000 ヌクレオチドで構成される。つまり、T2 ファージ 1 匹の DNA を合成するだけでも、340,000 ヌクレオチドの用意とそのヌクレオチド生合成に必要な ATP が最低 2,720,000（340,000 × 8）個は必要となる。ウイルスは核酸合成の材料ヌクレオチドを自分で用意できず、その材料を調達する際に必要なエネルギーである ATP も調達できない。よって、ウイルスが細胞に依存してでしか子孫ウイルスを生産できないのは必然とわかる。

2.3　ATPで活性化されるアミノ酸　―タンパク質―

タンパク質を構成する 20 種類のアミノ酸について説明する。牛乳・卵・肉・魚・大豆などタンパク質に富む食品はたくさんある。しかし、タンパク質が豊富かどうかを問わなければ、地球上の全生物（大腸菌やヒトおよびそれらに感染するウイルスを含め）もその構成要素としてタンパク質をもっている。生体高分子であるタンパク質を低分子の要素に分解すると、どの生物由来でも 20 種類のアミノ酸が現われる。この 20 種類のアミノ酸のうち 15 種は、ヒト細胞の培養液に加えられている（図 1.11）。すでに述べたように、大腸菌（植物もそうである）は 20 種類のアミノ酸をすべて自分で合成できる。ヒトでは合成できるアミノ酸（非必須アミノ酸）と、できないアミノ酸（必須アミノ酸、図 1.11 中の下線部）がある。ヒト細胞を培養する際は、ヒト細胞が調達できるアミノ酸があるものの、培養条件を最適化するため、必須アミノ酸全部といくつかの非必須アミノ酸、計 15 種を加えている。

アミノ酸からタンパク質を合成する下準備として、活性化型アミノ酸（アミノ酸+ATP+tRNA → アミノアシル tRNA+AMP+PPi：図 6.13）を用意する必要があるが、それに 1 分子の ATP が必要となる。したがって、ウイルスのタンパク質の合成は RNA や DNA の合成と同様に、その材料およびエネルギーのすべてを細胞に依存することになる。

2.4　核酸とタンパク質の関係は　―遺伝子 DNA―

ウイルスに含まれる核酸とタンパク質との間にはどのような関係があるのだろうか？　それに明確な回答を与えた実験がある。1952 年、アメリカのハーシーとチェイスは T2 ファージの成分である DNA とタンパク質の両分子を構成する元素を比較し、DNA にしか含まれない P（リン酸由来）、タンパク質にしか含まれない S（20 種のアミノ酸のうちメチオニンとシステインの側鎖）に着目した。彼らは、DNA を放射性の ^{32}P、タンパク質を ^{35}S にそれぞれラベル（標識）した親ファージを用意し、大腸菌に感染させた。

大腸菌にとりついた T2 ファージを取り除くため、料理用ミキサーブレンダーで撹拌し、その上澄み（大腸菌にとりついていなかったファージと大腸菌から剥がされたファージ）からほとんどの ^{35}S が検出された。一方、大部分の ^{32}P は沈殿した大腸菌に含まれていた（図 2.5）。

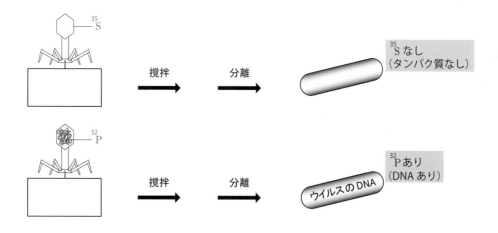

図 2.5　ハーシーとチェイスの実験

このことは、T2 ファージの DNA とタンパク質のうち、大腸菌に注入されたのは DNA であり、その DNA の情報をもとに大腸菌から子孫 T2 ファージが産生されたことを意味している。つまり、ウイルスのもつ DNA は、ウイルスのタンパク質の設計図であることが示され、DNA が親から子へと遺伝形質を伝える遺伝子の本体であることも示唆されたのである。

　彼らの結果を解釈すれば、親ウイルスが自分とそっくりな子孫ウイルスを誕生させるためには、感染した大腸菌の中で、(1) ウイルス DNA → ウイルス DNA、(2) ウイルス DNA → ウイルスタンパク質、という化学反応を起こす必要があると推測される。化学反応 (1) では、どのような機構で DNA をコピーする（後に「DNA 複製」とよばれる機構：6.1 節参照）のか？化学反応 (2) では、どのような機構で DNA の A, C, G, T という情報を、20 種類のアミノ酸からなる高分子であるタンパク質に転換する（後年に「転写：6.4 節参照」と「翻訳：6.7 節参照」とよばれる機構）のか？という疑問を解くことが重要であろう。

　科学史的には、T2 ファージより後年にわかったことであるが、RNA ウイルスの例を加えて考えてみよう。インフルエンザウイルス（RNA ウイルス）が感染した細胞では、ウイルス RNA → ウイルス RNA および、ウイルス RNA → ウイルスタンパク質という化学反応が起こる。エイズウイルス（RNA ウイルス）が感染した細胞では、ウイルス RNA → DNA → ウイルス RNA → ウイルスタンパク質という情報の流れができる。エイズウイルスの RNA の情報は DNA へと転換され、その DNA は感染した細胞の DNA と一体化してしまう。この驚くべき化学反応により、エイズウイルスは細胞本体の DNA という形で、感染細胞を殺さずに潜伏する。子孫エイズウイルスを産生するときは、DNA からウイルス RNA を作るとともに、その RNA からウイルスタンパク質を作る。

　この二つの RNA ウイルスからわかることは、(3) RNA → RNA、(4) RNA → タンパク質、(5) RNA → DNA、(6) DNA → RNA、という情報の流れが存在することである。実際に大腸菌やヒト細胞を含めた全生物の細胞で起こる反応は DNA → DNA（DNA 複製）、DNA → RNA（「転写」とよばれる）、RNA → タンパク質（翻訳）である。

　この、**DNA → RNA → タンパク質**への情報の流れは、「**セントラルドグマ（中心教義）**」とよばれている。T2 ファージでの DNA → タンパク質の流れ（図 2.5）は、実際には DNA → RNA → タンパク質であることがいまはわかっている。インフルエンザの RNA → RNA は、ウイルスの殻の中にこの化学反応を担う触媒（**RNA 依存性 RNA ポリメラーゼ**とよばれる酵素）が封じ込められていた。エイズウイルスの殻の中には RNA → DNA の反応を担う触媒（細胞で起こる転写 DNA → RNA と逆反応なので、「**逆転写酵素**」とよばれる）が封じ込められていた、という生き残りの仕組みである。

　ハーシーとチェイスの実験は見事だった。しかし、ひとこと言い添えるならば、彼らの 8 年前（1944 年）に、DNA が遺伝子の本体であることをアメリカのエイブリーが示唆していたのである。

2.5　エイブリー ─形質転換─

　1920 年代にイギリスのグリフィスは、肺炎双球菌（肺炎の病原菌）を用いた実験結果から**形質転換**（transformation）という概念を提出した。肺炎双球菌には、肺炎を引き起こす S 型菌（寒天培地で smooth に見えるコロニーを形成）と病原性がない R 型菌（rough に見えるコロニーを形成）が存在し、両者の差は多糖類莢膜（宿主の免疫機構による攻撃を防ぐ）の有無にあった。生きている S 型菌をマウスに注射すると肺炎を引き起こし、その感染マウスでは S 型菌が繁殖していた。あらかじめ加熱して殺菌した S 型菌をマウスに注射した場合は、肺炎にかからなかった。一方、生きている R 型菌をマウスに注射しても肺炎にならなかった。ここでグリフィスは、あらかじめ加熱した S 型菌と生きた R 型菌を混ぜてマウスに注射してみた。するとマウスは肺炎を発症して死んでしまい、その体内からわずかな S 型菌が検出された。この S 型菌はどこから来たのか？　外部から来たとは考えにくく、R 型菌の一部が S 型菌になったとグリフィスは考えた。この R 型菌が病原性を獲得し S 型菌に変換した現象のことを形質転換という。

S 型菌抽出物	+ R 型菌	→	R 型菌　一部 S 型菌が増殖
(a)　S 型菌抽出液 + DNA 分解酵素	+ R 型菌	→	R 型菌のみ増殖
(b)　S 型菌抽出液 + RNA 分解酵素	+ R 型菌	→	R 型菌　一部 S 型菌が増殖
(c)　S 型菌抽出液 + タンパク質分解酵素	+ R 型菌	→	R 型菌　一部 S 型菌が増殖

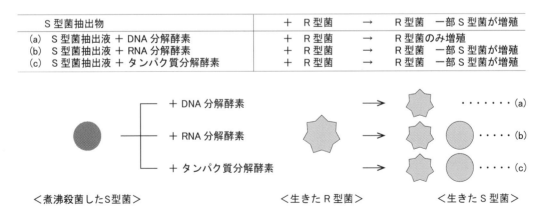

図 2.6　エイブリーの実験

　グリフィスの発見から 20 年後、エイブリーは "煮沸して殺した S 型菌" 由来の何らかの物質が、R 型菌を S 型菌へと形質転換させたと考え、それ（形質転換因子）の単離を目指した。煮沸殺菌した場合、S 型菌でも R 型菌でも、寒天培地でコロニーをつくらない。ここで、"煮沸殺菌した S 型菌" と "生きた R 型菌" を混ぜて培養すると、寒天培地上に R 型に混じって S 型のコロニーが現れた。エイブリーは、S 型由来の物質に対し、(a) DNA 分解酵素、(b) RNA 分解酵素、(c) タンパク質分解酵素、でそれぞれ処理後に、"生きた R 型菌" と混ぜ、その後に寒天培地上にコロニーを作らせた。すると、(b) や (c) の場合は S 型菌が現われたのに対し、(a) DNA 分解酵素では現われなかった（図 2.6）。エイブリーはこの結果から、「DNA が形質転換を引き起こす有力候補」であり、DNA が遺伝物質であることを示唆したのである。

2.6　クラゲ 85 万匹　─生物を緑に光らせる形質転換─

　ノーベル賞受賞者下村脩は、オワンクラゲから緑色の蛍光を放つ "緑色蛍光タンパク質：Green fluorescent protein（**GFP**）" を単離した（十数年にわたりオワンクラゲを集めて研究した。その数は 85 万匹を超える）。オワンクラゲは GFP の情報を担う DNA（"GFP をコードする DNA" とよぶ）をもっている。T2 ファージの DNA がウイルスの殻タンパク質の情報をもっているように。

　ここで、世界中で行われた形質転換実験を紹介する。"GFP の設計図となる DNA" を取り込んだ大腸菌やヒト細胞は、ともに GFP を産生し、緑蛍光を発するようになる。動物や植物の発生初期の細胞に、"GFP をコードする DNA" を取り込ませると、光るハエ・光るカイコ・光るマウス・光るサル・光るコメなどを作り出すことができる（図 2.7）。"GFP の設計図となる DNA" を導入された、いかなる生物由来の細胞も緑色に光る。この一連の実験は、「緑に光る能力をもたない細胞が、"GFP の設計図となる DNA" の導入により、緑色蛍光を放つ細胞に

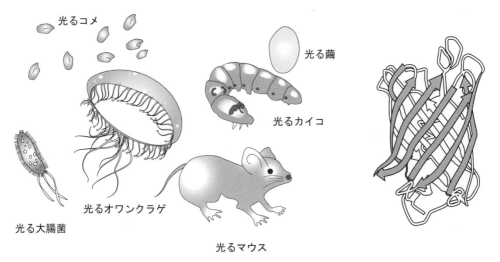

光るコメ　光る繭　光るカイコ　光るオワンクラゲ　光る大腸菌　光るマウス

図 2.7　光る形質転換　　　　　　　　　　図 2.8　GFP の構造

形質転換した」ことを意味する。驚くべきことは、オワンクラゲ由来の "GFP の設計図となる DNA" の情報を、生物学も DNA もタンパク質もまったく勉強したこともない、いかなる生物の細胞でもその DNA 情報を即座に理解し、GFP を産生できることにある。さらに特筆すべきは、ウイルス由来・大腸菌由来・ヒト細胞由来のどの DNA も紐状で同じように見える（図 1.9）のに対し、ウイルス殻タンパク質の形状が多彩（図 1.8）であり、緑色蛍光を発する離れ業をなす GFP のように、その形や性質には個性があることにある（図 2.8）。したがって、次に理解すべき問題点は、DNA（4 種の A, C, G, T）からタンパク質（20 種類のアミノ酸）への情報の転換、およびタンパク質が多彩な形をとれる原理にある。

2.7　ロゼッタ・ストーン　—遺伝暗号—

　勉強をしたことがないさまざまな生物が、"GFP の設計図となる DNA" の情報から GFP を産生できるなら、大学生の読者諸君にその暗号が解けないはずがない。ここでは、その暗号を自ら解読していくことにしよう。

　DNA は 4 文字をもち、タンパク質は 20 文字からなる。DNA の A, C, G, T の四つの塩基それぞれ 1 文字で特定のアミノ酸と対応させた場合 四つのアミノ酸としか対応させられない。DNA 2 文字なら AA, AC, AG, AT, CA, CC, CG, CT, GA, GC, GG, GT, TA, TC, TG, TT（つまり、$4^2 = 16$ 通り）により、16 アミノ酸と対応できるが 20 には足りない。DNA 3 文字、4 文字ではそれぞれ $4^3 = 64$、$4^4 = 256$ となる、どちらも十分に 20 アミノ酸と対応できる。DNA 3 文字でアミノ酸 20 個と対応していることを強く示唆した T4 ファージ研究もあり、DNA 3 文字とタンパク質 20 文字が対応することになる。このときの DNA 3 文字をコドンとよぶ。

　次に解読に入る。それには、実際の "GFP の設計図となる DNA" の DNA 配列と GFP のアミノ酸の配列を並べ、DNA のどの 3 文字がタンパク質のどの 20 文字に対応するのか当てはめ

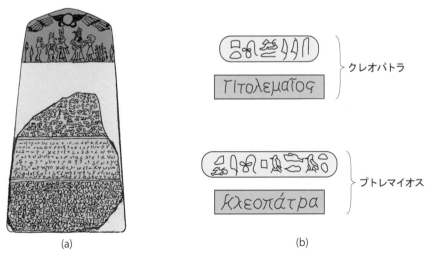

(a)　　　　　　　　　　　　　　　　　(b)

図 2.9　ロゼッタ・ストーン

```
ATG GTG AGC AAG GGC GAG GAG CTG TTC ACC GGG GTG GTG CCC ATC CTG GTC GAG CTG GAC  60
 M   V   S   K   G   E   E   L   F   T   G   V   V   P   I   L   V   E   L   D   20

GGC GAC GTA AAC GGC CAC AAG TTC AGC GTG TCC GGC GAG GGC GAG GGC GAT GCC ACC TAC  120
 G   D   V   N   G   H   K   F   S   V   S   G   E   G   E   G   D   A   T   Y   40

GGC AAG CTG ACC CTG AAG TTC ATC TGC ACC ACC GGC AAG CTG CCC GTG CCC TGG CCC ACC  180
 G   K   L   T   L   K   F   I   C   T   T   G   K   L   P   V   P   W   P   T   60

CTC GTG ACC ACC CTG ACC TAC GGC GTG CAG TGC TTC AGC CGC TAC CCC GAC CAC ATG AAG  240
 L   V   T   T   L   T   Y   G   V   Q   C   F   S   R   Y   P   D   H   M   K   80

CAG CAC GAC TTC TTC AAG TCC GCC ATG CCC GAA GGC TAC GTC CAG GAG CGC ACC ATC TTC  300
 Q   H   D   F   F   K   S   A   M   P   E   G   Y   V   Q   E   R   T   I   F  100

TTC AAG GAC GAC GGC AAC TAC AAG ACC CGC GCC GAG GTG AAG TTC GAG GGC GAC ACC CTG  360
 F   K   D   D   G   N   Y   K   T   R   A   E   V   K   F   E   G   D   T   L  120

GTG AAC CGC ATC GAG CTG AAG GGC ATC GAC TTC AAG GAG GAC GGC AAC ATC CTG GGG CAC  420
 V   N   R   I   E   L   K   G   I   D   F   K   E   D   G   N   I   L   G   H  140

AAG CTG GAG TAC AAC TAC AAC AGC CAC AAC GTC TAT ATC ATG GCC GAC AAG CAG AAG AAC  480
 K   L   E   Y   N   Y   N   S   H   N   V   Y   I   M   A   D   K   Q   K   N  160

GGC ATC AAG GTG AAC TTC AAG ATC CGC CAC AAC ATC GAG GAC GGC AGC GTG CAG CTC GCC  540
 G   I   K   V   N   F   K   I   R   H   N   I   E   D   G   S   V   Q   L   A  180

GAC CAC TAC CAG CAG AAC ACC CCC ATC GGC GAC GGC CCC GTG CTG CTG CCC GAC AAC CAC  600
 D   H   Y   Q   Q   N   T   P   I   G   D   G   P   V   L   L   P   D   N   H  200

TAC CTG AGC ACC CAG TCC GCC CTG AGC AAA GAC CCC AAC GAG AAG CGC GAT CAC ATG GTC  660
 Y   L   S   T   Q   S   A   L   S   K   D   P   N   E   K   R   D   H   M   V  220

CTG CTG GAG TTC GTG ACC GCC GCC GGG ATC ACT CTC GGC ATG GAC GAG CTG TAC AAG TAA  720
 L   L   E   F   V   T   A   A   G   I   T   L   G   M   D   E   L   Y   K   *  239
```

図 2.10　GFP の DNA 配列とアミノ酸より

れば良いだけである。これは古代エジプトの象形文字ヒエログラフ（神聖文字）の解読法と同じである。フランスのナポレオンが 1799 年にエジプト遠征でロゼッタ・ストーンを奪った。そのロゼッタ・ストーンとは、ヒエログラフ・古代エジプト民用文字（デモティック）・ギリシャ文字の三つが上から順番に並んだ石版である（図 2.9（a））。細かな違いがあっても、基本的には同一の文章がこの三つの書記法で著されているものと推測された。ロゼッタ・ストーンは英仏戦争の戦利品としてフランスからイギリスに渡り、1802 年から大英博物館で展示された。ロゼッタ・ストーンの写しは解読に向けて、イギリス内でオックスフォード、ケンブリッジ、エジンバラなどの名だたる大学に送られた。歴史の皮肉ともいえるが、ギリシャ文字に現われたクレオパトラやプトレマイオスが、ヒエログラフのどの文字にあたるのかなどを最終的に解読したのは、イギリスに奪われる前に実物のロゼッタ・ストーンを 9 歳で目にしていたフランスのシャンポリオン

1番目 (5′末端)	2番目				3番目 (3′末端)
	T	C	A	G	
T	Phe(F)	Ser(S)	Tyr(Y)	Cys(C)	T
	Phe(F)	Ser(S)	Tyr(Y)	Cys(C)	C
	Leu(L)	Ser(S)	終止	終止	A
	Leu(L)	Ser(S)	終止	Trp(W)	G
C	Leu(L)	Pro(P)	His(H)	Arg(R)	T
	Leu(L)	Pro(P)	His(H)	Arg(R)	C
	Leu(L)	Pro(P)	Gln(Q)	Arg(R)	A
	Leu(L)	Pro(P)	Gln(Q)	Arg(R)	G
A	Ile(I)	Thr(T)	Asn(N)	Ser(S)	T
	Ile(I)	Thr(T)	Asn(N)	Ser(S)	C
	Ile(I)	Thr(T)	Lys(K)	Arg(R)	A
	Met(M)	Thr(T)	Lys(K)	Arg(R)	G
G	Val (V)	Ala(A)	Asp(D)	Gly(G)	T
	Val (V)	Ala(A)	Asp(D)	Gly(G)	C
	Val (V)	Ala(A)	Glu(E)	Gly(G)	A
	Val (V)	Ala(A)	Glu(E)	Gly(G)	G

図 2.11　遺伝暗号表

であった（図 2.9（b））（もちろん、解読は大人になってからである）。

　話をもとに戻す。"GFP の設計図となる DNA" の配列と GFP のアミノ酸配列を並べ比較すると（図 2.10）、読者はシャンポリオンの苦労とは比較にならないくらい簡単に 64 からなる表（図 2.11）の半分以上の暗号を埋めることができる。ATG とメチオニン、TGG とトリプトファンのように DNA の 3 文字とアミノ酸一つが対応する場合もあれば、4 種の 3 文字 CCT・CCC・CCA・CCG が一つのプロリンと対応する場合、最大で 6 種の DNA の 3 文字 TCT・TCC・TCA・TCG・AGT・AGC が、セリン一つと対応する場合もある。図 2.10 の比較からだけでは埋まらない 3 カ所は、対応するアミノ酸が存在しない（その意義については第 6 章で説明する）。この表は、ヒエログラフとギリシャ文字との対応という狭いレベルではなく、これまでに地球上でわかっている全生物に共通の暗号を解いたという普遍的レベルの**遺伝暗号表**（図 2.11）にあたる。

2.8　多彩な形をとる　―タンパク質の高次構造―

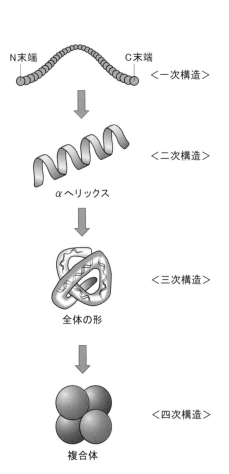

図 2.12　タンパク質の構造

　ウイルスごとに形が異なるのは、ウイルスの殻タンパク質の形が異なるからである（図 1.8）。GFP の形は緑色蛍光を発する（図 2.8）。それでは、GFP のアミノ酸配列は、どのように立体構造を形作り、最終的に緑色蛍光の発色につながるのであろうか。タンパク質の立体構造の形成において、アミノ酸配列（図 2.10）は**一次構造**とよばれ、その上 3 段階（二次・三次・四次）の構造形成が起こる（図 2.12）。**二次構造**は、アミノ酸の間で水素結合が行われ、らせん状の構造（αヘリックス）やジグザグの構造（βシート）をとる。この二つの二次構造を発見したアメリカのポーリングは、風邪をひいて寝込んでいるときにそのアイデアが浮かんだとの逸話が残っている。**三次構造**は、二次構造が側鎖間のジスルフィド（S—S）結合（二つのシステインの－SH 基の間で起こる架橋）や疎水結合などによって折りたたまれて立体構造を形成する。GFP のように三次構造形成により機能できる（光る）タンパク質もあるが、三次構造をもつ二つ以上の複数のタンパク質が集合して複合体を形成することを**四次構造**とよぶ。ウイ

ルスは、まさに殻タンパク質が集合してできているため、電子顕微鏡で眺めたウイルスの形（図1.8）は、タンパク質の四次構造を見たことにあたる。

　アミノ酸配列が変化することは、タンパク質の形が変わることにつながる。ここで、アミノ酸配列は DNA 配列に対応していることから、DNA 配列が変わる（変異とよんでいる）→ アミノ酸配列が変わる → タンパク質の形が変わることになる。全長 238 アミノ酸残基で構成される GFP（緑色：蛍光極大波長 510 nm）を例にとると、DNA に人工的に変異を導入することで、66 番目のチロシン（図 2.10）をトリプトファン（水色：475 nm）、ヒスチジン（青色：447 nm）、フェニルアラニン（濃紺色：424 nm）に変えることができる。GFP の構造の大枠は変わらないものの、局所的な小さな構造変化が起こり、さまざまな色を発色できるようになる。

　タンパク質は多彩な形をとるが、ウイルス・大腸菌・ヒト細胞のいずれの DNA も電子顕微鏡で長い紐のような同じ構造に見えた（図 1.9）。実際の DNA は、どのような形をしているのだろうか。

2.9　　ワトソンとクリック　―DNA 二重らせん―

　時計を 1953 年のワトソンとクリックによる DNA 二重らせん構造発見前夜に戻す。当時、生体高分子であるタンパク質の構造についてポーリングにより、αヘリックスやβシートなどの重要概念が提出され、タンパク質の構造と機能に関する研究が進展しはじめていたという背景があった。その状況下で、エイブリーやハーシーとチェイスによる「DNA が遺伝物質である」ことを示す実験結果を重大と受け止めた研究者（数は多くない）にとって、DNA の構造を解くことが遺伝の秘密を解き明かす最重要課題であることは明白であった。

　化学者により、ヌクレオチドが重合して DNA の鎖を作ることはわかっていた。鎖には方向性があり、"デオキシリボース（糖）の 5′ 位にリン酸をもつ末端（5′末とよぶ）" から "糖の 3′ 位にヒドロキシ基をもつ末端（3′末とよぶ）" まで鎖が続く。5′ と 3′ 末端との間に、**リン酸ジエステル結合**を通じてリン酸と糖が繰り返し重合し鎖を形成する。糖の 1′ 位にはそれぞれ A, C, G, T のいずれかの塩基が結合している。

　ワトソンとクリックは**シャルガフ則**（生物によらず、A と T の量、C と G の量は同じ）の意味を構造という側面から捉え直した。量が同じということは、A と T がペアとなる、および C と G がペアとなる物理化学的な相互作用が想定された。その相互作用を支えるのは水素結合であり、A と T との間に二つの、C と G との間に三つの水素結合が推定された。A と G はプリン塩基で 2 個の芳香環を有し、C と T はピリミジン塩基で一つの芳香環からなる。A と T、C と G のペア形成は、水素結合を介してともに芳香環三つの幅をとることになる。

　それぞれのペアが成立するのは、2 本の DNA 鎖が逆向きに平行して並ぶ必要がある。梯子に見立てると、縦木 2 本は逆方向、横木の幅は芳香環三つ分、横木の段の間隔はリン酸ジエステル結合の単位（3.4 Å）の構造となる（図 2.13）。ちなみに、プリン同士がペアとなり、四つの芳香環が並んだ場合、梯子の横木の幅が広くなる。反対に、ピリミジン同士では二つ分と

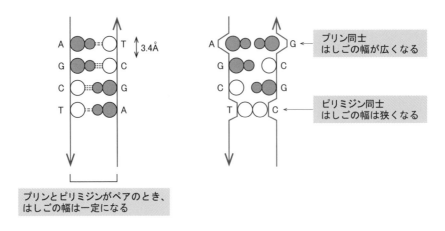

図 2.13 シャルガフ則の構造的基盤

なり狭くなる。横木の幅を一定に保つには、シャルガフ則のペアが構造上理想的となる。

このような状況下で、ワトソンとクリックは女性研究者フランクリンの DNA の X 線構造回折の写真を盗み見た（ワトソンの自伝にある）。写真の上下にある大きな影は 3.4 Å の規則的な繰り返し構造を意味する（図 2.14）。それは上記の梯子の横木の段差に該当し、ワトソンとクリックの仮想モデルと矛盾しない。この梯子モデルに決定的に欠けていた情報は、真ん中のX の意味するらせん構造の存在であった。

らせんがあると知ったワトソンとクリックのやることは、梯子をひねってらせんを形成させるだけである。しかし、右巻きにひねるか（右手の親指を上向きに突き出して握った構造）、その逆の左巻きにひねるかの 2 択となる。ここで、左巻きだと、2 本の DNA 鎖がジグザクになる Z–DNA という構造になる。細胞内で部分的に Z–DNA 構造が存在する場合が示唆されているものの、ほとんどすべてにおいて細胞では右巻きの DNA 二重らせん（B-DNA とよばれる）

図 2.14 DNA の X 線回折像

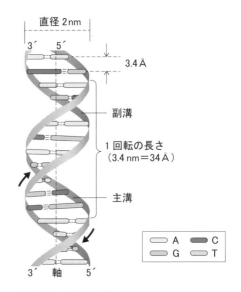

図 2.15 右巻き DNA

構造をとっている（図2.15）。この構造こそ、ワトソンとクリックが1953年に1頁のみの歴史的な論文の中で提唱したモデルである。このモデルでは、約10.5塩基でらせんを一回転する。また、2種類の溝（**主溝**と**副溝**）が交互に現われる。その理由は、塩基対と糖リン酸バックボーンを結ぶ結合が塩基対の真横ではなく、斜めの方向に伸びているからである。塩基対のA—T、G—Cの長さが芳香環三つ分と等しいため、らせんの直径は2nmと一定となる。

　このDNA二重らせんの化学的な性質を、次節で具体的に見てみよう。

2.10　水を100m汲み上げる　—水と水素結合—

　DNA二重らせん構造を通じて、化学における**共有結合**、**水素結合**を簡単に復習するとともに、いま更ながらとなるが生命における水の役割について説明する。

　細胞の70%前後が水（H_2O）である。そのため、大腸菌およびヒト細胞を培養する液（図1.10、図1.11）のほとんどは水である。水は非常に比熱（比熱とは1gの物質の温度を1度上昇させるのに必要な熱量）の大きい物質で、暖まりにくく冷めにくいため、細胞内の急激な温度変化を和らげることができる。外部環境が大きく変化しても多量の水によって温度変化が少なくて済む。水は極性が高い物質であり、さまざまな物質の溶媒となる。物質を水に溶かして運ぶことができるため、物質の運搬を容易にする。また、水に溶けた状態で物質の化学反応の場となる。つまり、液体としての水が細胞の生存や増殖に必須となる。H_2O分子同士での水素結合は、水を気化しにくい液体とし、生物の活動できる温度域を広げている。

　H_2Oの水素結合は、アメンボが水面に浮かぶのを助け、砂漠のゴミムシダマシが霧から水滴を集め、飲み水を確保するのを助ける（図2.16）。100m超のセコイア（常緑針葉樹：図1.5）では、根からの水の吸収（根圧：草花の茎を切断すると、その断面から根圧に押し出された水

図2.16　目に見える水素結合

が滲み出す）、導管内での水の凝集力（水素結合）、葉の気孔を開くことによる蒸散の三つの相乗効果により、ポンプもないのに水は 100 m を超える木の頂上までかけ上がる。

　このような優れた能力を有する水素結合を DNA 二重らせんにあてはめてみる。水溶液中の DNA 二重らせんを加熱すると、A と T、C と G との間の水素結合が解離し、2 本の一本鎖 DNA に分離する。一方、DNA の鎖は共有結合なので加熱しても壊れない。加熱して分離した 2 本の DNA はお互いに相補的であるため、温度が下がると再び A と T、C と G との間の水素結合が復活し、もとの DNA 二重らせんに戻れる（図 2.17）。この熱による DNA 二重らせんの水素結合の解離と再会合の制御は、DNA 塩基配列決定（図 7.1、図 7.2）を含めたさまざまなバイオテクノロジーに応用されている。

　生物の理解には、DNA、RNA、タンパク質以外の "生物を構成する原子・分子" を知らなければならない。しかし、それを羅列すると生物学が嫌いになるのは必定である。そこで、"どのように生物の関わる反応に必要な分子が同定されてきたのか？" という視点から、次の第 3 章で生物と原子・分子との関係について概説する。

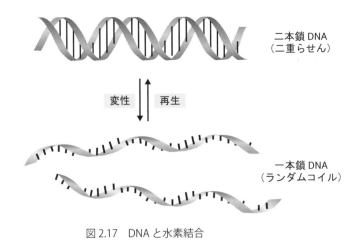

図 2.17　DNA と水素結合

第3章　科学ハンター

3.1　キュリー夫人　―放射性同位元素―

　「すべてのサイエンスは物理学か、さもなければ切手収集だ」は、20世紀初頭に原子核の構造を解いたイギリスのラザフォード（生まれはニュージーランド）の持論である。蝶の収集のように、生物学にそのような一面があるのは確かである。しかし、第1章で登場した感染症を引き起こす病原菌やウイルスを同定した人びとは切手収集家というより、ハンターとよぶほうがふさわしい。したがって、本書では切手収集家の代わりにハンターという呼び方をする。イベルメクチンを発見した大村は放線菌ハンターであり、エイブリーは人類初の遺伝子ハンターであった。85万匹のオワンクラゲを集めた下村は、GFPだけでなくさまざまな発光タンパク質を生涯かけて追い求めたハンターである。

　本書の重要用語は、狂人的とも思える多くの先人ハンターの業績のうえに、生物に関連する物理・化学・生物・地学のさまざまな知識が蓄積したものである。その一つ一つの用語が最低1冊の本になるべき内容を含んでいる。本書ではすべてのハンターを紹介できず、**赤太字**という形でしか彼・彼女らの功績を讃えることができない。しかしながら、本書を理解するうえで**鍵となるハンターたち**（つまり生物学を理解するうえで重要な発見者）については、本章を割いて説明すべきであろう。

　まずは、キュリー夫妻からはじめることにする。キュリー夫妻は、放射能を有するラジウムとポロニウムという原子をメンデレーエフによる周期表に加えている。新元素（新原子）を発見したと宣言するには、その新原子を精製し、原子番号・原子量を含めた原子の性質を特定しなければならない。その難しさは、日本人が初めて発見した "2ミリ秒の寿命しかない原子 $_{113}$Nh（ニホニウム：原子番号113）" を周期表に加えることができたのが、何と2015年であることからも想像できるであろう。

　夫妻の苦労話は多くの伝記にもあり詳細は述べない。11トンのピッチブレンドという鉱石から3年に渡る厳しい肉体労働を通じ、わずかな青白い光を放つラジウム塩を精製し、原子番号88の $_{88}$Ra として周期表に載せることができた。ラジウムは α 崩壊（ヘリウム原子核を放出）してラドン $_{86}$Rn（原子番号86）に変換する。**放射性同位元素ラジウムの発見**は、不変と思われていた原子が他の原子に変換する点で、化学のみならず物理学・生物学・地学にはかりしれない影響を与えている。放射性同位元素は、それぞれ固有の半減期（1秒以下のものから ^{238}U［原子番号92］の45億年など）（図3.1）をもっており、それぞれの特性が多彩な科学に応用されている。

　序章で、ヒトの脳でグルコース消費量の測定に用いられた ^{18}F-FDG（図0.1）は、短い半減

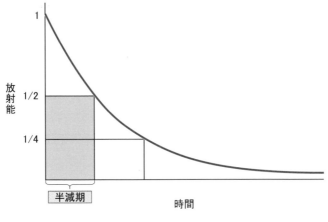

図 3.1　半減期

期（110 分）をもつ放射性同位元素 ^{18}F を利用している（すぐに壊れ、人体から消失する。被曝が最小限のため、医療での使用許可がおりている）。 第 2 章で、DNA とタンパク質をそれぞれ放射性同位元素 ^{32}P、^{35}S で標識し、DNA が遺伝子であることが示唆された（図2.5）。これから出てくる第 4 章での植物による光合成の研究では、放射能標識した二酸化炭素（$^{14}CO_2$）が細胞内で、どのような有機化合物に変化するか秒・分・時の単位で追跡でき、カルビン回路（図4.12）の発見につながった。

　地学でも半減期を利用した岩石の年代の特定が可能になった。たとえば、ジルコン（高圧・高温でも壊れないタイムカプセルのような性質をもつ）という鉱物の中に閉じ込められている放射性原子ウランの鉛（Pb）への崩壊を計測（Pb/U の比率を分析する）すると、そのジルコンを含んでいた数十億年前にできた岩石の年齢を決めることができ、40 億年の最古の岩石まで特定されている。化石（生物の遺骸が岩石化したもの）を含む岩石の年代特定は、過去に生きていて絶滅してしまった生物種の進化年表の正確な時刻を与える。地球誕生直後の岩石は見つかっていなくても、地球に飛来する隕石の年齢を放射性同位体で計測し、その値が 45 〜 46 億年であることから、地球の年齢は 46 億年とされている。

　では、年齢測定に用いられた放射性同位体のウラン原子はどこでどのようにできたのか？それについては、3.3 節で説明する。高エネルギーの宇宙線が、大気中の窒素原子を放射性同位体 ^{14}C（半減期 5,730 年）に変換する。^{14}C は酸素と結合し、二酸化炭素として生物圏に取り込まれる。生物が死ぬと ^{14}C は徐々に崩壊し、量が減っていくので、$^{14}C/^{12}C$ 比率を測定することで、土に埋もれていた“人骨・木で作られた道具”などの年代を特定でき、それは約 6 万年前までの範囲内で人類史に正確な時刻を与える。

　19 世紀末に荒唐無稽と笑いものにされたドイツの「ウェゲナーによる大陸移動説」が、プレート・テクトニクス理論として蘇った物的証拠を紹介しよう。1950 年代に世界中の海底地形図が測られ、海嶺と海溝の存在がわかった。地球内部には液状の鉄があり、その流れによって地磁気が生まれる。その流れは定期的に逆転する（過去 360 万年では、11 回起こっている）。地球内部から涌き上がる液状岩石マグマの中の磁鉄鉱は、地磁気に依存して N 極と S 極が決まり、その後に冷えて固まり当時の地磁気の方向を岩に閉じ込める（図3.2）。その岩の年代

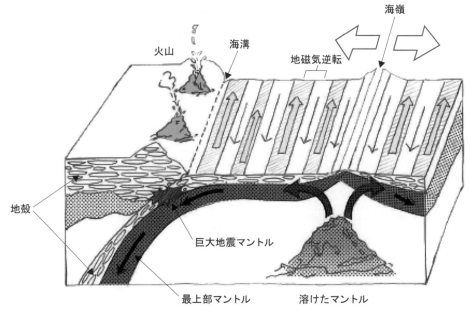

図3.2 プレート・テクトニクス理論

は放射能で測れる。その二つの情報を合わせると、マントルの対流により、海嶺から若いマグマが涌き上がり、海底は海溝に向かって移動し、海溝では古い岩石が地球内部に沈み込むことが明らかとなった。太平洋プレートとユーラシアプレートの衝突は、ハワイ島と日本との間の距離が年間6cmずつ、縮まることの実測により立証されている。また、1,000年に1回の頻度で起こる東日本大震災のような巨大地震は、太平洋プレートのユーラシアプレートへの沈み込みによって生じた地殻のひずみの解消が原因となっている。

　プレートに乗った大陸の移動（分離や衝突を含む）を認めることで、インドプレートがユーラシアプレートに衝突してできたエベレスト山頂に海棲生物の化石が産出することが説明できる。古生代ペルム紀の植物グロッソプテリスの化石は、南アメリカ・アフリカ・インド・南極・オーストラリアから発掘されており、その当時のゴンドワナ大陸を復元できる（図3.3）。

　上記に比べると小規模ではあるが、日本列島の成り立ちも説明される。2,000年前、ユーラシア大陸の端が千切れ、西日本と東日本が観音扉が開くように移動し、日本海ができたと考えられている（図3.3）。その証拠に日本とシベリアに同じ地層や化石が見出される。さらに、伊豆諸島は日本列島に向けていまも移動している。火山島（過去の伊豆諸島）の日本への衝突が、丹沢山系や伊豆半島を形成したことがわかっている。

　放射性同位元素は、岩石および化石に正確な時を与え、岩石の地磁気の情報と組み合わされ、過去の大陸の情報やそこに分布していた生物が再構築され（図3.2、図3.3）、生物進化の概要がわかる。大陸移動の原動力であるマントル対流や地磁気の元になる液状の鉄は、地球内部でのウラン（U）、トリウム（Th）、カリウム（K）などの半減期が長い放射性同位元素の崩壊に伴う熱により形成される。

　最後に、古代の海水温を復元できる同位体を利用した温度計（原理は省く）を紹介しよう。

1951年アメリカのユーリーとエプスタインは、恐竜時代に生きていた、絶滅したベレムナイト（古代イカ）の化石に含まれる同位体を分析した。そして、"化石の主であった古代イカが約15〜20℃の温度の海で4年生きて春に死んだ"という驚くべき報告をした。同位体温度計が発明された瞬間である。その後、同位体温度計は改良を重ね、古代の海水温のみならず氷床の大きさ（氷河期ではもちろん大きい）まで見積もれるようになる。その改良に貢献したイ

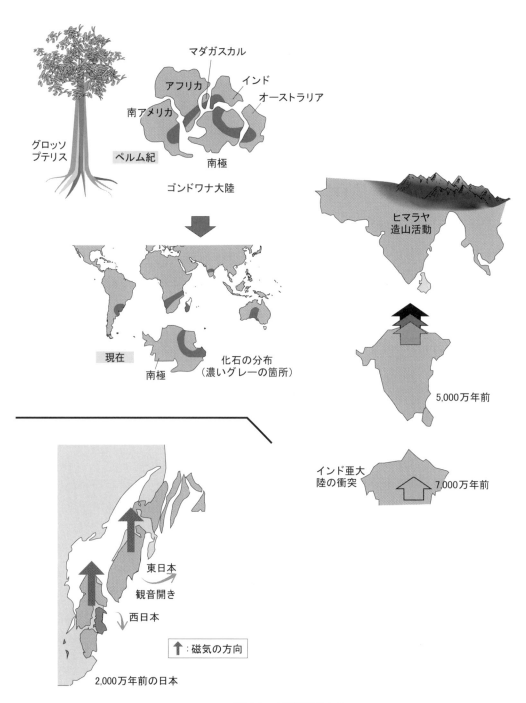

図3.3　大陸は移動する

ギリスのシャックルトンは、同位体温度計として"化石化した小さな有孔虫4,5個"から古代の海水温を復元した。ちなみに、海辺でのおみやげとして陳列されている星砂は、死んだ有孔虫の殻である。

　本節で紹介したいくつかの事例のように、同位体およびキュリー夫妻の放射性同位元素の発見は、さまざまな科学における「真理の扉」を開いたのである。

　面白いことにラザフォードにとっては、メンデレーエフの周期表に新原子を加えるという切手収集の範疇に入る放射性同位体ラジウムの発見が、「原子核の発見」という彼の科学上最高の発見に導いたのである。

3.2　粒子を衝突させる　―原子核の構造―

　ラザフォードは、ラジウムが放つα粒子（ヘリウム ^{4}He の原子核）を金箔（金 Au の原子）にぶつけた。すると、低い頻度だが跳ね返されるα粒子があり（図3.4）、その散乱パターンから Au 原子の内部に核があり、その大きさまで算出された。デンマークのボーアは、ラザフォードの原子モデルに触発され、水素原子の核にある陽子（＋）とそこから離れて存在する電子（－）が、互いに引き合うクーロン力があるにも関わらず合体しないでいられる理由を、電子の存在を飛び飛びの軌道上に拘束する量子力学で説明した。

　アインシュタインの光粒子説により、光子が水素原子の軌道上にある電子に衝突すると、電子は吸収した光子のエネルギー $E(= h\nu$, h：プランク定数、ν：振動数$)$に見合ったエネルギー準位の高い軌道に移動する（励起とよぶ）。励起された軌道上の電子が元の軌道（基底状態）に戻る際に $h\nu$ のエネルギーをもつ光子を放出する。ここで、光の波としての性質である波長

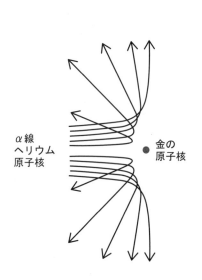

図3.4　ラザフォード散乱

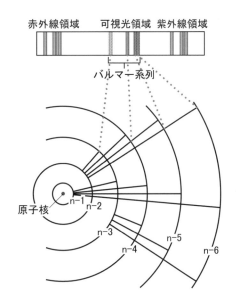

図3.5　水素原子の構造

λとνとの関係は、ν＝c／λ（c:光速）であるため、太陽光のスペクトル解析で古く（1820年）から知られていた暗線（バルマー系列）の波長の由来が水素原子の飛び飛びの軌道に起因することが解明されたのである（図3.5）。

太陽光のスペクトル解析では、バルマー系列以外にも多数の暗線が観測される（図3.6）。

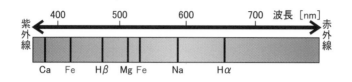

図3.6　スペクトルによる元素分析

たとえば、図3.6に鉄（Fe）由来の2本の暗線が見える。このことから、太陽光スペクトル解析は太陽が含む原子の特定に結びつくことがわかる。同様に恒星のスペクトル解析は恒星の構成原子の同定につながる。宇宙物理学の見積もりから、宇宙での原子の割合は水素76％とヘリウムが23％を占め、残りの原子は全部合わせても1％の少数派となる。太陽スペクトルより、太陽の74％が水素で、25％はヘリウムだが、残りの原子の中に地球で見出されるのと同じ原子が見つかる。地球は太陽系の一員として誕生したと考えられるので、当然といえる。

ラザフォードの粒子と粒子とを衝突させる実験は、物理学者に大人気となり彼・彼女らをある意味で切手収集家（ハンター）に駆り立てた。それは今日まで続いている現象であり、それらは3.3節と3.4節で紹介する。衝突実験の一つとして、ウランに中性子を衝突させてウラン原子を分裂させる反応は、ウランの濃度が高いと衝突の連鎖反応を引き起こす。その際、アインシュタインの特殊相対性理論より導きだされた方程式 E（エネルギー）＝ mc^2（質量 ×［光速］^{2}）で計算される膨大なエネルギーが生み出される。そのエネルギーは人類に、原子爆弾と原子力発電をもたらした。

太陽において、水素原子の核融合によりヘリウム ^{4}He が生じる反応前後で失われた質量に見合う、$E = mc^2$ で導き出されるエネルギーが作り出され、太陽エネルギーの源泉となる。太陽の8倍程度の重量(Si が核融合し、Fe に変換するのに必要な重量）の恒星では、このような軽い原子同士の融合により重い原子が生じる核融合が順番に起こり原子番号26の Fe まで生成し、そこで核融合が終息する（図3.7）。生物を構成する主要原子の一つ炭素（^{12}C）がたっぷりと作られるためには、三つの ^{4}He の共鳴による会合後の核融合が必要である（図3.8）。恒星での原子誕生のシミュ

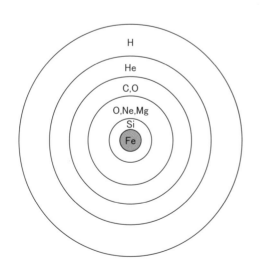

図3.7　核融合でできる原子は鉄まで

レーションを行ったアメリカのホイルは、人間原理「ヒトが存在する。ヒトは ^{12}C を多く含む。ゆえに、^{12}C が大量に産生されるための条件として、三つの ^4He に共鳴が起こる微妙な条件が整う必要がある」を唱えた。実際に、三つの ^4He を衝突させ、人工的に ^{12}C を作り出せることは証明されている。ホイルの人間原理は、序章の「我思う、ゆえに我あり」に通じる表現となっている。

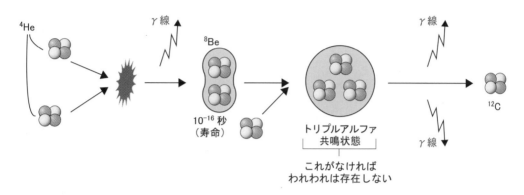

図 3.8　人間原理

3.3　星屑からできた生命　―地球と生物の構成分子―

　太陽にも地球にも、ウラン、ラジウムを含め $_{26}Fe$ の原子量を超える原子が存在する。その意味するところは、地球を構成する原子は太陽の 8 倍以上の重量をもつ恒星により作られたということだ。生物は地球という太陽系第 3 惑星上にある材料と、地球以外から飛来する材料（太陽光を含む）を利用して生きるしかない。

　生物を理解するうえで基本的な原子に関する知識は不可欠である。生物を構成する主たる原子は CHON（チョン：炭素（C）、水素（H）、酸素（O）、窒素（N））で 9 割を占める（図 3.9）。

生物を構成する分子の 7 割が水（H_2O）であり、次いでタンパク質、脂質、核酸と炭水化物など主に CHON 原子からなる生体高分子が続く。

　核酸とタンパク質は、CHON 以外の原子として、それぞれ "リン酸としてのリン（P）" と "メチオニンやシステインに含まれる硫黄（S）" を必要とする。エネルギー通貨 ATP はリン酸を三つもつ。脂質の中にも細胞を包む膜の成分はリン脂質とよばれ、P を必要とする。マグネシウム（Mg）は水溶液中で Mg^{2+} イオンとして ATP のリン酸のマイナスイオンと対になって機能する。ナトリウム（Na）と 塩素（Cl）は細胞外の主たるイオンと

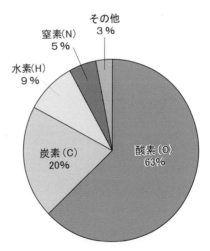

図 3.9　人を構成する原子

して、カリウム（K）は細胞内のイオンとして細胞膜を介した浸透圧を制御している。P、S、Mg、Na、K の各原子は、大腸菌およびヒト細胞の培養液に共通に添加されている（図1.10、図1.11）。カルシウム（Ca）（ヒト細胞の培養液に添加されている）は細胞内のシグナル伝達の役割を担い、その他、微量原子として鉄（Fe）に加え、それよりも原子量の大きい銅（Cu）、マンガン（Mn）、モリブデン（Mo）が必要とされる。

$_{26}$Fe よりも原子量が大きい原子誕生について説明しよう。核融合が進み $_{26}$Fe まで生成した太陽の8倍以上の重量の恒星は、重力により自らの重さで収縮し、その最後に超新星爆発を起こす。その一瞬に、Fe 原子核に中性子が次々と衝突し（中性子捕獲）、その一部の中性子が陽子に転換する（β崩壊）ことで、原子量26以上の原子が誕生する。その誕生した重い原子にも、中性子の衝突とその後の陽子への転換が連鎖的に起こる。その結果、"陽子数と中性子数のバランスがとれた原子量の大きい原子"が、次々かつ一瞬で形成され、周期表の大部分を埋め尽くす（図3.10）。その過程で、ウラン（$_{92}$U）のような重量級の原子まで生成される。多くのできたばかりの原子のほとんどは不安定で、比較的安定な状態の原子になるまで核分裂

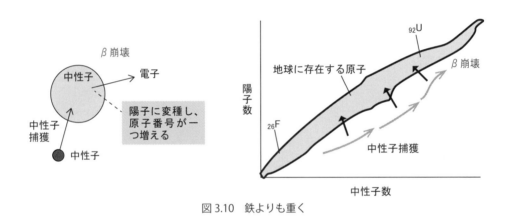

図 3.10　鉄よりも重く

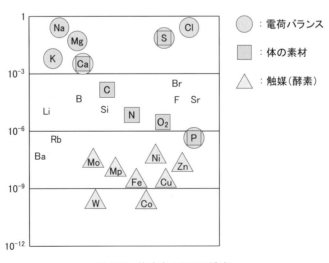

図 3.11　海水中の原子の濃度

を繰り返して崩壊する。このような超新星爆発で宇宙に散らばった星屑が集合し、太陽系が誕生し、さまざまな原子を有する地球が誕生したと考えられている。

　生命は地球（とくに生命の誕生した海）に豊富に存在する原子を利用している。つまり、配られたカード（原子）でトランプのゲーム（生命の誕生と進化）を始めたのだ。どのカードを生命が選んだかは、海水中の原子の濃度を見れば明らかだ（図3.11）。次節では少し話が脱線するが、素粒子ハンターを説明する。なぜなら、素粒子ハンターと生物の各種ハンターとを比較することで、一般的な科学ハンターの共通項がわかるからである。

3.4　現代の科学ピラミッド　―素粒子と宇宙―

　19世紀末の物理学者が単独で狩りをするハンターとすれば、20世紀および今日まで続く素粒子物理学・宇宙物理学は、大人数によるマンモス・ハンターといえる。しかも、マンモスを捕獲するためにピラミッドより大きい巨大な罠を作る。ピラミッドは、古代エジプト王国の繁栄を彷彿させる。ラザフォードの末裔にあたる素粒子ハンターたちは、現代のピラミッドとよべる巨大建造物を築き、粒子を限りなく光速に近い速度まで加速し、衝突させバラバラにしそのバラバラになった素粒子を検出することで、原子核を構成する陽子と中性子の内部構造を解明した（図3.12）。

　あるいは、地球上では作り出せない粒子などについても巨大な建造物を築いて検出してきた（図3.13）。生物学の理解に、陽子と中性子の内部構造や宇宙創成時の出来事の理解はほぼ不必要だ。しかし、科学を語るとき、キュリー夫妻の情熱や次節で紹介する生物学での各種ハンターの情熱、彼・彼女らの並々ならぬ思い入れを科学者気質とするならば、素粒子ハンターが築いた現代版の科学ピラミッド群を一覧すれば、一目で理解することができるだろう。

　陽子や中性子は6種のクォークとよばれる素粒子からなる。6種のうちの一番重いトップ

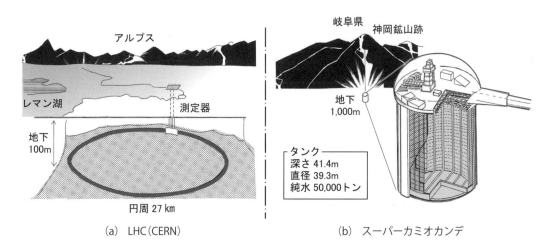

(a)　LHC（CERN）　　　　　(b)　スーパーカミオカンデ

図3.12　科学ピラミッド

クォークは、アメリカのテバトロン（円周 6.3 km にて加速した陽子と反陽子の正面衝突）で
1994 年に作り出された。宇宙創成初期に素粒子は質量を得た。そのときに質量を獲得できな
かったものに光子がある。トップクォークに質量を与えたヒッグス粒子は、スイス CERN の
LHC（円周 27 km にて加速した陽子と陽子の正面衝突）で 2015 年に作り出された（図 3.12
(a)）。ちなみに、山手線を一周した距離が 34.5 km である。1983 年に稼働したカミオカンデ
（岐阜県神岡町にある純水 3,000 トン、光電子倍増管 1,000 本からなる装置）にて、小柴昌俊
らは大マゼラン星雲の超新星爆発から発せられたニュートリノを検出した。カミオカンデの後
継であるスーパーカミオカンデ（神岡町にある純水 50,000 トン、光電子倍増管 11,200 本か
らなる装置）で（図 3.12 (b)）、1999 年 梶田隆章は宇宙線が大気と衝突して生じたニュート
リノに振動があることを示し、ニュートリノに質量があることを立証した。

　トップクォークの存在を理論的に予言した小林誠と益川敏英、トップクォークの理論やヒッ
グス粒子の理論に概念的な基盤（対称性の自発的破れ）を提供した南部陽一郎、そこに小柴、
梶田を加え、ここに述べた一連の発見はすべてノーベル賞を授与されている。これらの日本人
物理学者は、陽子や中性子を結びつける中間子を予言した湯川秀樹や、電磁気学を量子力学で

　　　可視化されたブラックホール

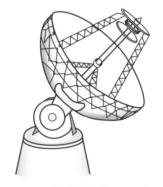
　　　電波望遠鏡

　　　世界 8 カ所

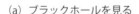
（a）ブラックホールを見る

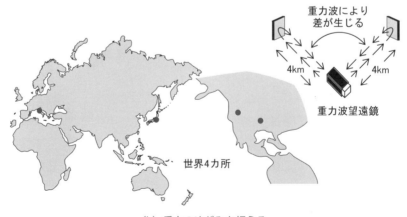
（b）重力のゆがみを捉える

図 3.13　地球規模の望遠鏡

記載するのに成功した朝永振一郎、この 2 人のノーベル賞受賞者から伝統のバトンを引き継いだ素粒子ハンターだった。

　宇宙に目をむけると、国際協力プロジェクトとしてスペイン・ハワイ（2 基）・アメリカ・メキシコ・チリ（2 基）・南極にある計 8 基の電波望遠鏡を同期させ、地球規模の望遠鏡を構築し、2019 年 太陽の 65 億倍もの質量をもつブラックホール（アインシュタインの一般性相対性理論で 100 年前に予測されていた）が史上初めて目に見える形で観測された（図 3.13（a））。

　重力波の観測には 4 km の長さのパイプが L 字型になった重力波望遠鏡（LIGO）を 2 カ所以上（アメリカ・ワシントン州とルイジアナ州）に置く必要がある。13 億年前に二つのブラックホールが合体（太陽の 36 倍と 29 倍のものが合体して 62 倍になる）し、太陽 3 個分のエネルギーを重力波として宇宙空間に放たれたものが、2015 年に地球で検出された（図 3.13（b））。

　先のアメリカの 2 基の LIGO に加え、3 基目の重力波望遠鏡（VIRGO）がイタリアのピサで稼働しはじめた。3 基による連携で、二つの中性子星の合体による重力波が観測された。その情報は瞬時に世界を駆け巡り、多くの天文学者が重力波の発生源に望遠鏡を向けた。そこから放たれる光のスペクトル解析からプラチナ（$_{78}$Pt）や金（$_{79}$Au）などの重原子が、中性子星合体の衝撃で形成されるのがわかった。さらに、日本の KAGRA を加えた 4 基の重力波望遠鏡が稼働することにより、ブラックホールや中性子星の衝突による原子の生成機構の解明がさらに加速することになろう。

　このように、ラザフォードの α 粒子を金箔（Au）に衝突させる実験は、何と地球規模になり、宇宙でなされた二つの中性子星を衝突させる実験の検出にまで発展したのである。地球や生物を構成している原子の起源の探索は、キュリー夫妻以来、理論ハンター・素粒子ハンター・宇宙ハンターに引き継がれてきたのである。

3.5　生物図鑑から分子図鑑へ　― 分子博物学 ―

　素粒子ハンター・宇宙ハンターのところで例示したように、科学において解明すべき標的によって、それを達成するための戦略も、使う装置・器具も異なってくる。

　生物学でもっともわかりやすいハンターは、動植物を含めヒトの目に見える生物を収集、分類する者である。スウェーデンのリンネは、**動植物の体系的な分類法**を考案した。明治初期の南方熊楠は、抜群の粘菌ハンターだった。動植物を個体レベルではなく集団として捉え、その集団と地球環境との繋がりを見抜く**生態ハンター**もいる。目に見えない生物については、第 1 章で述べたようなレーウェンフックの顕微鏡で見える微生物のスケッチからはじまり、コッホによって微生物を寒天培地で捕獲できるようになった。現在では、極限条件（深海、地下 1,000m、温泉、大気圏など）で生きている微生物やウイルスにまで探索が及んでいる。

　過去の絶滅した生物については、化石ハンターがいる。偶然に発見された化石も多いが、狙いを定めて探索する場合もある。後者の例として、ティクターリク（陸にあがる前後の魚）を紹介する。目的とする動物が眠る岩石は、それまでに発掘された化石の年代から 3 億 7,500

万年前と推定できる。その時期の岩石で、"地表に幅広く露出している堆積岩"という条件で世界地図を描く。数カ所に絞られた探索候補地のうちの最優先の場所（カナダのエルズミーア島）に出向き、化石を見つける。ただし、最後は情熱と運である。ティクターリクは探索の6年目で発見された。ティクターリクは2.7mもある大きな淡水魚だが、ヒトの手首にあたる骨、頭蓋骨と胴体の間に曲がる首の骨をも

図 3.14　首と手首をもつ魚

つ（図3.14）。つまり、読者の首と手首をギプスで固定して動けない状態にしたのが"魚"である。読者が本を読みながら、横を向くことができるのは、ティクターリクのおかげなのだ。

　100年前に南極点一番乗りを目指した二つの探検隊があった。一つは競争に勝ったノルウェーのアムンゼン隊である。もう一方は、イギリスのスコット隊だった。スコットはアムンゼンに遅れること1カ月で南極点に到達し、その帰路に遭難死した。しかしながら、スコット隊が収集した膨大な量の南極の化石（図3.3のグロッソプテリスを含む）が人類に残された。それらの化石ハンティングは、ダーウィンの進化論やウェゲナーの大陸移動説を支持するものとして科学史上に燦然と輝くものとなった。

　目に見えない微生物の化石を探索する微化石ハンターもいる。年代のわかった堆積岩を薄くスライスし、1枚ずつ顕微鏡で観察するのである。最古の微生物は35億年前の岩石に確認されている。放射性同位元素により、目に見えない化石から巨大恐竜の骨の化石まで発見され、それらの埋まっていた岩石の年代が特定される。そこに、プレートテクトニクスによる大陸移動の理論を適用することで、発掘された化石は"いつ、どこの大陸あるいは海"由来なのか、"どのような生物から進化したのか"、"いつどのように絶滅したのか"などの過去の生物進化の過程が再構築できる。

　通常、これらのハンターによるコレクションは、各種図鑑、動物園、植物園、水族館、化石を展示する科学博物館等で一般公開されている。また、微生物図鑑（一般のヒトは見ない専門書）の中に、ヒトの目で見える大きさに拡大された微生物やウイルスのコレクションが満載される。一方、エイブリーによるDNAの単離のように、生物を解体し、分子レベルで生物の仕組みに迫るハンターの膨大なデータは分子図鑑として教科書に記載される。そして残念なことに、分子図鑑は専門家には美しいコレクションに思えるが、一般的には誰をも惹きつける珍しい動植物・恐竜の化石にはかなわない。

　生物学の教科書では、さまざまな生物種、さまざまな細胞の相違、細胞の中のさまざまな構造、多細胞生物を解体した各組織の部位、それに加え覚えきれないたくさんの低分子や高分子

の分子の記載、およびそれらの解説が延々と続くため、"生物は暗記物"と揶揄されるものになりがちだ。本書では、それを少しでも軽減するため、生物や細胞の多様性ではなく共通性を解説する。さらに分子図鑑にコレクションを収めていった分子ハンターの目を読者に与え、読者自ら分子をハンティングする立場から生物を捉えられるようにする。

3.6　分子ハンターの共通戦略　—材料の豊富さとアッセイ法—

　生物由来の標的分子を単離・精製（夾雑物のない状態）する分子ハンターの戦略は、キュリー夫妻の行った11トンのピッチブレンドからほんの僅かな精製ラジウム塩を単離したのとまったく同じである。もっと一般化すれば、素粒子ハンターとも同じである。これまで紹介した各種ハンターと分子ハンターの戦略の共通性を説明しよう。

　もっとも肝要なのは、目的の物質の存否を測定する方法（アッセイ法）を確立することである。ラジウムを精製するということは、ラジウムの放つ放射能を指標としたアッセイにより、ある操作後にラジウムの濃縮率を上昇させる必要がある。ラジウム以外の夾雑物がなくなるまで操作を繰り返し、純品となったラジウム原子の各種性質を測定して終了となる。エイブリーの場合、死んだS菌の成分を分離し、どの成分がR菌をS菌に形質転換したのかというアッセイを行い、DNAを形質転換因子の候補とできた（図2.6）。

　素粒子ハンターは、理論により標的の素粒子を作り出す装置を作り、生み出された素粒子を検出する装置を作り、目的の素粒子を観測という形で捉える。宇宙ハンターは天空のブラックホール、中性子星、超新星爆発に素粒子や重力波を作ってもらい、それを巨大装置で待ち受ける。上記の共通性は、標的の存否を確かめるアッセイ法があること、出発材料に標的が多く含まれていること（ピッチブレンド11トン、標的を多産する巨大装置、標的を多量に放出する超新星爆発やブラックホールの激突など）、そして最後に捉えた標的の性質を科学的に分析し記載できることである。

　次節では、生物学において標的分子のアッセイ法確立や標的分子の単離が、ノーベル賞あるいはそれに匹敵する価値を有する発見に繋がった事例を中心に、代表的な分子ハンターを紹介する。

3.7　分子ハンターの情熱　—生理活性物質の精製—

　生物を構成する物質の特定は、化学の方法論に則って行われ、生物は原子と原子からなる分子で構成されることがわかっている。分子にはその分子量により、低分子と高分子とに分けられる。高分子には、DNA・RNA・タンパク質・脂質・炭水化物が含まれる。生物に影響を与える物質（生理活性物質という）や生物に必要な化学反応を触媒する物質を精製することは、コッホの方法による病原菌の特定、キュリー夫妻のラジウムの精製と同じく重要である。

生物を構成する原子や分子の混合物から、どうやって標的とする物質を精製できるのであろ

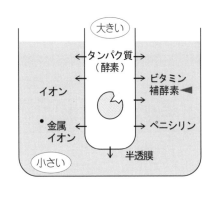

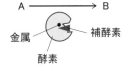

図 3.15　透析

うか？　物質にはさまざまな大きさ、さまざまな形が
あり、物質の表面には塩基性・酸性・疎水性部分が散
在している。すべての条件が同じ場合、同一の物質で
ある。逆に少しでも違いがあれば、必ず分離させるこ
とができる。

　ここで、思考実験を行う。細胞抽出液を、低分子は
通過できるが、高分子は通過できない半透膜に入れて
透析する。透析内液にのみ活性がある場合、標的物質
は高分子ということがわかる。一方、透析外液のみに
標的物質が存在すれば低分子ということがわかる（図
3.15）。青カビの放出する抗菌物質が透析外液に検出
されたことこそ、低分子のペニシリンが抗生物質とし
て薬になった最大の理由である。フレミングの当初の
研究テーマであった抗菌酵素リゾチームは透析内液に
留まる高分子であることを付け加えておく（図 1.6）。

　透析内液および外液の両方から標的の活性が喪失する場合もある。内液と外液を混ぜると活
性が検出されるので、高分子と低分子の両方が標的の活性を発揮するのに必要ということがわ
かる。化学反応 A → B を触媒する酵素（高分子）とそれを補助する補酵素（低分子）が良い
例となる。さらに、酵素の活性に金属が必要な場合もある（図 3.15）。補酵素のいくつかはビ
タミンであり、ヒトが生きていくために摂取する必要のあるものがある。ヒト細胞の培養液に
ビタミン類（葉酸、ニコチン酸アミド、パントテン酸、ピリドキサール、リボフラビン、チア
ミン）が含まれている（図 1.11）のは、ヒト細胞の中で化学反応を起こすのにビタミンが必
要で、そのビタミンをヒト細胞は自分で作ることができず、外から取り入れる。一方、大腸菌
の最小培地（図 1.10）にはビタミンは加えない。それは、大腸菌（植物も該当する）は自分
でビタミンと同じ低分子を自ら合成できるからである。

　透析という単純な精製の操作だけでも、これだけの情報が得られる。低分子が標的であった
場合、その精製法は化学の教科書に載っている有機化合物の分離法に従い、標的を純品になる
まで精製する。原子分析、分子量決定、核磁気共鳴（NMR）を用いた原子の結合の種類の特定、
等の分析を加え標的の化合物の構造が決定される。

　高分子の場合、タンパク質を例に分離作業を進めてみる。タンパク質は、固有の大きさがあ
るので遠心分離法（大きいタンパク質ほどより遠くへ）やゲルろ過法（大きい分子ほど早くす
り抜ける）で、大きさ順に分離できる。標的高分子の表面の酸性部分は、塩基性の素材に相互
作用できる。その相互作用の強弱は“酸性領域の数や広さ”および“反発する塩基性表面の数
や広さ”、ならびにそれらの位置関係に依存する。したがってタンパク質を、酸性素材を好む
順に分離できる。同様に、塩基性素材や疎水性素材を用いれば、それぞれの素材を好む順に分
離できる（図 3.16）。タンパク質の形とピッタリと合う素材が偶然にわかる場合には、そのピッ

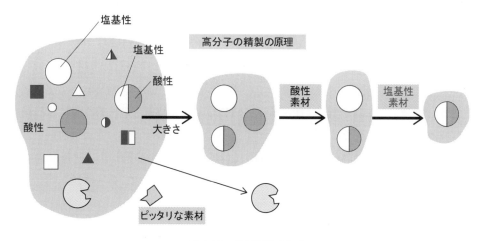

図 3.16　必ず精製できる

タリな素材を用い、1回の操作で標的タンパク質を高純度にできる（図3.16）。ここに述べた種々の分離法を複数組み合わせることで、標的タンパク質を純品（不純物が極めて少ない状態）まで精製できる。

　高分子ハンターの最後の仕事は、キュリー夫妻が精製ラジウムを原子同定の流儀に従って報告したように、しとめた標的タンパク質の性質を流儀に従って事細かに調べ上げ、標的タンパク質に名前を付けて報告することである。教科書に掲載される情報は、タンパク質の名前とその性質の一部だけである。

　一般的に、標的を分離する操作が多いほど、出発材料に含まれていた標的物質が操作過程で失われる（1回の操作での標的の回収率を平均70%とすると、5回の操作後に残る標的は、多くても17%となる）。ピッタリな素材が存在する場合は、標的の分離操作の効率は向上するが、ピッタリな素材があらかじめわかる標的物質は稀であることから、通常純粋な標的物質を十分に得るためには、標的を多く含む大量の材料から分離作業を始めるしかない。キュリー夫妻の11トンの鉱石、下村のクラゲ85万匹のように。

　生理活性物質ハンターの情熱は、その出発材料の量から一目瞭然である。"昆虫で蛹から成虫への変態を促進する**ホルモン**"である低分子のエクジソンは乾燥カイコ3.5トンから、"カイコ蛾のメスが分泌し、オスを誘因する性フェロモン"である低分子ボンビコールはカイコ120万匹より羽化したメス50万匹から、脳下垂体前葉から分泌される甲状腺刺激ホルモン放出ホルモン（トリペプチドで構成される）は羊数十万頭から、あるいは豚数十万頭から精製された。アメリカのギルマンとシャリーは、それぞれ羊と豚からそのホルモンの精製を競い合い、ともに成功し、ノーベル賞を二人で同時に受賞したのだ。

COLUMN（1） ══《背中でIgEを捕まえる》═

　　日本を含めた先進国で国民病になっているアレルギーの原因物質（イムノグロビン E [IgE]：高分子タンパク質）は微量すぎて精製が困難であったが、それを特定したのは石坂公成だ。アメリカで石坂はアレルギー患者から集めた大量の血清（血液から赤血球などを除去した液体成分）から、IgE（当初は正体不明のアレルギーを誘発するタンパク質）を濃縮した。しかし、微量すぎて精製できないため、石坂は狂人的なアッセイ法を考案した（血清療法の応用：第 11 章参照）。

　　部分的に精製した IgE を、数匹のウサギに注射する。うまくいった場合、数週間のうちにウサギの血液中に "IgE と相互作用する抗体"（抗 IgE 抗体：抗体の詳細は第 11 章）が出現する。石坂は自身の背中に "患者の血清（アレルギーを引き起こす患者の IgE を含む）" を注射し、24 時間後にアレルゲンを背中の同じ場所に注射した。すると、患者由来の IgE とアレルゲンが結合し、それが石坂の背中に赤い腫れを生じさせた。石坂は、この生体反応を利用することにした。

　　次に石坂は、ウサギの血清中の抗 IgE を用いて、患者の血清中から患者由来の IgE を取り除いた液体を調整した。もしウサギが目論見通りの抗 IgE を産生していたならば、患者由来の IgE が除去された液体が石坂の背中に注射されることになり、その後にアレルゲンが注射されても赤い腫れが生じないはずである。この極めて特殊なアッセイ法で、ついに石坂はウサギ由来の抗 IgE というアレルギー解明の「鍵」を手に入れ、微量すぎて誰も捕まえることのできなかった IgE の存在を証明したのである。

　　その後、石坂は健常者では極微量の IgE しか産生しないのに対し、大量に IgE を産生していた脊髄腫（がんの一種）患者ジャックフォードと出会った。死期を悟ったジャックフォードは、死ぬまでの 1 年間毎週石坂のもとに通い、血しょう交換に応じ、総量 40 L の血清を人類に残した。石坂は、その血清から得た IgE を世界中の研究者に提供した。ジャックフォードの血清は石坂を通じ、その後の飛躍的なアレルギー研究の推進に貢献し、今日のアレルギー研究の隆盛と、それを利用した治療薬や治療法の開発につながったのである。

　　ここまで説明した生理活性物質のハンティングは、一つの標的を追い求めるのが通例であった。ところが、近年になり複数の標的を一網打尽に捕まえる方法が開発されている。その開発に貢献したのがノーベル化学賞を受賞した田中耕一である。

3.8 一網打尽 ―質料分析による物質の同定―

　田中耕一は、間違えてグリセロールを混ぜた試料を作ってしまった。もったいないので、試しにレーザーをサンプルに照射したところ、タンパク質が気化した。この気化の条件を見つけたことこそが、田中にノーベル賞をもたらした。どうして、その発見がノーベル賞なのか解説しよう。

　タンパク質 A を、リシン残基あるいはアルギニン残基の部分で切断するトリプシン（消化酵素:5.4 節）で消化し、田中の方法で気化させてそれぞれのペプチドの質量を測定できる（気化しなければ測定できない！）。すると、それぞれ異なる質量を有する 5 本（たとえば）のペプチド断片が得られる。タンパク質 B, C, ・・・と他のタンパク質で同じことを行えば、タンパク質 A, B, C, ・・・いずれでも固有のパターンとなる（図 3.17）。つまり、ヒトの指紋が個人ごとに異なるように、質量分析データもタンパク質ごとに異なる。ここで、読者の理解が進むように、この「タンパク質由来ペプチドの質量分析パターン」を " 指紋 " と比喩的に表現する。

　たとえはあまり良くないが、警察が関わるような事件の現場に " 指紋 A（タンパク質 A の質量分析パターン）" が残されていたとする。指紋 A が警察に登録されている指紋のデータベースと合致した場合、指紋 A が誰のものだったのか特定される。しかし、それが登録されていない限り誰のものかわからない。

　ゲノムプロジェクトから、すべてのタンパク質の指紋登録が完了している。第 6 章で述べるが、ヒトを含めたさまざまな生物の DNA の配列が決定されている。既知の DNA 配列を、コンピューター上で 2.7 節で述べた遺伝暗号表（図 2.11）よりタンパク質に変換すると、タンパク質のアミノ酸配列および分子量を予測できる。この予測されたタンパク質を、さらにコン

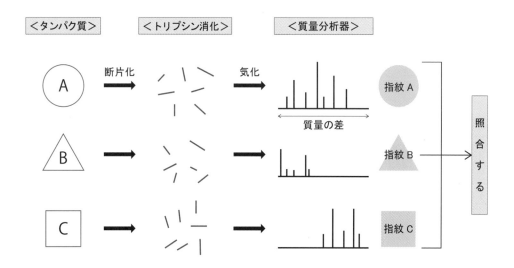

図 3.17　質量分析器を用いたタンパク質の同定法

ピュータ上で仮想的にトリプシンにより消化すると、そのタンパク質由来のペプチドによる質量分析パターン（指紋）が予測できる。すなわち、すべてのタンパク質の指紋が予測され登録されたのである。このことは、実際の質量分析データ中に指紋が検出されれば、その指紋がどのタンパク質に由来するものか特定できることを意味する。

　研究者は、標的のタンパク質をある程度精製した後、質量分析にかける。すると、指紋A、指紋B、指紋Cが検出される。次に指紋照合をコンピューターで行えば、タンパク質A、B、Cが自分の追い求めている標的の有力候補と一瞬にしてわかる。一時代前の生理活性をもつタンパク質の同定と単離が魚釣りの一本釣りとすれば、現代の標的タンパク質の同定戦略は一網打尽的な漁法といえる。その新時代を切り開くのに、田中の発見が大いに役立ったのである。

　本章は、ラザフォードとキュリー夫人から始めたので、その二人の名言に戻って終わることにしよう。キュリー夫人は、「チャンスは、それに備えている者に微笑むものだ」という言葉を残している。田中を例にあげれば、グリセロールを加えるという間違いをチャンスに変える備えが田中にはあったのである。

　読者は、本章での科学ハンターの気質を理解することを通じ、生物学用語（および物理・化学・地学の用語）の背後にある膨大な人類の叡智を、少しは感じることができたであろうか。本章冒頭のラザフォードの言葉「すべてのサイエンスは物理学か、さもなければ切手収集だ」を「すべてのサイエンスは、情熱をもって己の定めた標的を追い求めるハンティングだ」に置き換えて本章を終える。次章では、酵素ハンターなどの活躍により解明された、細胞がエネルギーを獲得する仕組みについて説明する。

第4章 エネルギー生成

4.1 ビールの泡とアルコール ―解糖系と発酵―

　酵母菌（パンを膨らませる菌、ビールや日本酒、ワイン作りに用いられる菌）は、小麦や米、ぶどうを材料に、アルコールと二酸化炭素を作る能力があり、これを発酵とよんでいる。

　この発酵を、酵母をすり潰した液体（生きた酵母は皆無）を用いて再現したのが、ドイツのブフナーである。まず、ブフナーは砂で酵母菌をすり潰した。それを布に通すことで不溶物を除き、透明な黄金色の"無細胞抽出液"（単に抽出液とよぶ）を得た。この液には生きた酵母菌は存在しない。そこに砂糖（ショ糖）を加えると、二酸化炭素の泡が沸き立ち、エタノールが産生してくることがわかった。このことは、この抽出液の中に、ショ糖から二酸化炭素とエタノールを作り出すのに必要な物質がすべて含まれていることを意味する。

　今日、生化学者とよばれる研究者たちは、ショ糖（二糖）を分解した単糖であるブドウ糖（グルコース）（図 1.13）を出発材料とし、この抽出液中でグルコースが次にどのような有機化合物に変換するのか、またその変換に必要な高分子タンパク質は何かという疑問を、図 3.15、図 3.16 の戦略に従い解いていった。グルコースは、大腸菌とヒト細胞の培養液に共通に添加されているものであり（図 1.10、図 1.11）、またヒトの脳で大量消費されているものでもある（図 0.1）。大腸菌、酵母菌、ヒトでグルコースを分解する共通の化学反応として「**解糖系**」の存在が明らかとなっている。

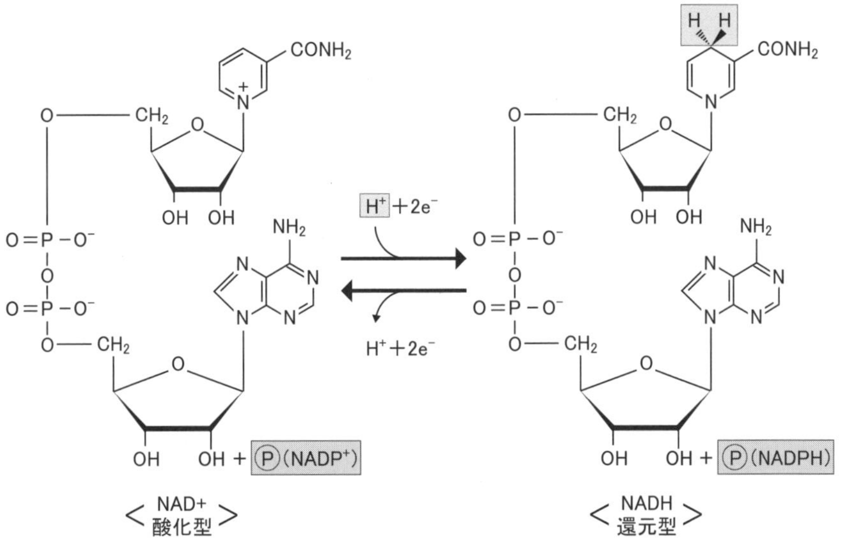

図 4.1　NADH と NADPH

　酵母の無細胞抽出液を用いた、解糖系＋アルコール生成、までの反応を触媒するタンパク質は酵母の名にちなみ「**酵素**」とよばれ、酵素のうちのあるものは「**補酵素**」（図3.15）とよばれる低分子化合物を要求した。酵素ハンターによって同定された補酵素は、<u>ニコチンア</u>デ<u>ニ</u>ジ<u>ヌ</u>クレオチドで、**NAD$^+$（酸化型）＋ H$^+$ ＋ 2e$^-$ ⇄ NADH（還元型）**の二つの型をとる（図4.1）。NAD$^+$・NADH の材料の一つが、ヒト細胞の培養液に加えるニコチン酸アミドである（図1.11）。

　グルコースからエタノールへの化学反応は、12 の素過程からなる連続的な化学反応に分けられた。12 の反応は、5・5・2 の反応に分類できる。5 ＋ 5 の反応は、6 炭糖のグルコースが 3 炭糖の**ピルビン酸** 2 分子になる反応で、解糖系とよばれている。残りの二つの反応は、ピルビン酸から二酸化炭素とエタノールができる反応で**エタノール発酵**とよばれている。

　最初の五つの反応では、二つの ATP エネルギーを投資する。グルコースの端の炭素に ATPからリン酸を一つ移しとり、真ん中で切断できるようフルクトース・リン酸に変換する。そこにもう一つの ATP のリン酸を移しとり、フルクトースの両端の炭素に一つずつリン酸がつく。真ん中で C − C 結合を分断すると、**DHAP（ジヒドロキシアセトンリン酸）**と **GAP（グリセルアルデヒドリン酸）**という一つのリン酸が結合した 2 種の 3 炭糖が生成される。DHAP の分子内の原子の配置転換で GAP となるため、グルコースから 2 分子の GAP ができたことになる（図 4.2）。

　グルコース・リン酸からは、**ペントース（5 炭糖という意味）リン酸経路**が派生し、核酸である DNA や RNA の材料である "5 炭糖リボース・リン酸" と "脂肪酸の合成に必要な還元力を担う NADPH" が生成される（図 4.3，点線矢印）。核酸の合成に使われなかったものはフルクトース・リン酸と GAP に変換され、解糖系に戻る（図 4.3、点線矢印）。NADPH（アデニンが結合しているリボースがリン酸化されている）は、NAD$^+$・NADH にリン酸が付加されたもので、**NADP$^+$（酸化型）**と **NADPH（還元型）**の二つの型をとる（図 4.1）。つまり、NADPH も NADH も可逆的に電子授受ができる優れた化合物といえる。

　NADPH を用いて合成された 2 個の脂肪酸（**COOH 基をもつ**）は、解糖系の中間産物 DHAP

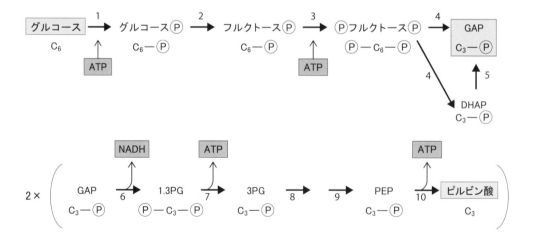

図 4.2　解糖系（エネルギーとしてのグルコース）

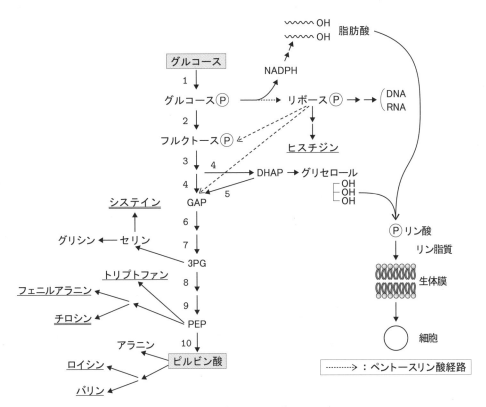

図4.3 材料としてのグルコース

から変換されてできたグリセロール（3価アルコールで、3個の OH 基をもつ）とエステル結合し、残った OH 基にリン酸が結合することで生体膜の成分である**リン脂質**（詳細は図5.9）になる。リン脂質のリン酸部分には、さらにコリンやイノシトールが付加されたものも作られる。それらのリン脂質を水に溶かすと自発的に脂質二重膜を形成でき、これが**細胞膜**となる（図4.3）。リン酸に付加されるコリンやイノシトールは、ヒト細胞の培養液中に添加されている（図1.11）。

　話を解糖系に戻そう。後半の五つの反応では、4ATP と 2NADH が作り出される。GAP にリン酸（ATP からではなく水溶液中の無機リン酸）が結合する反応で、3炭糖の両端の炭素にそれぞれリン酸（計2個）が結合した化合物と、その反応にカップリングして $NAD^+ \to NADH$ が生成する。グルコースから考えれば GAP は2分子あるので、2NADH ができたことになる（図4.2）。

　3炭糖の二つのリン酸のうちの一つを ADP に移し、ATP ができるとともにホスホグリセリン酸（3PG）となる。グルコースから考えれば 2ATP ができたことになり、最初に投資した 2ATP の返済が終わった。その後に二つの反応を経て、高エネルギー化合物であるホスホエノールピルビン酸（PEP）ができる。PEP についているリン酸が ADP に移され、ATP とピルビン酸ができる。グルコール換算で、2ATP と 2ピルビン酸ができたことになる（図4.2）。

　解糖系の化合物から、ヒト細胞では3種のアミノ酸（セリン、グリシン、アラニン）を、大腸菌や植物は 10 種のアミノ酸を調達できる。ヒト細胞で合成できないものについては、一

重下線と二重下線（両者の相違は本文中）を付す。グルコース・リン酸からは、ペントースリン酸経路のリボース・リン酸から<u>ヒスチジン</u>が合成される。3PG から数段階でアミノ酸のセリン・グリシン・<u>システイン</u>（ヒト細胞は<u>メチオニン</u>が与えられれば、<u>システイン</u>を合成できる）が合成される。PEP からは、芳香族アミノ酸 <u>トリプトファン・フェニルアラニン・チロシン</u>（ヒト細胞は<u>フェニルアラニン</u>が与えられれば、チロシンを合成できる）が合成される（図 4.3）。

　ピルビン酸にアミノ基をつけるとアラニンが生成する。さらにピルビン酸から分岐した側鎖をもつ<u>ロイシン</u>と<u>バリン</u>が合成される。このさまざまなアミノ酸の合成に必要なアミノ基転移反応は、補酵素としてピリドキサールリン酸を要求する。ヒト細胞は、培養液（図 1.11）中のピリドキサール（ビタミン B_6）から、その補酵素の素材を調達している。まとめると、グルコースの解糖により、エネルギー 2ATP を稼ぐだけでなく（図 4.2）、ヌクレオチド・リン脂質・アミノ酸合成の原材料が供給される（図 4.3）。

　解糖を続けるには条件がある。それは解糖系で消費する補酵素 NAD^+ の枯渇を防ぐことである。NAD^+ を再生するのが**エタノール発酵**である（図 4.4）。ピルビン酸がアルデヒドに変換する際に二酸化炭素が発生し、アルデヒドのエタノールへの変換に NADH を使い NAD^+ が再生する。グルコース換算で、$2NAD^+$、2 エタノール、$2CO_2$ が産生したことになる。人類は、パンを膨らませるために酵母菌の CO_2 発生能力を利用し、酵母菌が産生した CO_2 とエタノールを含むビールを有り難く飲むが、それらは酵母菌が NAD^+ 再生した際の排出物にすぎない。

　ヒト細胞ではエタノール発酵は起こらない。ただし、ヒトの筋肉では無酸素状態で急速に ATP を作らなければならない場合（短距離 100m 走、50m 水泳など）に乳酸発酵が起こる（図 4.4）。ピルビン酸が乳酸に変換される際に NADH から NAD^+ が再生される。筋肉は乳酸を血流に放出し、それが肝臓で回収され再利用される。

　発酵を利用しない場合は、NADH をどのように NAD^+ に再生するのであろうか？大腸菌でもヒト細胞でも、NADH は酸素を用いた"とても巧妙かつ奇妙な経路"で NAD^+ を再生する（4.4 節参照）。

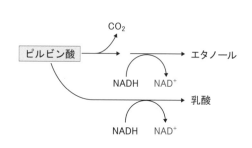

図 4.4　発酵（NAD^+ の再生）

4.2　プロトンの流れで回る水車　—ATP合成酵素—

　ヒト細胞は、二重膜（外膜と内膜）に囲まれたミトコンドリアという細胞内小器官（第 9 章で説明する）をもつ。NADH は外膜を通過できるが、内膜は通過できない。そこで、NADH は電子をリンゴ酸という化合物に渡し、NAD^+ を再生し、それが解糖系で消費した NAD^+ を補充する。リンゴ酸に渡された電子はいくつかの化合物のリレーを通じて内膜を通過し、ミトコンドリアの内側（マトリックスとよばれる）にある NAD^+ に渡り、マトリックス内に NADH

ができる。結果的に、解糖系でできた NADH がミトコンドリア内に運ばれた形になる（図 4.5）。

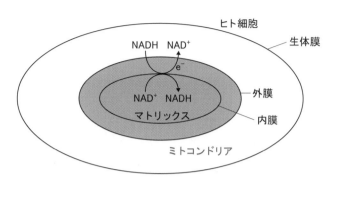

図 4.5　電子の輸送

ミトコンドリアの外側で NADH から NAD⁺ が再生し続ける条件は、ミトコンドリア内に電子を受け取る NAD⁺ が存在することである。NAD⁺ を常に用意するためには、ミトコンドリア内で生じた NADH は誰かに電子を渡して NAD⁺ になる必要がある。電子は巡り巡って酸素が最終的に受け取り、水が生成する（4.3 節）。

　NADH の電子が酸素に渡り、それを介して ATP を産生するという機構を理解するには、ATP 合成酵素の働きを最初に理解したほうが早い。**ATP 合成酵素**は細胞膜（大腸菌のような細胞内小器官をもたない微生物）あるいはミトコンドリア内膜に、膜を貫通する形で存在する。植物の細胞には光合成を担う葉緑体という二重膜で囲われた細胞内小器官があり、そのチラコイド膜とよばれる部分に ATP 合成酵素がある。

　塩濃度が高い温泉に生息する好塩菌の細胞膜にも ATP 合成酵素がある。好塩菌のもつバクテリオロドプシンが光子エネルギーを吸収し、それを利用して細胞内の H⁺（プロトン）が細胞外に汲み出され、膜内外に高い**プロトン勾配**が形成される（図 4.6）。光エネルギーで生成された膜の外側のプロトンは、ATP 合成酵素の中を通って細胞内に流入する（位置エネルギーの解放）。その流入が ATP 合成酵素の膜に埋もれた部分を回転させる（回転エネルギーへの転換）。

　その回転は、細胞内の"いびつな形をしたシャフト"を回転させる。シャフトの下部に接

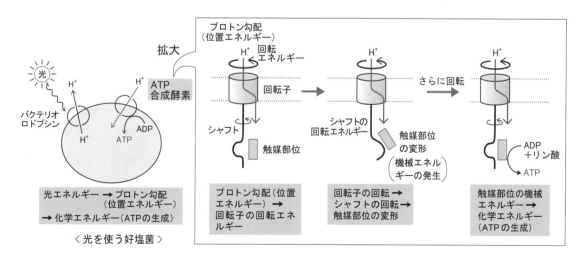

図 4.6　プロトン勾配を ATP に換える

している ATP を合成する活性を担う部分は、いびつなシャフトの回転に伴う規則的に反復する機械エネルギーに変換される。その機械エネルギーは、**ADP ＋リン酸（Pi）→ ATP** という、ATP の化学エネルギーという形に変換される。光 → プロトン勾配 → ATP という形で、好塩菌は ATP を手に入れる（図 4.6）。

　この巧妙な ATP 産生機構を提唱したのは、イギリスのミッチェルである。1960 年代に彼は、ミトコンドリアの内膜を挟んでプロトン勾配が形成され、それが ATP 合成につながるとする「**化学浸透説**」を唱えたが、誰にも相手にされず大学での職も失った。貴族であった彼は、自費で小さな研究室を作り、助手を雇って研究を続けた。ミッチェルの話を国際会議で聞いた"葉緑体の ATP 合成機構の研究者"は、そんな馬鹿げたことが起こるのか半信半疑であったが、葉緑体の内外にプロトン勾配を人工的につくるのは簡単なので試してみることにした。ちなみに、葉緑体とは植物の細胞の中にある細胞内小器官である。

　葉緑体を酸性の液体に浸し、その後に塩基性の液体に浸す。このとき葉緑体のチラコイドの中は最初に浸した酸性のままであり、チラコイドの外側が塩基性になる。チラコイド内外にできた pH の差はプロトン勾配にほかならない。この単純な実験において、光エネルギーが必須のはずの ATP 産生が、光もないのに pH の差をつけただけで起こったのである。このような援護射撃もあり、ミトコンドリア、葉緑体、大腸菌でのプロトン勾配と ATP 合成酵素の理解が進み、ミッチェルは自身の仮説が証明されノーベル賞が授与された。

　好塩菌では、光子のもつエネルギーが直接プロトン勾配を形成する。一方、ミトコンドリアでは NADH が、葉緑体のチラコイドでは光子がプロトン勾配形成を促すが、好塩菌のような直接ではなく、"**電子伝達系**"とよばれる間接的かつ高度に複雑な過程を経て形成されることが多くのハンターによる知の集積としてわかったのである。

4.3　電流をプロトン勾配に変換する　―電子伝達系―

　電子伝達系において、ミトコンドリア内の NADH 由来の電子が酸素に渡る過程で内膜を挟んでプロトン勾配が形成される。まず NADH の電子は**複合体 I** に渡され NAD^+ となる。電子は、複合体 I に埋め込まれている電子授受が可能な分子（金属の Fe などもある）間をリレーされ、**CoQ**（補酵素 Q という脂溶性有機化合物）が電子を受け取る。電子が複合体 I を通過する際にミトコンドリア内の 4 個のプロトンが内膜の外側（外膜と内膜との間の膜間腔）に移動する。CoQ は内膜中を拡散し、**複合体 III**（Fe を含む）に衝突し電子を渡す、一連の過程で計 2 個のプロトンが膜間腔に移動する（図 4.7）。なお、電子伝達系において Fe が多用されるため、ヒト細胞の培養液に硝酸鉄が鉄源として添加されている（図 1.11）。

　複合体 III の内膜側には電子授受のための Fe を含むタンパク質 CytC（**シトクロム C**）が待機しており、複合体 III から電子を受け取った CytC は内膜の外側を滑るように移動し、**複合体 IV**（Fe と Cu を含む）に衝突する。複合体 IV の中を通過した電子を、ミトコンドリア内の酸素が最終的に受け取り、水へと転換する。電子通過の過程で複合体 IV はプロトンを 4 個、

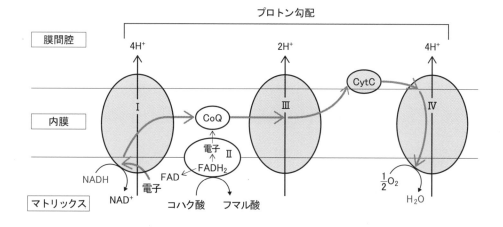

図4.7　ミトコンドリアでの電子伝達系

膜間腔に移動させる（図4.7）。

　NADHから酸素までの電子伝達にて、計10個のプロトンが膜間腔に移動したことになる。ATP合成酵素の回転素子は、約3個のプロトン流入で1回転し、それに合わせて1個のATPが合成される。よって、一つのNADHからの電子伝達により約3個のATPが合成できる。解糖系で生成した2個のNADHは、6ATPに相当する。ATP合成酵素を経由して合成されるATPは、酸素を使った電子伝達系に依存するので"**酸化的リン酸化**"とよばれる。一方、解糖系の酵素反応の過程で得た2ATP（図4.2）は、"**基質レベルのリン酸化**"とよばれ、ここまでの合計で一つのグルコースから8ATPが生成された。細胞は4.4節のクエン酸回路を利用し、さらに30個のATPを追加できる。

4.4　電子の源NADH・FADH$_2$ ―クエン酸回路―

　細胞はどのように30ATPを追加するのであろうか。解糖系の最終産物ピルビン酸（C$_3$）はミトコンドリア内に運ばれ、**アセチルCoA**に変換される。アセチルCoAとは、補酵素CoAの末端の−SH基に酢酸（C$_2$化合物）の−COOH基がチオエステル結合した化合物である。この反応は、CoAに加えチアミン二リン酸（TPP）を要求する。ヒト細胞は、培養液中のパントテン酸とチアミン（ビタミンB$_1$）（図1.11）を材料にして、それぞれCoAおよびTPPを作っている。C$_3$をC$_2$に変換する過程でCO$_2$が遊離するとともに、NAD$^+$からNADHが合成される。アセチルCoAは**オキサロ酢酸**（C$_4$）と結合し、**クエン酸**（C$_6$）ができる（図4.8）。このクエン酸を起点として、八つの連続反応によりオキサロ酢酸が生成する。その一連の過程を"**クエン酸回路**"、発見者にちなんで"**クレブス回路**"、出発のピルビン酸（3炭糖のカルボン酸：Tricarbonic acid：TCA）にちなんで"**TCA回路**"などとよばれる。ここでは、クエン酸回路に統一してよぶ。

　イソクエン酸（C$_6$）から**2-オキソグルタル酸**（α-ケトグルタル酸：C$_5$）になる過程でCO$_2$

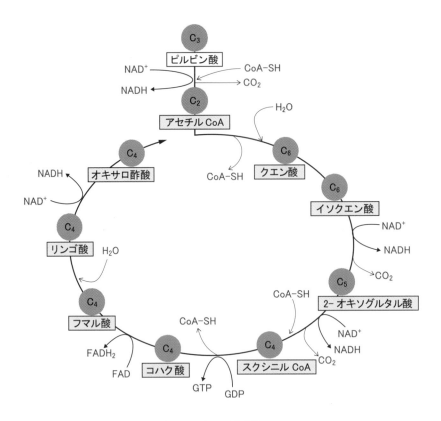

図 4.8　クエン酸回路

の遊離と NADH 産生が起こる。2-オキソグルタル酸からスクシニル CoA 変換過程でも、CO_2 の遊離と NADH 産生が起こる。ピルビン酸（C_3）から、ここまでの反応で 3 個の CO_2 が遊離したことになる。グルコースから 2 分子のピルビン酸ができる解糖系を考慮すると、グルコース（C_6）の 6 個の炭素は、6 分子の CO_2 に変換されたことになる。ヒトでは 40 兆の個々の細胞におけるクエン酸回路により遊離した CO_2 が、血流を介して肺に届き、呼気として大気に排出される（図 4.8）。

　スクシニル CoA からコハク酸への転換では、**基質レベルの GTP の合成**が起こる。GTP は ATP と同等なので、ATP が産生されたと換算する。コハク酸からフマル酸ができるのにカップリングして<u>フ</u>ラビン<u>ア</u>デニン<u>ジ</u>ヌクレオチド の酸化型 FAD が還元型 **FADH_2** へと変換される。FAD と $FADH_2$ には、NAD^+ と NADH と同様に電子運搬体としての性質がある。ヒト細胞内の FAD と $FADH_2$ の合成は、ヒト細胞の培養液に加えられるリボフラビン（ビタミン B_2）を材料としている（図 1.11）。$FADH_2$ の電子は、ミトコンドリア内膜の**複合体 II** に渡され、さらに CoQ へとリレーされ複合体 III に電子が渡される（図 4.7）。CoQ 以降は NADH の電子伝達と同じ経路となる。NADH と異なる点は、複合体 II を電子が通過してもプロトンの汲み出しが起こらないことである。したがって、$FADH_2$ から酸素までの電子伝達系は、計 6 個のプロトンを膜間腔に汲み出し、それが ATP 合成酵素を介して約 2 分子の ATP の合成につながる（図 4.7）。

リンゴ酸からオキサロ酢酸が生成されクエン酸回路は閉じるが、この反応にカップリングして NADH が産生される（図 4.8）。ピルビン酸を起点にクエン酸回路を一周すると、4NADH、1FADH$_2$ が合成され、酸化的リン酸化として $4 \times 3 = 12$ ATP、$1 \times 2 = 2$ATP ができる。先の GTP ができる基質レベルのリン酸化を加えると計 15 分子の ATP ができる。グルコースで換算すると 15×2 ピルビン酸 $= 30$ ATP となり、冒頭の 30 ATP 追加は解決したことになる。解糖系由来の 8 ATP を加えれば、グルコース 1 分子から、最大 38 分子の ATP が合成されたことになる。

無酸素状態における解糖系＋発酵では 2 ATP しか合成できないことを考えれば、酸素によってエネルギー革命とよべる 19 倍の ATP が産生できるのである。グルコースを大気中で燃焼する化学式（$C_6H_{12}O_6 + 6O_2 \rightarrow 6CO_2 + 6H_2O$）は、細胞が解糖系、クエン酸回路、電子伝達系を経た化学式とまったく同じである。38 ATP を得た以外は。ミトコンドリアのマトリックスで量産された ATP は、ミトコンドリアの外に輸送され、細胞全体が豊富な ATP の恩恵を受ける。

クエン酸回路の化合物からヒト細胞では 6 種のアミノ酸を、大腸菌や植物は 10 種のアミノ酸を調達できる。ヒト細胞で合成できないものについては下線を付す。2-オキソグルタル酸は、グルタミン酸・グルタミン・プロリン・アルギニン合成の材料となる。オキサロ酢酸からは、アスパラギン酸・アスパラギン・リシン・メチオニン・トレオニン・イソロイシンが合成される（図 4.9）。まとめると、クエン酸回路はエネルギー 30 ATP を稼ぐだけでなく、アミノ酸合成の原材料を供給する。解糖系とペントースリン酸経路から合成されるアミノ酸（図 4.3）を加えると、タンパク質を構成する 20 種のアミノ酸が出揃った。大腸菌では培養液にグルコースと窒素源（図 1.10：塩化アンモニウム）があれば、20 種類のアミノ酸をすべて自前で合成できる。

100 年前に栄養学者たちは、20 種のアミノ酸のうち一つだけ抜いた餌をラットに数カ月食べさせ、その生死を判定した。その結果、図 1.11 の一重下線（大腸菌や植物では合成できるがラットおよびヒト細胞ではできない）の 11 種のアミノ酸を一つずつ抜けばラットが死ぬことから、外界から摂取しなければならないものとして "必須アミノ酸" と命名した。システイ

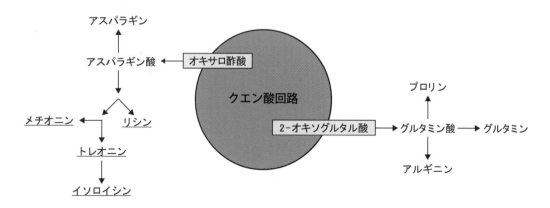

図 4.9　材料を供給するクエン酸回路

ンとチロシンも、本来ラットおよびヒト細胞では合成できないものだ。しかし、先の実験の条件に従い、たとえばシステインを抜くということはメチオニンを含めた他の 19 種のアミノ酸を摂取させることになる。システインとチロシンは、それぞれメチオニンとフェニルアラニンから合成できるので、システインあるいはチロシンを抜いてもラットは死なない。グルコースから合成できる 7 種のアミノ酸にシステインとチロシンの二つを加えた 9 種のアミノ酸は、餌から抜いてもラットは死ななかったため、“非必須アミノ酸”とよばれる。

　9 種の非必須アミノ酸のうち 4 種（アルギニン・グリシン・セリン・グルタミン）は、ヒト細胞でグルコースから合成できるにも関わらず、ヒト細胞の培養液（図 1.11）に加えられている。その理由は、必須アミノ酸 11 種のみを添加するより非必須アミノ酸 4 種も加えたほうが細胞の増殖が良かったからにほかならない。

　ここまでで、大腸菌とヒト細胞がグルコースをなぜ必要とするのか（図 1.10、図 1.11）、という疑問の大部分に回答が与えられた。また、ヒト細胞の培養液に添加されたほとんどの成分（図 1.11：アミノ酸やビタミン類）の説明がついた。

　ATP 合成酵素のところで紹介した好塩菌は、光 → プロトン勾配 → ATP 産生のように太陽光からエネルギーを作り出していた。同じように、光からエネルギーを得てグルコースを摂取せずに生きているのが植物である。何が植物の中で起こっているのだろうか？

4.5　光でグルコースを作る　―光合成―

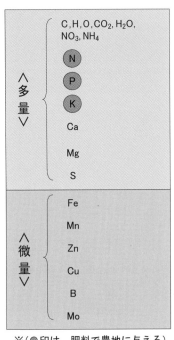

※（●印は、肥料で農地に与える）

図 4.10　植物に必要な原子

　グルコースを摂取しない肉食の動物（ライオンや絶滅恐竜ティラノサウルス）は主に肉という形でタンパク質を摂取する。それが分解されたアミノ酸は、すぐに解糖系あるいはクエン酸回路の化合物に変換される（図 5.3）。すなわち、アミノ酸はエネルギー源になる。また、哺乳類の肝臓では糖新生とよばれる解糖系を逆流する経路（ピルビン酸からグルコースまで 6ATP 相当のエネルギー投資が必要）でグルコースを作れる。グルコースを摂取しない肉食動物でも、アミノ酸を材料とした糖新生により、全身の細胞にグルコースを供給できる（図 5.3）。

　一方、他者を食べない植物は、どのようにエネルギーを得て、どのように体を形作る素材を合成しているのであろうか？ 植物の生育に必要な成分を見てみよう（図 4.10）。この中に、大腸菌やヒト細胞の培養に必須なグルコースはない。さらに、ヒト細胞の培養液に添加されている 20 種のアミノ酸もビタミン類もない。植物は、グルコースの代わりとなる化合物を自身で合成するしかない。

19世紀半ばの実験で、光の当たった植物の葉に**デンプン**（グルコースが連結した高分子体）が検出されている。大腸菌とヒト細胞の増殖には必要ないが、植物にとって必須な増殖要件として光と二酸化炭素があるのは中学生で学んだ既知の知識であろう。植物の生育条件に二酸化炭素以外の炭素源はないことから、植物は二酸化炭素からデンプンを合成するしかない。すでにATP合成酵素のところで簡単に紹介してはあるが、葉緑体のチラコイド膜にプロトン勾配をかければ、ATPを産生できることは述べた（4.2節）。まとめると、植物の増殖に関して理解すべきことは、"光エネルギーからどのようにプロトン勾配を形成させATPを合成しているのか"および"二酸化炭素からグルコース（それに匹敵する代替の化合物）をどのように合成するのか"の2点に絞られる。

19世紀末ドイツのエンゲルマンの実験で、太陽光をプリズムで連続スペクトルにすると、アオミドロ（光合成をする単細胞生物）が二つの特定の波長（赤と青の部分）のところで酸素を発生させ、そこに好気性細菌が集まったことから（図4.11）、二つの波長の光（**光化学系ⅠとⅡ**）が光合成に必要なことが推測された。また、このときに細菌が集まらなかったのは緑の波長の光であり、植物がほとんど使わないその色こそ、ヒトがアオミドロや植物の色として認識するものである。

では、この二つの波長は何に使われるのであろうか。まず、**チラコイド膜**内に光エネルギーが集められ、それが光化学系Ⅱの反応中心に届くと24e⁻（電子）が放出され、電子伝達系（ミトコンドリアのものと酷似）を通り、光化学系Ⅰの反応中心に届く。24個の電子を失った光化学系Ⅱの反応中心は水を分解して酸素を発生させ、$12H_2O \rightarrow 6O_2 + 24H^+ + 24e^-$の反応で失った電子を取り戻す（図4.11）。チラコイドの内部に24個のプロトンが生成するのに加え、光化学系ⅡからⅠへの電子伝達とカップリングして、プロトンがチラコイド内に取り込まれる。チラコイド内から外側に向けて生じたプロトン勾配のエネルギーが、ATP合成酵素を介したチラコイド外での**ATP産生**をもたらす（図4.11）。

光化学系Ⅰの反応中心に届いた電子（24e⁻）は、光エネルギーによって反応中心から放出され、

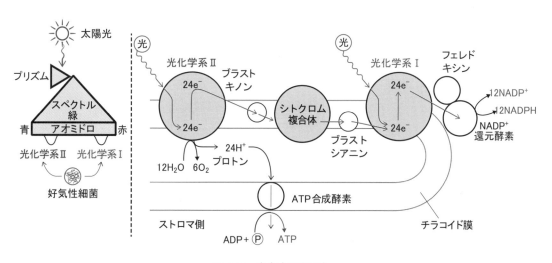

図4.11　光合成の明反応

電子伝達系により最終的な電子の受け取り手であるチラコイド外の **12 NADP$^+$**（酸化型）に渡り、**12 NADPH**（還元型）が生じる（図 4.11）。この一連の反応には光が必須であり、アメリカのベンソンの実験から「**明反応**」とよばれる。チラコイド外に生成された ATP と NADPH は**ストロマ**において、光を必要とせずに二酸化炭素を有機化合物に固定する「**暗反応**」に利用される。

　20 世紀後半になるとアメリカのカルビンらは、放射性同位体を含む二酸化炭素 $^{14}CO_2$ をイカダモ（藻の一種）に光を当てながら取り込ませ、時間経過とともに ^{14}C がどの有機化合物に組み込まれるのか、二次元ペーパークロマトグラフィーで展開し追跡した。すると、3 秒後に ^{14}C はホスホグリセリン酸（PGA）に取り込まれ、90 秒後にはグリセルアルデヒドリン酸（GAP）→ フルクトース二リン酸 → ショ糖へと変換されていった（図 4.12）。GAP とフルクトース二リン酸は解糖系の中間体と同じ化合物である（図 4.2）。また、その過程でリンゴ酸・クエン酸などのクエン酸回路の化合物（図 4.8）、セリン・グリシン・グルタミン酸・アスパラギン酸などのアミノ酸も生成される（一重下線は解糖系、二重下線はクエン酸回路、それぞれから合成される。図 4.3、図 4.9）。350 年にもわたる一連の「**光合成**」の研究により、植物はグルコースを摂取しなくても、光の存在下に二酸化炭素からさまざまな有機化合物を合成できることが解明されたのである。

　さらに話を続けよう。カルビンの実験で 3 秒後には合成されるホスホグリセリン酸（C_3 化合物 PGA）は、12 分子の PGA として、6 分子のリブロース二リン酸（C_5 化合物 RuBP 略）と 6 CO_2 から合成される（図 4.12）。この過程は**炭素固定**とよばれ、**ルビスコ**という酵素（地球上でもっとも量の多いタンパク質で、酵素であるのに触媒能力が低く、二酸化炭素と酸素の両方に働くことで無駄を生じさせ、酸素によって壊れやすく 30 分で新品と取り替えられる、というユニークな酵素）により触媒される。炭素固定の産物 12 PGA は、12 ATP からリン酸を受け取り、12 ビスホスホグリセリン酸（C_3 化合物に二つのリン酸が結合したもの）となる。

　この化合物は 12 NADPH により還元され 12 GAP（解糖系で登場した C_3 化合物）ができる。12 分子の GAP のうち 10 分子（3 炭糖 × 10 ＝ 30 炭素）は 6 分子のリブロースリン酸（RuP ; 30 炭素 ÷ 6 ＝ 5 炭糖）に変換後、6 ATP からリン酸を受け取りリブロース二リン酸（RuBP）となり、回路は閉じる（図 4.12）。チラコイドで明反応によって用意された ATP と NADPH が暗反応の炭素固定に必須であるということである。すなわち、光がなければ植物は有機物を作れず、それが長引けば枯死する。

　12 GAP のうち、2 GAP（C_3）は 1 分子のフルクトース二リン酸（C_6）に変換後、ショ糖（C_{12}）のような二糖やデンプンのような多糖（C_n）へと変換される。樹木においては、根や種子を含め光合成を行わない部分に、光合成でできた産物を栄養として供給する必要がある。葉などが、ショ糖を**師管**という水路に流すと、それを必要とする植物組織が取り込む（図 4.13）。この単純な**転流**とよばれるシステムで、ポンプを要さずに、栄養は必要とされる植物体の隅々まで届けられる。栄養を受け取った植物組織は、大腸菌やヒト細胞と同様に解糖系やミトコンドリアでのクエン酸回路・電子伝達系・酸化的リン酸化を通じてエネルギーを得ることになる。

　なお、花では光合成産物を蜜に変え、昆虫を呼び寄せる。ミツバチの集めたものをハチ蜜と

57

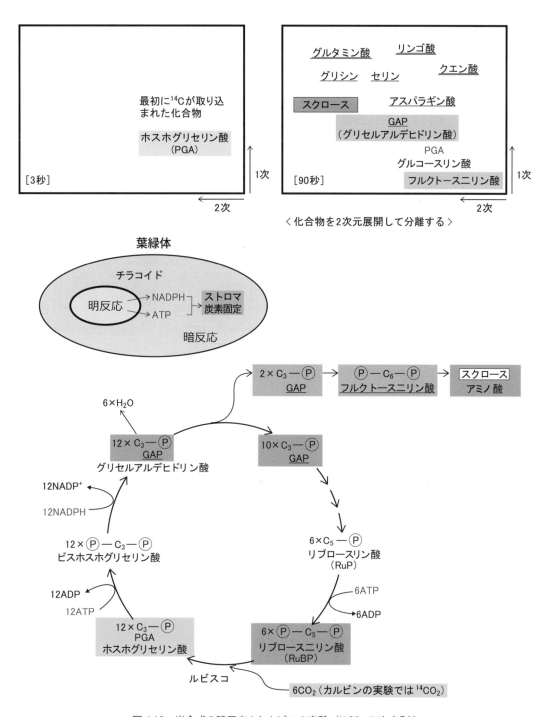

図 4.12　光合成の暗反応（カルビンの実験（$^{14}CO_2$ のゆくえ））

よび、ヒトが横取りする。樹木内部で、虫が食べた維管束（導管と師管）部分から滲みでた液体が発酵すると、樹液になる。その樹液はカブトムシなどの栄養源となる。ヒトはカブトムシからは横取りしないが、メープルシロップ（楓の樹液）の採取という形でカブトムシと同じ行いをする。さらに、師管を通じて受け取った光合成産物を、デンプンという形で貯蔵するジャ

ガイモ、トウモロコシ、米、小麦は、人類の貴重な栄養源である。ヒトはデンプンを摂取し、それを分解してできたグルコースを血中に流し、その 20 ％を脳が消費している。

　第2章の太陽エネルギーの源泉から辿れば、太陽での核融合（$E = mc^2$）→ 光エネルギー（$h\nu$：プランク定数 × 振動数）→ 光合成（カルビン・ベンソン回路）→ グルコース → ヒト細胞の 38 ATP（解糖・クエン酸回路・電子伝達系・ATP 合成酵素）というエネルギー変換反応を基盤とし、読者の脳は機能し「我思う、ゆえに我あり」などの思考ができるのである。

　次章で、もう少しエネルギーという視点から生物を眺めることにしよう。

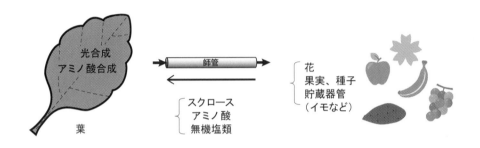

図 4.13　栄養を植物体の隅々まで配る（転流）

第5章　エネルギー貯蓄

5.1　隕石衝突と恐竜の絶滅　—エネルギー供給と散逸構造—

　生物が生きて活動するためには、絶え間ないエネルギーの供給が必要である。熱力学第一法則は「**エネルギー保存則**」とよばれ、太陽での核融合エネルギーが巡り巡って光合成を経てグルコースとなり、それがヒト細胞で 38 ATP になるようなエネルギー変換を物理的に可能にしている。太陽での核融合エネルギーが太古の光合成産物に変換され、それが埋没してできた化石燃料（石油・石炭、天然ガスなど）をヒトが燃やして、ガソリンとして車の運動エネルギーに変え、火力発電（化石燃焼の熱エネルギー → 水蒸気 → タービンの回転エネルギー → 磁石の回転 → ファラデーの誘導電流）を通じて電化製品（運動・熱・スマートフォンやパソコンの電子の動きを制御）を稼働させることも可能にする。

　熱力学第二法則は「**エントロピー増大則**」とよばれる。エントロピーは「乱雑さ」を意味し、水に色インクを垂らした瞬間に比べ時間が経って薄い色が均一になったことを、エントロピー（乱雑さ）が増大したという。ベルギーのプリゴジンは、エネルギーを投入した際に全体としてはエントロピーが増大するが、部分的に「**散逸構造**」と彼がよんだ秩序が生まれうることを提唱した。有名な散逸構造にベナール対流がある（図 5.1）。この対流は、熱エネルギーを投入し続ければ維持されるが、その投入の停止とともに消失する秩序である（図 5.1）。生物は外から原子、分子、光などを取り込み、細胞内でさまざまな変換反応を起こし、エネルギーを得て自己秩序を形成し、不必要なものを排出する。全体の反応としてはエントロピーが増大し

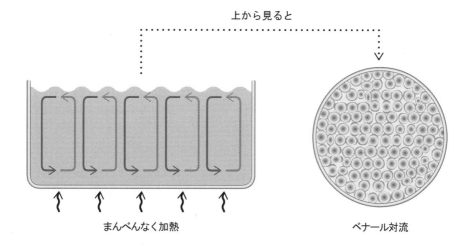

上から見ると

まんべんなく加熱　　　　　ベナール対流

図 5.1　ベナール対流

ているが、ベナール対流と同じように自己秩序を形成している。

　エネルギー供給が停止すれば生命活動が停止し、それが続けば死を迎える。第 1 章のウイルスは、核酸とタンパク質からなる結晶（図 1.8）として待機状態をとれる。大腸菌を含む多くの微生物は、貧栄養状態（エネルギーが得られない）に陥ると休眠状態になり、富栄養の状態が回復するまで待機する。キノコ類の胞子や植物の種子は、発芽の条件を見極め、発芽に適さない場合は待機を続ける。コケとそれを食べるクマムシは、ともに乾燥して休眠できる。再び水を得ると、コケもクマムシも水を吸収して生き返り、クマムシは何もなかったようにコケをおいしそうに食べ始める。ちなみに乾燥クマムシは、紫外線を防ぐ特殊なケースに入れられた条件下で、温度の上下が激しい真空の宇宙空間に 10 日間放置された後でも生き返ることができた（クマムシの遺伝子に秘められた生き残り術については、8.1 節でも紹介する）。

　人工的にではあるが、ヒト細胞、ヒト精子、ヒト卵子、ヒト受精卵、ヒト iPS 細胞などは液体窒素（−196℃）の中で休眠させることができる。これらを適切な条件に戻せば、活動を再開できる。959 個の細胞からなる多細胞生物の線虫（14.2 節で再登場）も、液体窒素で休眠させることができ、それを室温に戻せば大好物の大腸菌を貪り食いはじめる。このように生命は、ベナール対流が熱エネルギー投入停止ですぐに消えてしまうのに比べ、休眠状態をとれる点で少し時間稼ぎができる。ただし、待機状態を続けるだけでは生きているとはいえず、水とエネルギーの再投入（富栄養条件）がなければ、生命活動を再開できない。また、待機状態を永遠に続けることもできない。生物は、絶え間ないエネルギーの投入が途絶えると、最終的に死に向かうのである。その死が個体レベルではなく種全体に及べば種の絶滅となる。

　6,500 万年前、メキシコ湾に直径 10 km の巨大隕石が落下した。その地質学的証拠は、隕石由来の原子であるイリジウムが地球上全域に飛び散り、薄い地層を形成し、その地層の下（隕石落下以前）には恐竜の化石が存在するが、上の層（落下後）では恐竜の化石はおろか下の層に見出された種の 70 % が消失（つまり絶滅した）している。ベナール対流と異なり、恐竜の化石のように生物が生きているときに固い構造を形成した場合、その生物が死んでも固い構造は散逸せずにわれわれの前に化石として姿を現す。メキシコ湾の周辺のその当時の地層に衝撃石英（石英が隕石落下により変性してできる）が発見されることも、隕石による大量恐竜絶滅説を支持している。

　隕石衝突により舞い上がった粉塵が数年間も地球を覆い、太陽光を遮った。近世では、1783 年に長野と群馬の境にある浅間山（いまも活火山）の数カ月にわたる噴火と、同年のアイスランド・ラキ山の大噴火が重なり、それらの粉塵が成層圏まで達し、日照不足と冷害を北半球の全地域にもたらした。日本では天明大飢饉に陥り数十万人が餓死し、フランスでの不作は民衆の王家に対する不満となり、1789 年フランス革命を引き起こした。

　6,500 万年前の粉塵は、浅間山とラキ山の噴火の比ではなく、「光合成ができなくなった植物の枯死」→「草食動物の飢え死」→「肉食動物の飢え死」、という食物連鎖の崩壊を引き起こし、大きな動物（恐竜を含む）はエネルギー不足により絶滅したと考えられている。ヒトも動物の一種であるので、身近な例としてヒトのエネルギー不足を含め、ヒトの死因とこれまでの章で学んだことを結びつけて考えてみよう。

5.2　ヒトが生きられる条件　―ヒトの死、ヒト組織の死―

　ヒトは、肺を通じての呼吸ができない、心臓が止まる、大量の出血、飢え、などの原因で個体として死ぬことは誰でも知っている。いまの日本では餓死は馴染みが薄いが、世界ではいまでも1分に一人は餓死している。一方、ヒト細胞は、肺にも心臓にも血流にも食事にも依存せずに培養皿で生きている（図1.11）。なぜなら培養液にグルコース（本来なら食事に由来）が存在し、酸素（本来なら肺で取り込み、血液中の赤血球に運搬してもらう）は大気から培養液に溶け、それを無尽蔵に取り込むことが可能で、酸素を使ってグルコース1分子あたり38 ATPを作り続けられるからである（第4章）。ヒト細胞をグルコース（それに代わる栄養物も含め）なし、酸素なしで培養すると死滅する。ヒトの死因の呼吸停止、心停止、大量出血、飢えは、全身のヒト細胞に同じことを引き起こす。

　全身でグルコースあるいは酸素不足が起こらなくても、部分的にそれらが起これば死ぬ場合がある。**血栓**（動脈の血管が詰まり、血管の先にグルコースと酸素が届かない）が心臓で起こる**心筋梗塞**、脳で起こる**脳梗塞**が生じ、それぞれ血管の先の心筋細胞や脳細胞がすみやかに死滅し、心臓や脳の機能不全、最悪の場合は死につながる。ヒト全身の細胞が死なないようにする、という視点からヒトの肺、心臓、血管の役割を第11章で解説する。本章では、消化器系の役割を考えてみよう。

5.3　ごはんとパン　―炭水化物の消化と吸収―

　数学のトポロジー（連続的に変形が可能な図形はすべて同じ）の視点からヒトの組織を見ると、肺はヒト体内に収められているもののテニスコート半面が外に露出しているのと同等である。同様にヒト消化器官（口腔、食道、胃、十二指腸、小腸、大腸）は体内にあるが、トポロジー的には外側である。ヒト初期胚で、原腸陥入により貫通した出入り口が、口と肛門の由来である（図14.10、図14.11）。動物が、口から取り入れた食物を肛門へ送る間に消化と吸収を行う。その一連の器官を消化器系という。消化器系は食物を送る消化管と消化液を分泌する消化腺からなる。人の消化管には口腔、咽頭、食道、胃、小腸、大腸があげられ、消化腺としては唾液腺、胆のう、肝臓、膵臓があげられる。

　ヒトの口では、歯により食物を機械的に小断片にするとともに、グルコースが連結した植物由来の高分子であるデンプン（米など）を、唾液に含まれるアミラーゼにより二糖（グルコースなどの6炭糖が二つ連結したもの)に分解される。消化管はトポロジー的に体の外側なので、皮膚と同様に外界に接しており、膨大な数の微生物が棲んでいる。ヒトの全細胞40兆個に対し、ヒトの体に棲む微生物は100兆個もいる。ここに生死を掛けた巧妙な、攻防が繰り広げられる。

　圧倒的に数で負けているヒト小腸細胞は、二糖よりもグルコースなどの単糖類を好む大腸菌（6.5節で紹介）を含めた腸内細菌が、腸内で分解されたグルコースなどを横取りする前に、

自身に必要な単糖類を取り込まねばならない。そのため、小腸で吸収する直前まで二糖はグルコースなどの単糖に分解されずに腸内まで送り込まれる。そして、膵臓（進化的に膵臓は小腸の付属物）から分泌されたマルターゼ、スクラーゼ、ラクターゼなどで二糖類は単糖にまで分解される。

　分解された単糖の大部分は、即座に小腸上皮細胞に吸収される。吸収後、グルコースは小腸の静脈、門脈、肝臓（進化的に小腸の付属物）を通り、血流を介して全身の細胞に行き渡る（図5.2）。ここまでくればヒト培養細胞と同じに、細胞の外に届いたグルコースを、グルコース輸送体を介して細胞内に取り込み、1 分子のグルコースを酸素で燃焼し 38 ATP を得るとともに、二酸化炭素を排出する。

　ヒトが摂取すべき三大栄養素は、炭水化物（デンプン等）、タンパク質、脂肪である。次にタンパク質と脂肪の消化・吸収について考えてみる。

5.4　牛の反芻　—タンパク質の消化と吸収—

　ヒト口腔で断片化されたタンパク質は、食道の筋肉によるぜん動運動によって胃へ送られる。胃ではタンパク質加水分解酵素ペプシンのほか胃酸が分泌されるが、胃酸はペプシンが働きやすい強酸性環境を作り出すとともに、胃酸によって食べ物と一緒に入ってきた細菌を殺菌する。ペプシンによりペプチド（アミノ酸が複数ペプチド結合しているもの）まで分解される。胃でアミノ酸まで分解しないのは、アミノ酸を好む腸内細菌に横取りされないよう、ペプチドの形で小腸に送り込むためである。

　ペプチドは、胃の次に十二指腸へ送られる。ここには膵臓からの膵液が分泌される。膵臓か

	消化管	炭水化物	タンパク質	脂肪
∧消化∨	口（咀嚼による機械的断片化）	アミラーゼ		
	胃		ペプシン（酸性）	
	肝臓・胆のう			胆汁酸（乳化）
	膵臓	マルターゼ	トリプシン キモトリプシン（弱塩基性）	リパーゼ
	小腸	マルターゼ	ペプチダーゼ	

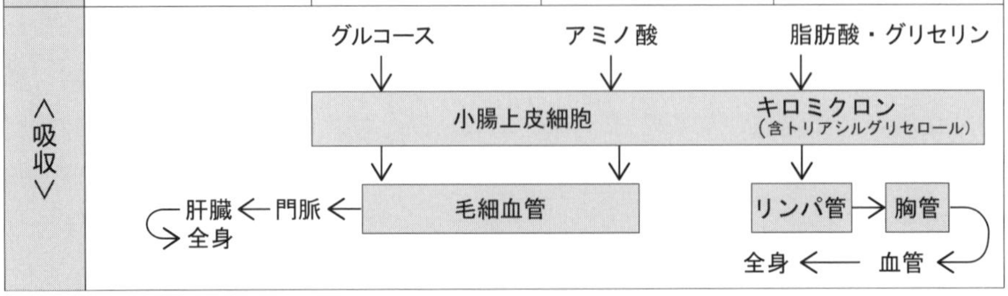

図 5.2　3 大栄養素の消化と吸収

ら分泌されたタンパク質加水分解酵素トリプシンやキモトリプシンが作用し、さらに小さなペプチド（まだ腸内細菌に横取りされない）まで分解される。なお、膵液には炭酸水素ナトリウムが含まれており、胃酸を中和し、弱アルカリ性にしてこれらの酵素が働きやすい環境を作っている。

　最後に、ペプチドのN末、あるいはC末からアミノ酸を一つずつ切り出す酵素ペプチダーゼによって分解されたアミノ酸・ジペプチド（アミノ酸二つ連結）・トリペプチド（三つのアミノ酸が連結）が、腸内細菌の横取りをほぼ出し抜いて、小腸上皮細胞に取り込まれる。そして、小腸から門脈を通り肝臓を経て血流に乗り、全身の細胞にアミノ酸が届けられる（図5.2）。各細胞は、**アミノ酸輸送体**を介し必要なアミノ酸を細胞内に取り込む。

　ネコ科動物のような肉食獣では、アミノ酸分解産物を肝臓での**糖新生**によりグルコースに変換し血糖値を保つ（図5.3）。肉は肉食獣にアミノ酸を供給するのみならず、炭水化物からのグルコースを得ることのできない肉食動物の血流にグルコースを供給できる。ここで、草食獣に関する疑問が浮かぶ。炭水化物（草に含まれるデンプンは少ない）も肉（タンパク質）も食べないのに、太古のアルゼンチノサウルス・パラセラテリウム（図1.5）を筆頭に現在のゾウ・キリン・牛も含め草食獣は大きく育つ。また、偏食で有名な竹を食べるパンダ、ユーカリ（毒を含む）しか食べないコアラも問題なく生きている。草食動物は、どのようにグルコースやアミノ酸を血流に流すのであろうか。

　草や木の葉に含まれる主成分は**セルロース**である。セルロースはグルコースが連結したものだが、セルロースを分解できる酵素をもつ動物はいない。だが、セルロースを分解できる生物に、微生物とキノコの仲間がある。そこで、草食動物はセルロースを分解する微生物を消化管に棲まわせ、分解されたセルロースから栄養を摂取しているのだ。とくに有名なのは、四つの胃袋

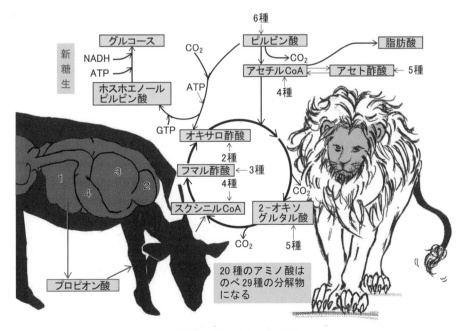

図5.3　草も肉も共通経路に

をもつ牛である。牛の1番目の胃にはセルロースを分解する微生物が棲みついていてセルロースからグルコースを切り出す。牛は、そのグルコースをそのまま微生物に食べさせ、微生物が廃棄した3炭糖のプロピオン酸を吸収する（図5.3）。

プロピオン酸は肝臓での糖新生によりグルコースとして血流に供給される。1番目の胃の内容物は口腔に戻され、咀嚼し直される反芻を介し、セルロースに含まれるグルコースはすべて利用しつくされる。1番目の胃には原生動物（ヒト細胞と同じ真核生物の仲間。単細胞で暮らしている）も棲んでおり、グルコースを取り込んで栄養満点の微生物を食べる。牛は、1番目の胃に窒素源として尿素（11.6節）を加え、微生物と原生動物にタンパク質の生合成を促す。それらの微生物と原生動物を4番目の胃に送って溶かし、アミノ酸まで分解してしまえば良い。微生物と原生動物は、ビタミン類も合成しているため、牛は肉などのタンパク質を食べず草を食べただけなのに、グルコースとアミノ酸、さらにはビタミン類までが、牛の血流にもたらされるのである（図5.3）。

ヒトのような雑食、ネコ科のような肉食、牛のような草食と、どのような食事をしても、血流にグルコースとアミノ酸を供給するという点で共通であり、それは正にヒト細胞を培養する条件そのものである（図1.11）。

次節で残る三大栄養素の脂肪について考えてみよう。

5.5 ラクダの瘤と熊の冬眠 ―エネルギー貯蔵物質としての脂肪―

砂漠を横断するのにラクダほど人類に貢献してきた動物はいない。少量の水と食料で、砂漠を長時間にわたり歩き続けられる理由の一つに、背中にある瘤（一瘤と二瘤の2種のラクダがいる）に詰まっている脂肪（トリアシルグリセロール）がある。

トリアシルグリセロールは、グリセロール（3炭糖）と脂肪酸3本に分解できる（図5.4）。グリセロールは肝臓で糖新生によりグルコースに変換され、血流へのグルコース供給に寄与する。一方、脂肪酸（C_{18}を例にとる）は肝臓や筋肉のミトコンドリアに運ばれ、β酸化とよばれる反応で、1分子のNADH、1分子の$FADH_2$、1分子のアセチルCoA（炭素数2の化合物でオキサロ酢酸と結合してクエン酸となる）、二つ炭素がとれたC_{16}の脂肪酸になる（図5.5）。この反応はすべてがアセチルCoAになるまで続く。クエン酸回路を1周（酸化的リン酸化：3 NADH → 9 ATP、1 $FADH_2$ → 2 ATP、基質レベルのリン酸化：1 GTP → 1 ATP）すると合わせて12 ATPできる（図4.6～図4.8参照）。アセチルCoAはC_{18}の脂肪酸から9個得られるので108 ATPに該当する。

β酸化の反応1回は、5 ATP（酸化的リン酸化：1 NADH → 3 ATP, 1 $FADH_2$ → 2 ATP）を産生し、C_{18}の脂肪酸では8回のβ酸化が起こる。よって、40 ATPの産生につながる。C_{18}の脂肪酸1分子は、148分子のATPに相当する。トリアシルグリセロールは3本の脂肪酸をもっており、そのすべてがC_{18}とした場合、脂肪酸3分子のβ酸化から444 ATPのエネルギーが解放される。この一連の反応（グリセロールの代謝も含め）で、代謝水（1 kgの脂肪から、1.1

Lの水が得られる）も生成する。脂肪は水に比べ軽い物質であることから、草も木も少ない乾燥地帯に生息するラクダは、瘤という形で"とても軽いが、砂漠を横断するのに十分な弁当と水筒"を背中に乗せて生きている。

極地のシロクマ、ペンギン、アザラシの皮下脂肪はエネルギー源になるだけでなく、断熱材として防寒着の役割も担う。冬眠する熊は、秋に大量の食物を摂取し、脂肪として体内に蓄える。冬眠中は、その脂肪から得られるエネルギーと代謝水で、春になるまで眠り続けられる。ヒトは水を飲まずに砂漠を横断できないし、冬眠もできない。しかし、平均的な体脂肪率のヒトにおいてでさえ、その脂肪は飢餓に陥った際に、水分の補給さえあれば2～3カ月程度の生存を可能にする。

次に、脂肪以外のエネルギー貯蔵物質について考えてみよう。

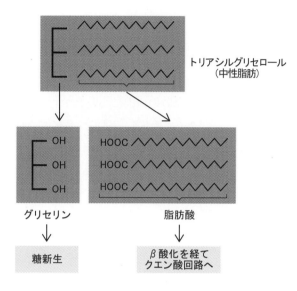

図5.4　中性脂肪

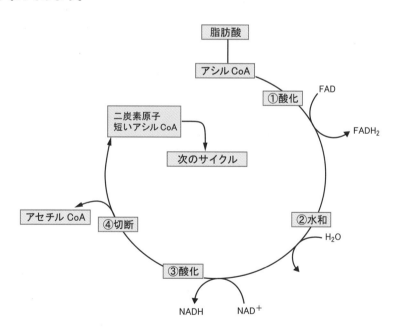

図5.5　ミトコンドリアで起こる脂肪酸のβ酸化

5.6　餓鬼草子　―秒・日・月 単位の ATP 供給―

　ヒト細胞の活動を支える ATP およびそれの供給源グルコースには、困った性質がある。そ
れは、ATP やグルコースのまま貯蔵できない点にある。トリアシルグリセロール（脂肪）が
数カ月分の ATP 供給源になることは説明したが、脂肪以外の形のエネルギー貯蔵物質が存在
する。

　筋肉は、ATP を利用して動く。ATP 生成にかかる時間が少ない（ATP 生成過程の反応数が
少ない）ほど、緊急時の筋肉に必要とされる。数秒分の ATP を供給できるものとして**クレア
チン・リン酸**がある。野生動物は捕食者に襲われた際、即座に最大限の筋力を使い逃げる。筋
肉にあった ATP の枯渇に伴い、ADP がクレアチン・リン酸からリン酸を受け取る 1 段階反応
で ATP が生成し、生死を分けるであろう数秒分の筋肉の動きを可能にする。その他に、ヒト
では 100m 走のスタートなどに該当する。もう少し運動を例に、筋肉への ATP 供給を説明する。
短距離走（100 ～ 400m）や短距離の水泳（～ 100m）では、グルコースからピルビン酸を経
て乳酸になる（解糖＋ 乳酸発酵：図 4.2、図 4.4）過程（計 11 反応）で得る 2ATP を、筋肉
を動かすために使う。ところが、中距離・長距離走となると、"クエン酸回路と酸化的リン酸化"
（グルコースを起点に計 24 反応）を介した "グルコースの酸素による完全燃焼" で産生される
計 38 ATP が、筋肉を動かし続けるのに不可欠となる。

　長距離を走るために、筋肉は二とおりのグルコース供給を受ける。一つは血流中のグルコー
ス（80 kcal：70 kg の成人男性）の取り込みであり、もう一つは筋肉内にグルコースを高分子
化して貯蔵しておいた**グリコーゲン**を分解することで得られる。グリコーゲンは食事由来のグ
ルコースが余剰の場合、肝臓（280 kcal）と筋肉（480 kcal）にそれぞれ作られ、貯蔵される。

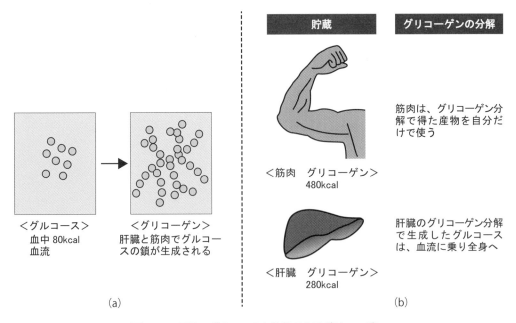

図 5.6　1 日分のグルコースを貯蓄できるグリコーゲン

グリコーゲンがあれば食事なしで約 1 日分のグルコースを供給できる。筋肉のグリコーゲンは筋肉だけで使われるのに対し、肝臓のグリコーゲンで分解されたグルコースは血中に放出され、血糖値の維持に寄与する（図 5.6）。もちろん、筋肉は、肝臓のグリコーゲン由来のグルコースも利用して、エネルギーを得る。

図 5.7　餓鬼草紙（京都国立博物館 模写）

すでに説明したように、脂肪（135,000 kcal）は数カ月分の ATP を、グリコーゲンは 1 日分の ATP 産生を可能にする。この両者の中間にあたるエネルギー貯蔵物質として筋肉を構成するタンパク質（24,000 kcal）がある。アミノ酸からタンパク質への合成は第 6 章で説明する。食事をとれず、グリコーゲンを使い果たし、その後も食事ができない場合、血糖値維持のためアミノ酸からグルコースを作る糖新生が必要となる（図 5.3）。そのアミノ酸の供給源が筋肉のタンパク質の分解であり、糖新生を担うのは肝臓である。

エネルギー貯蔵物質としての脂肪と筋肉の役割は、平安時代の絵巻物・餓鬼草子を眺めれば一目瞭然である。そこに描かれた餓死寸前のヒト（図 5.7）は、皮下脂肪も手足の筋肉もなくなり、その手足は骨同等の細さになり、内臓があるため相対的に腹が膨らむ。意識があり、かろうじて動き回っているが、筋肉のタンパク質分解が限界を超えて動けなくなり、同時に糖新生の材料アミノ酸が底をつき、血糖値が 50mg/ml を下回ると意識不明となり、最終的に餓死に至る。

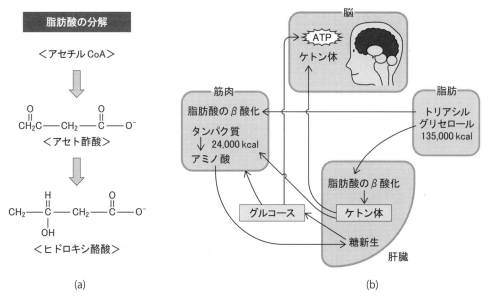

(a)　　　　　　　　　　　　　　　(b)

図 5.8　脂肪と筋肉は数カ月分のエネルギー貯蓄

　序章で紹介したようにヒトの脳は大量のエネルギーを消費する（図 0.1）。餓死寸前のヒト
にも意識があることから、痩せ細り、死に至る直前まで、身体の全エネルギー貯蔵物質を総動
員して脳細胞に ATP を作らせ続け、生き延びるための方策を脳に考えさせ続ける。また、脳
はアミノ酸からの糖新生によるグルコース以外に、**ケトン体**（アセト酢酸とヒドロキシ酪酸）
（図 5.8（a））をエネルギー源として受け取る。なぜなら、脳は脂肪酸を直接受け取れないため、
脂肪酸を材料に肝臓で作られたケトン体（脂肪酸 β 酸化の産物アセチル CoA から作る）を受
け取るのである。ケトン体は脳細胞でクエン酸回路を介して ATP を生成する。筋肉は脂肪酸
の β 酸化もできるし、ケトン体を利用することもできる（図 5.8（b））。

　ちなみに、グリコーゲンは、すぐれた貯蔵物質としての脂肪にかなわない。脂肪のもつエネ
ルギー量をすべてグリコーゲンに置き換える試算をすると、体重 60kg の成人は 300kg になっ
てしまう。脂肪は軽くかつ ATP 変換効率に極めて優れているのである。

　次の疑問として、ヒトは脂肪を体にどのように貯蔵するのであろうか。

5.7　エネルギーを貯める ― 脂肪の消化と吸収、脂肪酸とコレステロールの合成 ―

　摂取したグルコースが過剰となった場合、肝臓と筋肉でグリコーゲンの合成が促進されるこ
とに加え、肝臓と脂肪体で脂肪酸およびトリアシルグリセロールの合成が進む。ATP 産生が
充足した場合、ミトコンドリアで生成したクエン酸はトリカルボン酸輸送系で細胞質に運搬さ
れ、アセチル CoA に変換されるとともに、この輸送系で還元剤 NADPH が作られる。アセチ
ル CoA を材料（マロニル CoA という C_3 化合物が登場するが、アセチル CoA が原材料なので
単純化する）に炭素数を 2 個ずつ伸長する反応でパルミチン酸（$C_{16}H_{34}O_2$：分子内に二重結
合をもたない**飽和脂肪酸**）が生合成される（図 5.9）。

　アセチル CoA のアセチル基（C_2H_3O）が 8 個、つまり C が 16 個、H が 24 個、O が 8 個
が材料となり、パルミチン酸（$C_{16}H_{32}O_2$）ができる。材料と生成物との間で、水素が後者で
8 個多く、酸素が後者で 6 個少ない。一般に、酸素の喪失や水素の獲得は「**還元**」とよばれて
いる。そのため、アセチル基に比べパルミチン酸は還元物質であり、その生合成には還元剤が
不可欠となる。それを担うのが、トリカルボン酸輸送系とペントースリン酸経路で産生される
NADPH である（図 5.9）。なお、ヒト細胞で作ることのできない二重結合を複数もつ不飽和脂
肪酸、リノール酸やリノレン酸は食事で取り入れる必要があり、**必須脂肪酸**とよばれている。

　解糖系の中間体 DHAP 由来のグリセロールは 3 カ所の OH 基があり、そのうちの 1 カ所の
OH 基に脂肪酸がエステル結合したものをモノグリセリド、2 カ所の OH 基に結合したものを
ジグリセリド、3 カ所の OH 基に結合したものをトリグリセリドあるいはトリアシルグリセロー
ル（水に溶けず、エーテルやアセトンなどの有機溶媒に溶ける有機化合物）という（図 5.4、
図 5.9）。肝臓で作られたトリアシルグリセロールは特殊な運搬体（油を血液に直接流せない
ため、リポタンパク質と複合体を作り、血液に溶けるようになったもの）で血流に乗り、全身
の細胞に運ばれる。余剰のトリアシルグルセロールは、脂肪細胞に貯蔵され、ヒトに数カ月分

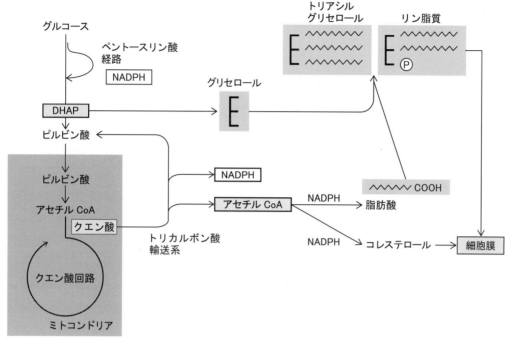

図 5.9　細胞膜はグルコースから作れる

のエネルギーを与える。

　なお、肝臓ではアセチル CoA を材料に、NADPH の還元力と酸素をふんだんに使いながらコレステロール（アセチル CoA から重合された、ステロイド骨格をもつ化合物）も生合成され（図5.9）、トリアシルグリセロールと一緒に全身の細胞に届けられる。

　食事で取り込んだトリアシルグリセロールは、胆のうから分泌される胆汁酸で乳化され、膵臓から分泌されたリパーゼにより脂肪酸に分解される。小腸細胞で吸収された後、小腸細胞内でトリアシルグリセロールが再構築され、キロミクロンに積み込まれる。キロミクロンは、リンパ管を経由して胸管から血流に入り、各細胞に届けられ余りは肝臓に吸収される（図 5.2）。

　エネルギー物質であるトリアシルグリセロールと共通性がある高分子として、生体膜の成分であるリン脂質がある。次節で生体膜からなる細胞の話をしよう。

5.8　細胞の器をつくる　— 脂質二重膜 —

　細胞は自分自身を包むための膜の成分リン脂質、糖脂質を自ら合成している。リン脂質にはグリセロリン脂質とスフィンゴリン脂質がある（図 5.10）。トリアシルグリセロールは、グリセロールの三つの OH 基に、3 本の脂肪酸がエステル結合していた（図 5.4）。一方、グリセロールの一つの OH 基にリン酸がエステル結合したものをホスファチジン酸といい、そのリン酸部分にいろいろな分子が結合したものがグリセロリン脂質である。グリセロリン脂質はその疎水性部分で自己集合し、親水性のリン酸を含む部分は細胞の内外の水と接し、脂質二重膜が形成

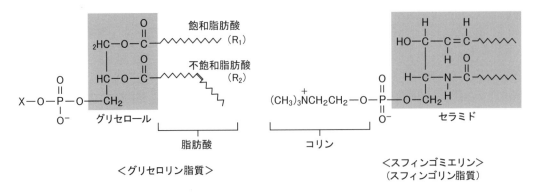

図 5.10　生体膜の成分

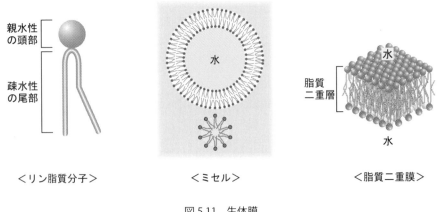

図 5.11　生体膜

される（図 5.11）。スフィンゴリン脂質（スフィンゴシンに脂肪酸が結合し、さらにリン酸が結合したもの）、中でもスフィンゴミエリンは神経組織の細胞膜に多く含まれる。

　糖脂質とは、リン酸の代わりに糖を含むもので、細菌などに多いグリセロ糖脂質と動物に多いスフィンゴ糖脂質に大別される。スフィンゴシンに糖が結合したものがスフィンゴ糖脂質であり、スフィンゴ糖脂質にアミノ酸とシアル酸が結合したものをガングリオシドという。

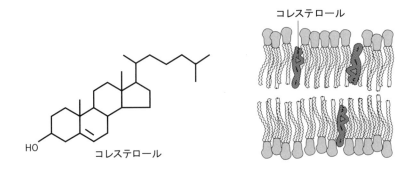

図 5.12　コレステロールは膜を柔らかくする

ガングリオシドの糖の部分は細胞の外側の水に接し、細胞外からのシグナルの受信に関わる。コレステロールは脂質二重膜の中に入り、膜を柔軟にする（図 5.12）。

　第 5 章のここまで進んで、ようやく読者はヒト細胞の培養液の成分（図 1.11）から、細胞の器である細胞膜を描きだすことができた（図 5.9、図 5.11、図 5.12）。本章の冒頭の散逸構造に戻る。細胞膜により、細胞は非平衡状態を維持しやすい。膜がなければ、化合物はエントロピー増大の方向、つまり拡散して均一になる。ところが、細胞膜は "細胞が合成したさまざまな化合物を細胞内に封じ込める" ことができるとともに、"外界から要るものを取り込み"、"要らないものを捨てる" ことで、さまざまな化合物の濃度が細胞内外で非平衡となる。

　細胞は、細胞膜を基礎とし、微生物のさまざまな形態、100m を超える高木セコイア、シロナガスクジラのような巨大動物を含む多細胞生物を構築することができる（図 1.5）。それについては第 11 章で改めて解説することにし、次章では細胞内に詰め込まれている主たる高分子について説明する。

第6章 セントラルドグマ
― DNA → RNA → タンパク質 ―

6.1 遺伝情報をコピーする ―DNA 複製―

　ウイルスを細胞に感染させた場合に、子孫ウイルス（DNA あるいは RNA とタンパク質、および生体膜を含む場合もある）が増殖することはすでに解説した。本章では、「細胞から細胞へ」（第 1 章）の過程で、細胞自身がもつ核酸の複製について考えてみる。ウイルスは DNA あるいは RNA を遺伝情報として有していたが、細胞は二本鎖 DNA を遺伝情報として採用している。

　細胞に、放射能で標識した DNA のもとになる材料（ヌクレオチド）を取り込ませた後、細胞を溶かしその内容物をスライドに展開することで、DNA 繊維を引き延ばす。大腸菌でもヒト細胞でも、ある**複製開始点**から DNA 合成が始まり、両方向に進行することがわかる。また、**複製フォーク**とよんでいる構造も可視化される（図 6.1（a））。DNA 二重らせん構造から、「二重らせんの一部が巻き戻され、一本鎖になった二つのそれぞれの親鎖 DNA に対し、A － T, G － C ペアとなるような相補的な娘鎖が合成される」複製機構が予想される（図 6.1（b））。

　この予測は、1957 年アメリカのメセルソンとスタールにより立証された。核酸の塩基は窒素を含んでいるため、重い窒素同位体 ^{15}N と軽いもの ^{14}N を利用する。大腸菌を ^{15}N を含む培養液で何代も増殖させると、二本鎖 DNA の両方の鎖とも ^{15}N で標識され重くなり、その DNA は塩化セシウム溶液を用いた遠心分離で重い位置に沈降する。一方、^{14}N を含む培養液

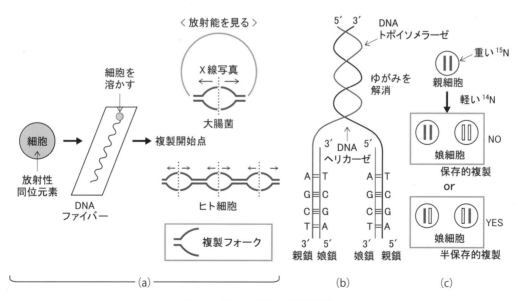

図 6.1　両方向複製、半保存複製

で培養した大腸菌の DNA は軽い。^{15}N で標識した大腸菌（親細胞とよぶ）を ^{14}N の培地で細胞分裂を 1 回（娘細胞とよぶ）だけ行わせると、娘細胞由来の DNA は中間に沈降したことから、親 DNA が娘 DNA に半分ずつ入る**半保存的複製**が証明された（図 6.1（c））。

　複製フォークの前方が二本鎖 DNA となっており、その後方が一本鎖 DNA にほどかれており、その一本鎖 DNA を鋳型として新しい DNA を合成していけば半保存的複製は達成される。数学者から二本鎖を一本鎖に巻き戻すのはトポロジー的に不可能（複製フォークの前方に高速回転運動が起こり、DNA の鎖の共有結合の強度を超えて粉々になると予測）とされたが、細胞は **DNAトポイソメラーゼ**（鎖を切断してトポロジーを解消後に、鎖を再結合する酵素）を用意していたのだ。ATP のエネルギーを使いながら二本鎖 DNA を一本鎖に巻き戻す酵素（**DNAヘリカーゼ**）も見つかっている（図 6.1（b））。

　アメリカのコーンバーグは、露出した一本鎖 DNA を鋳型とする DNA の塩基に相補的なヌクレオチドをリン酸ジエステル結合によって次々重合する酵素 **DNAポリメラーゼ**を同定した。

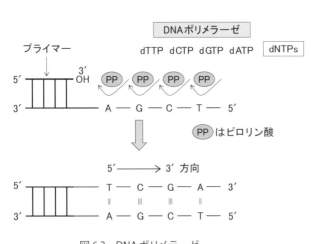

図 6.2　DNA ポリメラーゼ

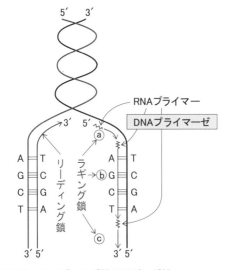

図 6.3　リーディング鎖とラギング鎖

このポリメラーゼには重要となる二つのポイントがある。合成の方向は必ず 5′ → 3′ である（図 6.2）。鋳型から見ると 3′ から 5′ の方向で、これは核酸合成の大原則である。さらに DNA ポリメラーゼは鋳型上で相補鎖の合成を開始することができず、すでに鋳型に結合している相補的な核酸の 3′ 末端を伸ばす伸長作用しかない。鋳型に結合している DNA 合成用の核酸は短くてもよく、これを**プライマー**という（図 6.2）。

　複製フォークでほどかれた 2 本の鋳型 DNA の一方の鎖は 3′ から 5′、他方の鎖は 5′ から 3′ からとなる。鋳型の鎖が 3′ から 5′ だとそのまま DNA ポリメラーゼが伸ばしていけるので、順調に伸長する鎖は**リーディング鎖（先行鎖）**とよばれる（図 6.3）。ところがもう一方の鎖では鋳型鎖が 5′ から 3′ なので、先ほどの DNA ポリメラーゼの 3′ 末端の方向へしか伸びないという大原則に反する（図 6.3）。この疑問に回答を与えたのが、岡崎令治であ

る。"DNA ポリメラーゼの原則を守って合成された短い断片（岡崎フラグメントとよばれている）"が複数合成され、それらが後でつなぎ合わせられるというものだった。このように合成される新生鎖をラギング鎖（遅行鎖）とよんでいる（図 6.3）。

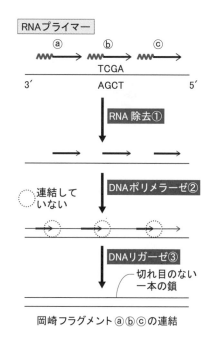

図 6.4　岡崎フラグメントの連結

　岡崎フラグメントの存在が確定すると、DNA ポリメラーゼのもう一つの原則、プライマー要求性が次の疑問となる。細胞は、どのように岡崎フラグメント合成に必要なプライマーを用意するのか？　プライマーを合成する酵素が単離され、一本鎖 DNA 上に相補的な短い RNA プライマーを合成する DNA プライマーゼが見出されている（図 6.3）。なお、岡崎フラグメントを繋げて切れ目のない一本鎖の新生 DNA を作り出すには、①不必要になった RNA プライマー除去、② DNA ポリメラーゼによる空いた部分の DNA 合成、③ DNA リガーゼによる岡崎フラグメントの連結、が必要である（図 6.4）。光学顕微鏡のスライド観察できる巨視的なレベルでの DNA 複製は、リーディング鎖とラギング鎖は同時に進行しているように見える（図 6.1（a））。しかし、分子レベルでは大忙しの複雑な作業工程が順次進んでいるのであった。

　さらに図 6.1（a）を眺めると、大腸菌は環状 DNA で複製開始点が 1 箇所であった。それに対し、ヒト細胞では複数箇所から同時に複製が開始すること、ヒトの DNA は線状であるため末端が存在する、という違いが見てとれる。ゲノム解析の章で詳述するが、ヒトの DNA 量は大腸菌のものよりもはるかに多い。DNA ポリメラーゼの合成速度には限度があるので、巨大ゲノム DNA を複製するには、同時に複数箇所から複製を開始すべき必然性がある。

　大腸菌でもヒト細胞においても、二つの複製フォークが融合することで複製が終結する（図 6.1（a））。ただし、染色体の末端（線状の DNA の末端で、テロメア（図 6.5）とよばれる）でのラギング鎖合成の際に、岡崎フラグメントの末端部分を複製できなくなるという末端問題が生じる。ヒト体細胞では、末端問題は放置されて細胞分裂のたびに末端が短くなるため、永遠に増殖することはできない（分裂の寿命

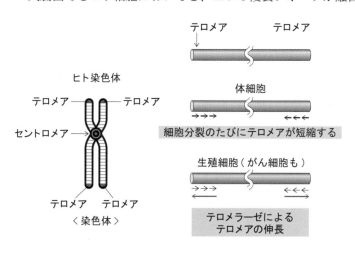

図 6.5　テロメラーゼ

がある）。一方、次世代に継承する生殖細胞では、**テロメラーゼ**という "末端 DNA を伸長できる酵素" で末端が短くならないように問題を解決している（図 6.5）。なお、無限増殖するがん細胞になる条件の一つに、末端問題を解決しておくことがあげられる。

6.2 　終わりなき修繕 　―DNA 修復―

　DNA 複製に伴って起こる DNA の塩基の対合の誤りによって、塩基配列が不正確になることがある。DNA ポリメラーゼが時として鋳型に相補的でないヌクレオチドを重合してしまうのである。こうした塩基配列の一つの狂いにより、タンパク質のアミノ酸が変化し、立体構造の異なるタンパク質ができあがり、生体に影響が出てしまうかもしれない。このような複製のミスがそのままにされると**突然変異**となって残ってしまい、細胞にとって致命的となるかもしれない。

　DNA ポリメラーゼ自体にこの誤りを治す仕組みがあり、DNA ポリメラーゼが重合でミスをするとそこで DNA 合成を中止し、間違ったものを切り出した後、複製を再開する**校正活性**を発揮する。これは 3′ から 5′ へ核酸を端から切断していく**エキソヌクレアーゼ活性**（エキソは外から一つずつを意味する）による。DNA ポリメラーゼには、DNA ポリメラーゼ活性（合成）とエキソヌクレアーゼ活性（分解）の両方の活性があることになる（図 6.6）。

　この校正機構をすり抜けた場合、対合する塩基を持たないアンペア塩基や、通常とは異なる塩基同士が対合したミスマッチ塩基を生じる。細菌からヒトに至るまで、ほとんどの生物で**ミスマッチ塩基を修復し**（図 6.7）、複製の正確性を高める。複製ミスを起こした新生鎖の周辺で特異的に除去され、本来の塩基対に正される。

　ヒト体細胞は 1 日あたり何万もの DNA の損傷を受ける。極端な例では、太陽からの**紫外線**を浴びた表皮細胞 1 個は 1 時間あたり約 10 万個の損傷を受ける。DNA の傷は DNA 複製や転写を阻害して細胞が正常に機能することを妨げてしまう。これらの DNA 損傷がもとの DNA の状態に戻らなければ細胞や生物個体にとって極めて危険である。DNA に変異が蓄積すると、染色体構造がさまざまに変化してしまい、最終的にはがん化や細胞死を招く。

　DNA の化学的な構造と情報に影響を及ぼす要因は、外からの紫外線や化学物質などに加え、細胞内でも数え切れないほど多くの要因が発生しうる。**酸化ストレス**（酸素呼吸をするので回避できない）に加え、DNA 複製ミス（細胞の増殖に

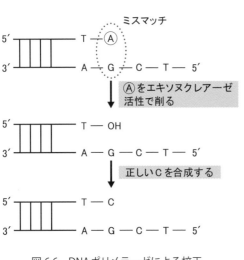

図 6.6　DNA ポリメラーゼによる校正

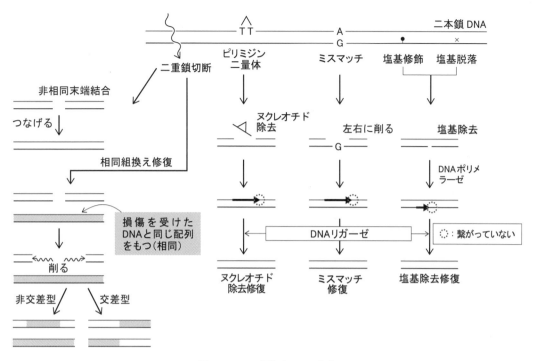

図 6.7　DNA 損傷と DNA 修復

不可欠なので回避できない）も含まれる。このように細胞内の DNA は必然的にダメージを受けているが、DNA の損傷が誤って次世代に引き継がれて変異となってしまわないように、もとの DNA の状態に修理する修復機構がある。

　DNA損傷にはさまざまな種類が存在しており、塩基の脱アミノ反応、酸化のような化学反応や、DNA 鎖内で共有結合が形成されてしまう反応（架橋といわれる）、さらに複製過程や酸化ストレスによる DNA鎖の切断などの DNA の構造変化が起こり得る。こうした DNA 損傷に応じて修復する経路が複数存在しているが、その使い分け等に関しては非常に複雑である（図6.7）。

　除去修復には、塩基除去修復とヌクレオチド除去修復の 2 種類があり、DNA 鎖上の損傷部位を除去して、除去された部分を酵素によってもとの正常な DNA の状態にする。塩基除去修復は、非常に小さな部分の修復であり、異常塩基を切り取ったあとこの部位に切れ目を入れ、損傷部位を取り除く。ヌクレオチド除去修復は大きな DNA 損傷のときに利用される方法で、DNA の 2 箇所をエンドヌクレアーゼ（DNA の真ん中を切断できる）で切断してその部位を除去する（図 6.7）。両除去修復とも、損傷部位が除去された後、DNA ポリメラーゼが欠落部分の DNA を合成する。最後に、DNA リガーゼが鎖を連結し、修復反応は完了する。

　DNA の 2 本鎖の切断を修復するのには非相同末端結合（NHEJ）と相同組換え修復とよばれる機構が存在する。一つでも DNA の 2 本鎖切断が細胞に残っていると細胞は死ぬとされている。細胞は、死ぬぐらいならとりあえず近場の切断末端同士を連結させて生き残ろうとする（図6.7）。その反応を担うのが NHEJ である。多くの場合、NHEJ 後の DNA には突然変異が起こっ

ている。相同組換え修復とは、切断された DNA 部分を相同性を有する "他の DNA" 部分を参照にしながら修復する反応である。この場合、切断された部分に "もとと同じ配列が復元される" 可能性が高い。相同組換え反応の最終段階で、非交差型と交差型の DNA が形成される（図6.7）。

　最後に、このような複雑な DNA 修復を直感的に理解してみよう。ヒトの体細胞のもつ DNA を全部つなぎ合わせると 1.8 m の DNA となる。A － T、G － C の正しい塩基対は同じ幅であり（図2.13、図2.15）、それの二重らせんは、"滑らかで切れ目のない糸" と考えて良い。先に紹介したいずれの DNA 損傷も、滑らかな糸にデコボコ（ミスマッチや塩基修飾）・ほつれ（塩基がない）・大きな歪み（紫外線による傷）・切断（糸が途中で切れた）がある（図6.7）。読者は目をつむり、2 本の指（親指と人差し指）で糸を掴み、端から端まで 1.8 m の糸を手繰れば、指先で糸の異常を簡単に検知できる。

　それぞれの傷を修復する酵素も DNA 全体をパトロールし、自分の直すべき傷を検知した場合のみその傷に強く結合し、直すための仲間をよび、滑らかな糸に戻す作業をするのである。これらの酵素にとっての最優先事項は、滑らかで切れ目がないことであり、配列そのものではない。そのため、"細胞から細胞へ" と多少配列が変化した DNA が娘細胞に伝わっても、細胞にとって生きていくのに支障がない場合が多い。ただし、DNA 損傷が甚大な場合、損傷修復にかなりの労力を要し、修復ミスが多発して DNA 変異が大量に発生する事態が起こる。このような場合、細胞は**アポトーシス**という自殺（DNA が断片化し、細胞が縮小して周囲の細胞に影響を与えない）する。つまり、許容範囲を越えた DNA 変異は、娘細胞に伝わらない仕組みがあるということだ。

　次節で、突然変異が多発するがん細胞を紹介しよう。

6.3　やりたい放題のがん細胞　―変化を伴う継承―

　多細胞生物が個として成立するためには、それを構成する全細胞が「One for all, all for one」を実践する必要がある。それを完全に無視したがん細胞のゲノムの起こる全変化は、次世代シークエンサーにより可視化されるようになった。

　がん化についての詳細は第 9 章に譲り、ここでは変異の数だけに注目する。がん細胞で検出された最高記録の変異数は 300 万で、1000 塩基に一つの変異（つまり 30 億 × 1/1000 ＝ 3,000,000）をもつ "がん細胞" が実在する。DNA 修復に必要な遺伝子が壊れ、アポトーシスを起こす遺伝子が壊れれば、変異の蓄積に歯止めが効かなくなる。驚くべきは、どんなに配列が変化しても、細胞は生きているのである。これだけ変わるうちの一握りの変異により、血管を引き込んで酸素と栄養をたっぷり獲得する、初発の場所からより増殖しやすいところに転移する能力を得ることは簡単に起こるだろう。

　がん細胞の 300 万個の変異は、がんによる個体の死とともに次世代に継承されない。次世代に継承されるヒトの変異は 70 と見積もられている。アイスランドでは、国民全員のゲノム配列が解読される。アイスランド国民の間には、5,000 の致死遺伝子が存在することや、父母

とその子供の配列から、父母には見つからない平均 70 の新たな DNA 変異が子供に検出されることがわかってきた。

　生物の進化論を唱えたダーウィンは時代を越えた天才の一人だ。ただ、進化という言葉は彼の作ったものではない。ダーウィンは「**変化を伴う継承**」という表現を使っている。ヒトの DNA 配列の継承において、世代ごとに新たに 70 の配列変化が起こることがわかったいま、彼の先見の明に脱帽せざるを得ない。

6.4　DNA の情報を RNA に写し取る　―転写―

　転写とは、DNA の塩基配列の情報をもとに RNA を合成することである。その様子を電子顕微鏡で観察すると、DNA から複数のさまざまな長さの RNA 分子が枝分かれしたクリスマスツリーのような写真が撮れる（図 6.8 (a)）。ここから、(1) DNA は親細胞から娘細胞ができる際に一度しか複製しないのに対し、RNA は一つの DNA から多数の RNA を転写できる。(2) RNA がまるで付着していない DNA 部分があることから、DNA のある決まった領域の情報のみが転写される。(3) RNA の先端のみが DNA に付着しており、その付着部位の近傍で、「DNA」→「RNA」への転写反応が起こっている。(4) 短い RNA から長い RNA へと整然と並び、一番長い RNA の付着部分以降、RNA が付着していないことから、ある特定の DNA 部分から一方向に転写され、ある特定の DNA 部分で転写が終結することがわかる。

　次に、転写された RNA は一本鎖であることから、RNA を 2 本の一本鎖 DNA（もとの二本鎖 DNA を一本鎖に分離）のそれぞれと相補鎖形成させると、片方の DNA と DNA–RNA hybrid

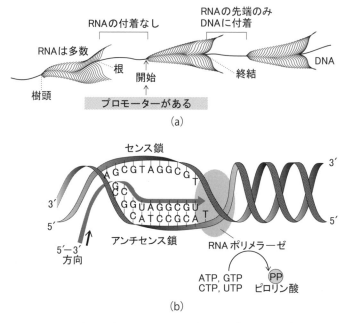

図6.8　クリスマスツリーと RNA ポリメラーゼ

を形成するが、もう片方とは相互作用しない。このことから、二本鎖DNAのうちの片方の情報しかRNAに転写されないことがわかる。転写（RNA合成）の鋳型になるDNA鎖を**アンチセンス鎖**とよび、その相補鎖を**センス鎖**という（図6.8（b））。センス鎖のチミンTを**ウラシルU**に変えれば転写されたRNAと同じ配列になる。

　転写は、**RNAポリメラーゼ**という酵素に担われ、二本鎖の一本を鋳型にして塩基のペアができるように一つ一つヌクレオチドをつなげていく。RNAの合成方向はDNA合成と同様に5′→3′へ向かう合成反応である（図6.8（b））。一つつなげるたびに、ヌクレオシド三リン酸からPPi（ピロリン酸）が遊離するため、一つのヌクレオチド伸長のたびにATP（CTP, GTP, UTPもATPと同等）、つまりエネルギーを消費していることになる。

　転写では、**開始**、**伸長**、**終結**の3段階の反応が起こる。開始は**プロモーター**とよばれるDNAの領域にRNAポリメラーゼが結合することで始まる（図6.8（a））。RNAポリメラーゼがプロモーターに結合すると、その下流の＋1から伸長反応が始まる（図6.11）。RNAポリメラーゼはDNAポリメラーゼと異なり、プライマーを反応開始に必要としない。二本鎖のままでは反応ができないので、RNAポリメラーゼは約10塩基対の長さの二重らせんを一時的にほどき、鋳型鎖を3′から5′方向に読む（図6.8（b））。つまり、DNAポリメラーゼと同様に鋳型となるDNAとは逆方向の5′から3′にRNAを転写していく。このように転写の方向性があるため、クリスマスツリー上で進むたび長い枝ができていくのである。

　複製の場合は鋳型DNAと新しいDNAが二本鎖DNAを形成するが、転写の場合は開裂したDNAが一時的にRNAと塩基対を形成するが、再びもとの二本鎖DNAを形成するため、転写されたRNAはクリスマスツリーの枝のようにDNAの幹から離れて観察される（図6.8（a））。転写終結点となる配列に達すると転写が終了する。開始と終結が決まっているため、クリスマスツリーに根（終結点近傍）と樹頭（開始点近傍）が観察されるのである（図6.8（a））。

　細胞に見出される主たるRNAは3種（rRNA［リボソームRNA］, mRNA［伝令RNA］, tRNA［運搬RNA］）がある。この三つはいずれもタンパク質合成に関わる（6.7節）。RNA全体の1%程度がmRNAで、mRNAの情報が特有のアミノ酸配列をしたタンパク質の合成（翻訳）につながる。タンパク質の翻訳はリボソームで行われる。rRNAはリボソームを構成するRNAで、細胞のRNAの95%程度を占める。これらのrRNAはたくさんのタンパク質と複合体を形成し、リボソームを構成する。RNA全体の5%程度を占めるtRNAは、第2章で解読した遺伝暗号表に従い、特定のtRNAが特定のアミノ酸と結合する能力をもつ。大腸菌ではrRNA, mRNA, tRNAの3種とも、1種のRNAポリメラーゼにより転写される。一方、ヒト細胞では、RNAポリメラーゼIがrRNAを、RNAポリメラーゼIIがmRNAを、RNAポリメラーゼIIIがtRNAを転写する（図6.9）。

ヒト細胞	RNAポリメラーゼI	II	III
RNAの種類	rRNA	mRNA	tRNA

大腸菌	RNAポリメラーゼ		
RNAの種類	rRNA , mRNA , tRNA		

図6.9　RNAの種類とRNAポリメラーゼ

6.5　節約と贅沢　―大腸菌とヒト細胞の転写の相違―

　大腸菌はラクトース（二糖：分解によりグルコースとガラクトースの二つの単糖になる）を
利用できるが、グルコースが培地に存在するときは、グルコースを優先的に利用する（図 6.10
(a)）。自然界では、好きなものを後に残すことはできない。仮に大腸菌がラクトース利用を優
先すると、グルコースは他の微生物に利用され、その微生物の大量増殖を許し、大腸菌はその
環境下で劣勢になってしまう。よって大腸菌はグルコース利用を優先し、最高速度で細胞増殖
するしかない。

　大腸菌が培地のグルコースを使い果たすと、ようやくラクトースを利用し始める。しかし、
それには少し時間がかかる。なぜなら、ラクトースの利用に必要なタンパク質（酵素を含む）
が大腸菌に用意されてはおらず、「DNA」→「RNA」→「タンパク質」を作動させて新たに作
る必要があるからである。ラクトースの代謝に必要な三つのタンパク質に関連する RNA は、
DNA から一つの mRNA として転写され、転写された部分にすぐにリボソームが付着する。驚
くべきことに、三つのタンパク質は一つの mRNA から同時に翻訳され、ラクトース代謝に必

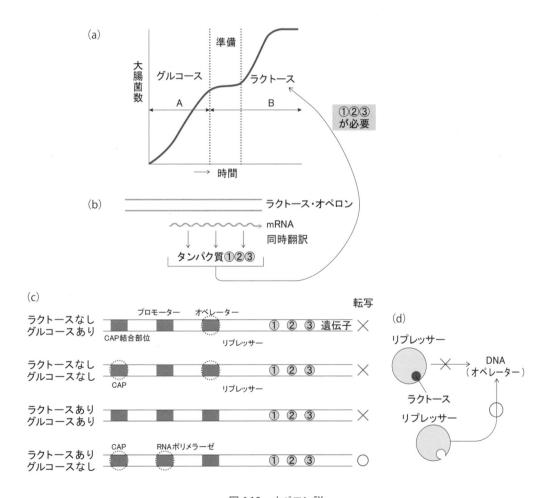

図 6.10　オペロン説

要なタンパク質はほぼ同時に大腸菌に供給される（この一連の制御を受ける DNA 領域を**ラクトース・オペロン**とよぶ）（図 6.10 (b)）。

　ラクトース・オペロンは、"グルコースがなくなると、DNA に CAP が結合する" および "ラクトースが存在しないときに、オペレータにリプレッサー結合する（図 6.10 (d)）" という二つの制御の組み合わせでできている。すなわち、グルコース無・ラクトース有という状況で、リプレッサーが DNA から外れ、DNA に結合した CAP が RNA ポリメラーゼをプロモーターに結合させる。それにより転写が起こり（図 6.10 (c)）、さらに翻訳され、ラクトース代謝に必要なタンパク質が用意されるという極めて合理的なシステムである。ここで、転写制御を一般化すれば、"転写するかしないか" の制御は、"RNA ポリメラーゼをプロモーターに結合させるか、させないか"、で決まるといってよい。

　ヒト細胞での転写制御も RNA ポリメラーゼのプロモーターへの結合が鍵となる。たとえば、ヒトの赤血球前駆細胞では、まず大量のグロビン（ヘム鉄と結合してヘモグロビンになる）を作り、酸素を全身に運ぶ準備をしなければならない。一方、眼では "もの" を見るためにクリスタリンというタンパク質から透明な水晶体を作り、眼に入る光を効率良く網膜に投射させる必要がある。このとき、赤血球にクリスタリンが必要ないのと同様に水晶体にヘモグロビンは無用である。RNA ポリメラーゼが赤血球前駆細胞ではグロビン遺伝子のプロモーターのみに、水晶体ではクリスタリン遺伝子のプロモーターだけにしか結合しないことにより必要な転写しか起こらない。

　RNA ポリメラーゼにプロモーター特異性を与えているのは、DNA 結合能力をもつ**転写調節**

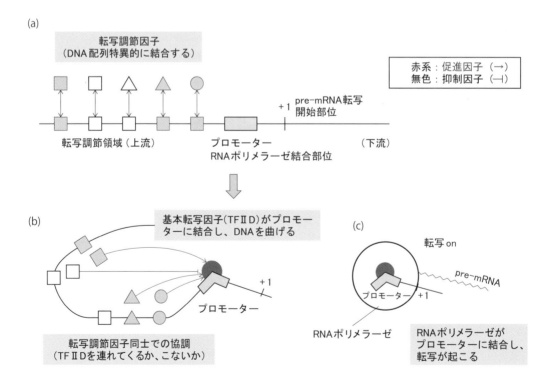

図 6.11　真核生物の転写制御

タンパク質である（図 6.11（a））。転写調節タンパク質には、転写を促進するもの、その反対に抑制するものがあり、それらはプロモーターの上流域の DNA に結合できる。複数の転写タンパク質による協議により、**転写基本タンパク質**のプロモーターへの結合の有無が決定される。転写基本タンパク質がプロモーターに結合すると、DNA を折り曲げ（図 6.11（b））、RNA ポリメラーゼをプロモーターに呼び込む（図 6.11（c））。RNA ポリメラーゼは＋1 の転写開始部位から RNA を転写し始める（図 6.11）。赤血球前駆細胞ではグロビン遺伝子の上流に、水晶体ではクリスタリン遺伝子の上流に、それぞれの転写を活性化できる転写調節タンパク質が結合しているのである。そして、ヒトの mRNA には大腸菌と大きく異なる点がある。次節でそれについて考えてみよう。

6.6　分断された情報　—エキソンとイントロン—

　人類は、RNA ウイルスの一種ラウス・サルコーマ（肉腫）・ウイルス（略して RSV）に 3 度驚かされている。アメリカのラウスは、ニワトリの肉腫（がんの一種）を取り出してすりつぶし、微生物が通れない素焼きを通過した液体を得た。

　一度目の驚きとして、その液体をニワトリに注射すると肉腫ができたのである。これは "がんウイルス" の最初の発見となった（図 9.16）。その後、RSV の遺伝子は RNA と判明した。アメリカのテミンは RSV をニワトリ細胞に感染させ、周辺よりも盛り上がったコロニーを形成（がん化の指標に使われる）させた（図 9.17）。つまり、RSV をニワトリに注射しなくても、細胞に感染させれば RSV のがん化能力を検定できるようになった。

　二度目の驚きは、テミンが解き明かした、腫瘍ウイルスがどのように宿主細胞の DNA に潜り込んだのか、という謎解きである。RSV の中に RNA を DNA に**逆転写する酵素**が含まれており、RSV の RNA は感染後に **cDNA**（RNA に相補的な DNA の意味）となってニワトリの DNA の中に紛れ込む。ニワトリの細胞が増殖すると自動的に RSV 由来の DNA も複製された。細胞の DNA に潜む RSV の情報は、細胞の RNA ポリメラーゼによって DNA から RNA へと転写されることを通じ、RSV 専用の mRNA を細胞に作らせることができるのである。エイズウイルスもこの仲間に入る。

　三度目の驚きは、アメリカのビショップとヴァーマスが、RSV に含まれる "細胞をがん化させる能力を担う情報 v-Src（sarcoma 肉腫の略で、v は virus 由来の意味）遺伝子" が、ニワトリ細胞の DNA に由来することの発見だった。v-Src のもととなった細胞の遺伝子は c-Src（c は細胞由来の意味）と命名された。両者の違いを一目で見ることができる。ニワトリの細胞の DNA を変性（一本鎖にする）させ、v-Src の RNA と相補鎖形成させる。その電子顕微鏡写真（図 6.12（a））では、v-Src は細胞の c-Src DNA と寄り添っているが、c-Src はところどころループが見受けられる。寄り添っているところは、がんタンパク質の情報をもつ部分で**エキソン**とよび、ループ部分はタンパク質の情報を含まない**イントロン**（介在配列）である。

　転写はされるものの、最終的に**スプライシング反応**（図 6.12（b））によって除去されると

いう、一見では不要とも思われる"イントロン"の発見も驚くべきことであった。アメリカのシャープはアデノウイルス（ヒト細胞に感染する二本鎖 DNA ウイルス）がヒト細胞に感染すると、ウイルスの DNA から転写が起こり、ウイルスに必要な RNA が合成された。そして、その RNA とアデノウイルスの DNA（一本鎖に変性してある）を相補鎖形成させると、その DNA にエキソンとイントロン部分があることがわかった。これがイントロンの最初の発見である。"がんウイルスの発見"、"逆転写酵素の発見"、"細胞由来のがん遺伝子の発見"、"イントロンの発見"は驚くべき発見としていずれもノーベル賞受賞対象となった。

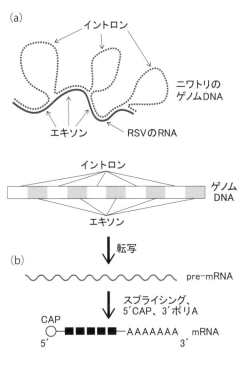

図 6.12　エキソンとイントロン

　ここで、改めてヒト細胞での mRNA の転写をみてみよう。RNA ポリメラーゼ II は、エキソンとイントロンの区別なく、DNA から pre-mRNA（mRNA 前駆体とよぶ）を転写する。その後に、イントロン部分だけ削除（スプライシングとよぶ）され、タンパク質の情報を担うエキソンのみが連結する。5′末端へのキャップ構造が付加（翻訳に必要）され、3′末端にはポリ A が付加される（mRNA の安定性を向上させる）。以上三つの加工が pre-mRNA に施され、成熟した mRNA（メッセンジャー RNA）となる（図 6.12（b））。ヒト細胞では、大腸菌と異なり転写中の RNA にリボソームは結合できない。なぜなら、mRNA の成熟は核とよばれる膜の中で起こり、その膜から外に出てきてはじめて細胞質にあるリボソームと会合するからである。

　大腸菌とヒト細胞における DNA 複製と RNA の転写を、エネルギーの観点から再考する。イントロン（500 ヌクレオチド）1 個で試算してみる。イントロンを含む二本鎖 DNA は計 1,000 ヌクレオチドに換算できる。転写はクリスマスツリー（図 6.8（a））でわかるように、何回も pre-mRNA の合成が可能である。仮に、100 本の pre-mRNA を転写するとしたら、500 × 100 ＝ 50,000 ヌクレオチドに該当する。二つを合計すると、51,000 ヌクレオチドとなる。2.2 節で、一つの NTP（N は A, G, C, U）あるいは dNTP（N は、A, G, C, T）を生合成するのに平均 8 個の ATP が投じられていた。51,000 ヌクレオチドの高分子を作るのに要するエネルギーは、ATP 換算で最低 408,000 ATP となる。すなわち、たとえ 500 ヌクレオチドのイントロン一つでもそれをもち複製や転写をするたびにヒト細胞はエネルギー的に大損することになる。

　大腸菌のラクトース・オペロンにはイントロンがないうえに、三つの遺伝子が一緒に転写されるよう一切の無駄を省いている。そのうちの β - ガラクトシダーゼ（β -gal：ラクトースをガラクトースとグルコースに分解する）について試算を続ける。β -gal の情報は RNA で

3,000 ヌクレオチドを要する。β-gal は 1,024 アミノ酸からなるタンパク質で、それが四つ集合して複合体形成し、活性を示す。次節で説明するように、タンパク質の合成に先立ち、一つのアミノ酸を活性化するのに一つの ATP の投資が必要である。mRNA 一本と活性のある β-gal を 1 個細胞に用意するだけでも、3,000 × 8 ＋ 1,024 × 4 ＝ 28,096 の ATP の投資が最低必要となる計算となる。

　大腸菌は、グルコース 1 分子を酸素で燃焼させ 38 ATP を手に入れ、自分自身のためにそのエネルギーを使う。しかし、極力 DNA、RNA、タンパク質の合成量を控える倹約を行い、限られた資源の中で最大限の細胞増殖をしている。

　一方、ヒト細胞のミトコンドリア一つあたりの ATP 産生量は、大腸菌 1 匹と同じであったとしても、ヒト細胞は平均 400 個のミトコンドリアを含むため（それぞれのミトコンドリアがグルコース 1 分子を燃焼させた場合、15,200 ATP を搾取できる）、大量の ATP に依存した贅沢品イントロンを維持できるのである。イントロンのような不要とも思える情報をゲノムDNA に維持できるような贅沢により、多細胞生物の進化が促されたと考えられる。

6.7　遺伝暗号表どおりにタンパク質を作る　―翻訳―

　「DNA」→「RNA」→「タンパク質」で使用される遺伝暗号表（図 2.11）は、大腸菌、ヒト細胞、オワンクラゲを含めどの生物でも同じである。「RNA」→「タンパク質」への変換は、翻訳とよばれている。全生物共通の遺伝暗号表（ただし、T を U に置き換えて使用する）は、tRNAとアミノ酸が連結してできる**アミノアシル tRNA**（ATP を一つ投資してできた活性化アミノ酸）の特異性に依存している（図 6.13（a））。

　mRNA はリボソームと結合する。リボソームには E 部位、P 部位、A 部位という三つのポケットがあり、それぞれ空になった tRNA の出口、ペプチドが結合した tRNA（ペプチジル tRNA）、アミノアシル tRNA の結合部位である（図 6.13（b））。アミノアシル tRNA の**アンチコドン**（意味をもつ三つの塩基配列コドンと対になる三つの塩基配列）（図 6.13（a））は、mRNA のコドンと相補鎖形成をする（図 6.14（a））。ペプチジル tRNA のペプチド部分が、リボソームの大サブユニットが触媒する "アミノアシル tRNA のアミノ酸部分へペプチド結合" により、アミノ酸がタンパク質の COOH 末に一つ伸長する（図 6.14（b））。翻訳の終わったコドンが P 部

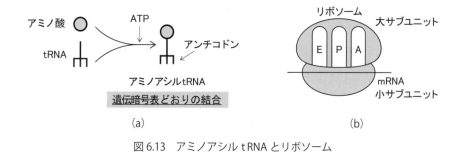

図 6.13　アミノアシル tRNA とリボソーム

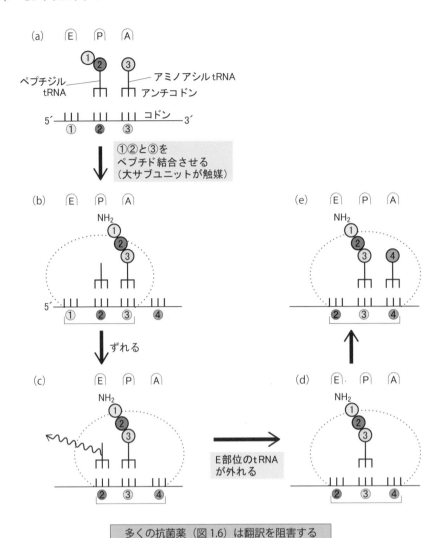

多くの抗菌薬（図1.6）は翻訳を阻害する

図6.14　暗号表に従い翻訳する

位に、次の読み枠（3ヌクレオチド）がA部位に移動し（図6.14（c），(d)）、そこに新たなアミノアシルtRNAが入ってくる。これの連続作業により一つずつアミノ酸が連結していく（図6.14（e））。

　翻訳の開始では、メチオニンと結合したアミノアシルtRNAが、例外的にA部位ではなくP部位のmRNA AUGコドンのところに相互作用する。これ以降の伸長反応は前段落と同様である。翻訳の終結は、A部位のmRNAが終始コドンとなり、そこに入るアミノアシルtRNAはないため、アミノアシルtRNAを擬態（形が似ている）した終結因子がA部位に入り、ペプチドがアミノ酸ではなく水と反応することで、ペプチジルtRNAからペプチドが遊離し、最終的にリボソームから排出される。

　大腸菌の場合、翻訳の開始（2 GTP）、伸長（3 GTP）、終結（2 GTP）にGTPが必要である。前節のβ-gal 1本分を計算すると、開始2 ＋ 伸長3 × 1,023 ＋ 終結2 ＝ 3,073となり、これが四つ集合して、活性型となるため3,073 × 4 ＝ 12,292 GTP（GTPはATPと同等）が一

つの活性型 β-gal の合成に必要となる。ここに前節で計算した 28,096 ATP を加えると、「DNA」→「RNA」→「タンパク質」という過程において活性型 β-gal 一つを大腸菌の細胞に用意するのに、最低でも 40,388 ATP 分のエネルギーが必要となる。最小限の栄養で、最大の細胞増殖を起こさなければ生存競争に敗れる微生物の世界において、無駄を極限まで省いた大腸菌のラクトース・オペロン（図 6.10）の誕生は必然である。

6.8　LUCA から引き継いだ遺産　―リボソームとrDNA、翻訳機構―

　タンパク質合成に場を提供し、ペプチド結合を触媒する巨大分子リボソームは大小二つのユニットからなっている。大小のユニットは、それぞれ少数の rRNA と多数のタンパク質から複合体を形成し、GFP の形質転換からわかるように、全生物でリボソームが検出され、しかも全生物でリボソームを介した翻訳機構が高度に保存されている。リボソームに全生物で共通に含まれる rRNA は、LUCA（Last universal common ancestor：共通祖先）から現生の生物まで引き継がれてきたものである。rRNA の配列は、そのもとになる rDNA（rDNA が転写され、rRNA ができる）の配列を決定すればわかる。LUCA の rDNA 配列や、絶滅した生物の rDNA 配列（マンモス、ネアンデルタール人の配列ぐらいまで解析できるが、恐竜の配列は測定できない）はわからないが、全現生生物の rDNA 配列を決定した結果、真正細菌（大腸菌など）、古細菌、真核生物（ヒト、植物、キノコなど）の 三つのドメインに分類（図 6.15）でき、真核生物は遠い過去に古細菌から派生した生物であることがわかってきた（図 6.16 (a)）。

　さらに、**真正細菌**、**古細菌**、**真核生物**のいずれの生物も、タンパク質の翻訳において、EF-1α と EF-2 の二つのタンパク質を必要とする。EF-1α と EF-2 はアミノ酸配列の比較から、両者は LUCA での遺伝子重複により誕生したタンパク質であることが示されている（図 6.16 (b)）。

　LUCA 誕生の経緯は謎のままだが、動植物を比較して進化論を導きだしたダーウィンは、1871 年に「小さな温かい水たまりで最初の生命が誕生した」と LUCA に関する推論をしていることは驚異的だ。ダーウィンを遡ること 100 年、18 世紀スウェーデンのリンネは動植物の

原核生物		真核生物
真正細菌ドメイン （バクテリア）	**古細菌ドメイン** （アーキア）	**真核生物ドメイン**
■大腸菌■コレラ菌■枯草菌 ■化学合成細菌 ■光合成細菌 ■シアノバクテリア ■窒素固定細菌（根粒菌など）	■メタン菌 ■超好熱菌 ■好塩菌	■原生生物 ■菌類 ■動物 ■植物

図 6.15　生物は 3 つの大きなグループ（3ドメイン）に分類される

分類法を確立した。リンネによる分類と rDNA 配列による動植物の分類は、両者の一部に不一致はあるものの、全体的には驚異的に一致している。

　DNA の塩基配列決定は、生物学のみならず多方面に甚大なる影響を与えている。次章で、DNA 塩基配列決定が開いた世界を覗いてみよう。

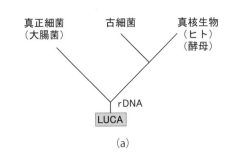

(a)

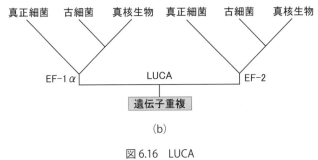

(b)

図 6.16　LUCA

第7章 ゲノム・遺伝子工学・合成生物学

7.1　同じことはやらないサンガー　―DNA塩基配列決定法―

　イギリスのサンガーは、インスリン（血糖値の低下を促すホルモン）の全アミノ酸配列を決定し、その功績でノーベル賞を得た。サンガーは、「タンパク質のアミノ酸配列」→「RNAの塩基配列」→「DNAの塩基配列」のように研究の駒を進め、DNA塩基配列決定法の確立で2度目のノーベル賞を得た稀有な科学者である。

　DNAポリメラーゼは、3′OH基にホスホジエステル結合を介し、次にヌクレオチドを縮合させる（図6.2）。このとき、3′OHの酸素を抜いて、3′Hが末端になった場合、ホスホジエステル結合ができず、DNA鎖の伸長は停止せざるをえない。サンガーはジデオキシNTP（ddNTP：ddATP, ddCTP, ddGTP, ddTTP）（図7.1（a））をdNTPに対して少量加え、人工的にddNTPでDNA合成を途中停止させた。

　ddATPを例にとると、鋳型DNAのTがある部分に対し新生鎖を合成する場合、ddATPあるいはdATPが基質となる。ddATPを取り込んだ場合は、そこで伸長は停止するが、dATPが取り込まれた場合、次の停止候補のTまで鎖は伸長し、また2択が起こる。

　いまの時代（サンガーは放射能で標識した）ならばddATPに緑蛍光物質を共有結合させておくと、緑で長さ9、緑で長さ11、緑で長さ13、のように色と長さの二つの情報が得られる（レーザー光を利用して検出し、得た情報はデジタル・データとして解析できる）。ddATP以外のddNTPにもそれぞれ異なる色の蛍光をつけておけば、読みたい鋳型DNAとプライマーを用い、各種色つきddNTP、色なしdNTP、DNAポリメラーゼを混ぜて保温（合成の適温）すれば、DNA塩基配列決定ができる（図7.1（b））。

　サンガーは、大腸菌に感染するバクテリオファージφX174の5,375塩基の全配列を手作業で解読した。この方法は、機械による自動化が進み、インフルエンザ菌（ウイルスではなく真正細菌）・メタン産生菌（古細菌）・出芽酵母（真核生物）の全配列が決定された。自動機械の数の増加や、ゲノムDNAをバラバラにしてそれらを全部配列決定し、その後にコンピューターでもとの配列を復元する「ショットガン法」、コンピューター自体の処理能力の進歩の相乗効果により、ヒト・マウス・線虫・ショウジョウバエ・シロイズナズナの全ゲノム配列が立て続けになされ、いわゆるポストゲノム時代に入った。サンガー法は強力な武器だったが、コストが高く決定できる生物はいわゆるモデル生物（上記）に限られていた。

　サンガー法以外に、DNA研究に革新をもたらした分子生物学の進展の大きな影響を与えた技術にPolymerase chain reaction（PCR：ポリメラーゼ連鎖反応）がある。

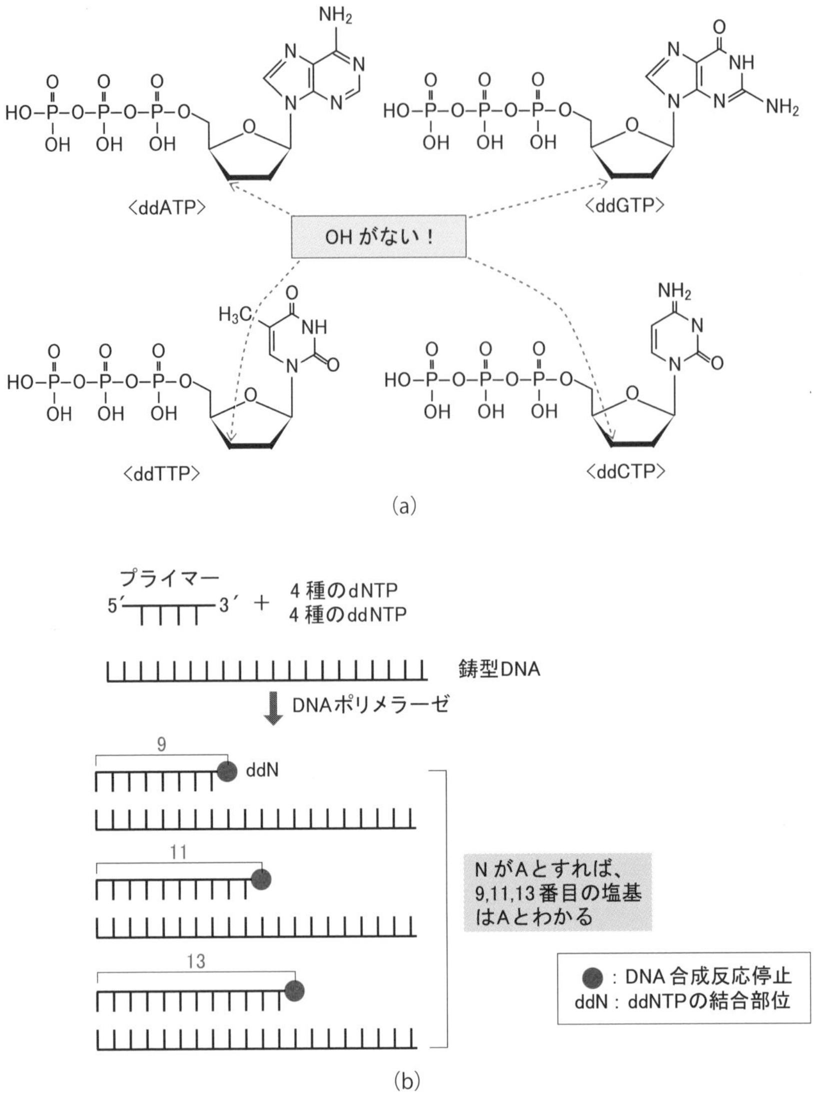

(a)

(b)

図7.1　サンガー法

7.2　夜中のデート　―PCR法―

　アメリカのマリスの自伝によれば、夜中に恋人とドライブ中、突如そのアイデアが浮かんだ。すでに、本書では細胞のDNA複製とDNAポリメラーゼの特性は解説済みなので、その2点から読者目線でマリスのDNAの増幅方法についての思考を追跡することにする。

　細胞のDNA複製では、親細胞のDNA一つから、娘細胞のDNAが半保存的複製で二つできる（図6.1）。一方、サンガー法を含め従来の試験管内DNA複製研究では、親DNAを2本に分けた片方のみにプライマーを相補鎖形成させ、そこにDNAポリメラーゼを1回だけ作用させていた（図6.2、図7.1）。これでは、親DNAの残った片方は複製されるはずがない。さらに、

1回しか反応しなければ、コピーされるDNA量は少ないのは必然だろう。そこで、マリスは親DNA由来の両方の鎖とも同時に同じ試験管内で、何回も繰り返して複製させることを思いついた。つまり、細胞のDNA複製を真似たのだ。

親細胞から生まれた娘細胞は、孫細胞、ひ孫細胞と増殖を繰り返し、細胞に含まれるDNAは倍々と増えていく（図7.2（a））。マリスは、親DNAの両方の鎖を合成し娘DNAができたのなら、これを繰り返すことで孫DNA、ひ孫DNAと増やせるに違いないと考えた。だが、1回の反応を終えるたびに、次の反応のため熱をかけ試験管中の二本鎖DNAを一本鎖にし、今度は冷やしてプライマーと鋳型DNAを相補鎖形成させなければいけない。熱によりDNAポリメラーゼは活性を失うため、反応ごとにDNAポリメラーゼを補充する必要もある。しかしマリスは、この煩雑な操作を完璧にこなし、最初にあった親DNAを試験管内で指数関数的に増やすことに成功した（図7.2(b)）。その後は、"急速かつ自動で熱を制御できる機械の開発"と、"温泉で生きられる微生物由来の熱耐性DNAポリメラーゼ"によりPCRは手作業から解放され、誰もが簡単に行えるようになった。マリスは、PCR考案の功績でノーベル賞に輝いている。なお、耐熱性DNAポリメラーゼは、すぐにサンガー法のDNA塩基配列決定用の反応に転用され、微量なDNAを鋳型にしても反応を繰り返すことで塩基配列が決定できるようになった。

次に、非サンガー法の台頭とPCRを組み合わせて引き起こされたゲノム革命の話に移ろう。

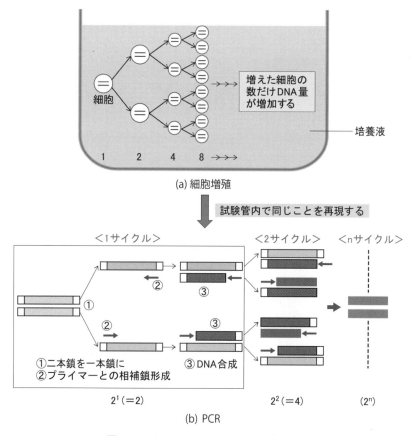

(a) 細胞増殖

試験管内で同じことを再現する

<1サイクル>　　<2サイクル>　　<nサイクル>

①二本鎖を一本鎖に
②プライマーとの相補鎖形成
③DNA合成

2^1（＝2）　　2^2（＝4）　　(2^n)

(b) PCR

図7.2　Polymerase chain reaction（PCR）

7.3 2008年の静かな革命 ―次世代シークエンサー―

　サンガー法に対して、それとは異なる原理でDNA塩基配列を決定するさまざまな方法を"非サンガー法"と総称し、その原理に基づいて開発された自動DNA塩基配列決定機器のことを"次世代シークエンサー"とよんでいる。非サンガー法の特徴として、何百万の塩基配列決定反応の同時遂行と、データの並列解析がある。お金の図を教科書に載せるのは不適切かもしれないが、2008年を境に急速に解析コストが下がり、それはいまも続いている（図7.3）。サンガー法は非サンガー法に比べコストが高く、モデル生物しか解読できなかった。一方、コストが下がった効果は絶大で、何でもかんでも全塩基配列を決定できる時代に入った。その元年が2008年である。

　2008年以前は、モデル生物の全ゲノム解読しかなされていなかったのに対し、2008年にモデル生物以外の象徴的な三つの全ゲノムが解読された。一つめは、ワトソン博士（DNA二重らせん構造の発見者）の全ゲノム配列解読で、その情報から彼は12個の遺伝病になりうる変異の保有者であることがわかった。二つめは、白血病の全配列が解読され、8個の変異が原因で発症したことがわかった。三つめは、非モデル動物でかつ希少動物でもあるパンダの全配列が解読された。

　科学においては、一つの成功の報告が、何百という新たな研究を派生させる。ワトソンの個人ゲノムは、1,000人プロジェクト（あらゆる人種から選んだ）として人種間の塩基配列の相違を決定し、既存の人類史を書き換えつつある。絶滅したネアンデルタール人の化石となった骨部分から回収したDNAには、ヒトDNAは壊れて微量しか含まれず、その逆に繁殖した大量の微生物DNAが含まれている。そのDNAサンプルを、PCRも含め最新技術で増やし次世

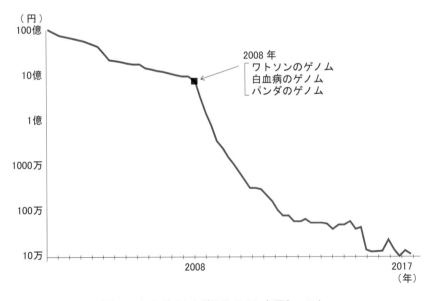

図7.3　ヒトゲノムを読み取るのに必要なコスト

代シークエンサーで解析し、ネアンデルタール人のゲノム配列が解読された。

　この古代人の DNA 配列を、先の 1,000 人プロジェクトが集めたデータと比較した。結果、4 万年前に絶滅したとされるネアンデルタール人の DNA が、日本人を含めたホモ・サピエンスの各人種に約 5% 含まれていたことは驚くべきことだった（図 10.16）。一方、アフリカのサン族にネアンデルタール人の DNA は存在しておらず、この解析により、人類の発祥の地アフリカから出たホモ・サピエンスは、おそらく中東でネアンデルタール人と混血しその末裔が世界各地に移住したと結論づけられるだろう。

　がんゲノムプロジェクトでは、50 種以上の異なるタイプのがんを世界中で分担して全塩基配列を決定した。いまや希望するならば、自分のがん細胞の塩基配列を決定し、その原因にもっとも効果の高い治療法や薬を選択する時代に入りつつある。それも、塩基配列決定のコストが下がり続けているからである。

　非モデル生物の全配列決定は、とどまるところを知らない。スーパーマーケットなどで販売されているほとんどの農産物（野菜、果物、穀物 [米・小麦・大麦・トウモロコシなど]）、さらには家畜（牛、馬、豚、鶏など）、ペット（犬、猫など）、珍しい例では生きた化石シーラカンス（魚）・シベリア凍土で発掘されたマンモスなど記載しきれない。

　次世代シークエンサーによる生物学の革命をもう少し探検してみよう。

7.4　増やすことのできない微生物とウイルス　—メタゲノム解析—

　第 1 章で、微生物ハンターやウイルスハンターが登場し、そのような微生物を捉える（コロニーとして増やし、液体培地で大量に培養する）のが簡単にできる印象を与えた。しかし、実際には、顕微鏡下で観察できる微生物の 10% 以下しか培養することはできない。培養できない微生物に感染するウイルスなど、捕らえられるはずもない。コッホの方法で捕獲できない"目に見えない生物"は、レーウェンフックの顕微鏡観察の原点に戻り、現代版スケッチである写真という形でしか確認できない。海水中 1ml に含まれる細菌は 10^6 個（顕微鏡観察）で、それらに感染するウイルス（電子顕微鏡観察）は 10^7 個と見積もられている。海中ウイルスは微生物の細胞を破壊し、その中味の有機物を海水中に放出させ、他の生物に提供するという生態系の重要な担い手となっている。

　増やすことができない微生物を増やすのに成功した科学者に、北里柴三郎がいる。北里は破傷風菌の嫌気性（酸素があると増殖できない）を見抜き、独自の装置（酸素を排除する培養器）を組み立て、破傷風菌を単離した（図 11.2）。このような世界中で注目している病原菌が相手ならば、ハンターの情熱で「簡単には増えない微生物」を増やすこともできる。しかし顕微鏡下のわれわれの日常と関連なく、何の変哲もない微生物が増えない場合、どんなハンターがそれを捕獲しようと膨大な努力を払うだろうか？

　多くの微生物は、お互いに食べ合うというよりは、お互いの排泄した有機化合物や無機化合物に依存したネットワークの中で生きている。とくに、無機化合物を糧に生きている細菌を

化学合成細菌とよんでいる。

　南極にブラッドフォールズ（血の滝）とよばれる川が、氷河の下の湖に注ぎ込んでいる。このような極限の環境の湖においてさえ、微生物は見事に共生できる（図7.4（a））。この図の上層でできる排泄物 Fe^{2+} が大気中の酸素と反応し、酸化鉄（赤）が生成することでブラッドフォールズが表れる。この図（図7.4（a））を眺めると、本書の第4章で解説した、動物、大腸菌、植物におけるエネルギー産生システムは、自然界の中のほんの一部であることに気づかされる。

　このようなさまざまな微生物の共生状態を瓶の中に再現したものに、ヴィノグラドスキー円柱がある（図7.4（b））。"泥と湖水"に砂糖（炭素源）、卵殻（炭酸イオン源）、卵やチーズ（硫黄源）を加え瓶に軽く蓋をし、日光に当てれば色の異なる層を自宅でも再現できる。ブラッドフォールズに出かけたり、ヴィノグラドスキー円柱を作らなくても、このような見事なネットワークの中で生きている微生物共同体を、読者は自分の腸内にもっている（**腸内細菌叢**とよばれる）。コッホの方法で、微生物共同体から1種の微生物だけで取り出せば、その生存に必要な条件が失われ、培養困難に陥るのは必然となる。

　次世代シークエンサーは、増やすことのできない微生物の DNA 塩基配列を決定しはじめたのである（**メタゲノム解析**とよばれる）。その原理は、サンプル（大気圏、深海、あらゆる土壌、あらゆる水圏、地中奥深く、ヒトの皮膚および腸内など）から、微生物を単離せず飼育せず取り出した状態のままで、すべてを DNA 抽出操作にかける。次世代シークエンサーで、サンプル中の DNA 塩基配列を漏れなく解読し、それをコンピューターでそれぞれの微生物の DNA 配列に再構築する。真正細菌や古細菌のゲノム DNA は環状であるため、バラバラに解読した

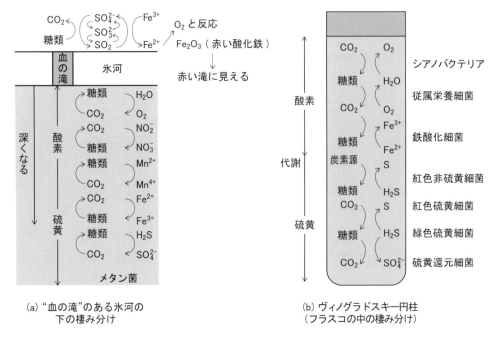

図7.4　微生物は互いに依存して生きている

断片内の重なり合う同一配列部分をコンピュータ上でつなぎ合わせると容易に環状に復元できる（図7.5）。

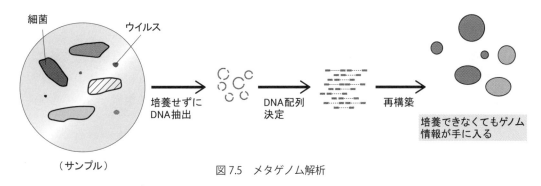

図7.5　メタゲノム解析

　増やすことのできない微生物に感染するウイルス（ファージ）の配列もわかるようになった。真正細菌や古細菌が、感染ファージと戦い撃退した場合、獲得免疫（次に同じファージが侵入すると直ちに撃退できる）を得る場合がある。その仕組みは、ファージの遺伝情報の一部を微生物のゲノムDNAに組み込んで（感染したリストが並び、クリスパーとよばれる）おく（図7.6（a））。このリストと合致するファージが侵入すると、リストのDNAから短いRNAが転写され、それが侵入ファージのDNAと相補鎖形成する。それを認識したDNA切断酵素が、ファージDNAを切断することで撃退する。次世代シークエンサーは、増やすことのできない微生物の全塩基配列を解読できる。すると、その微生物が過去に感染したリストが手に入る。

　次世代シークエンサーは微生物由来、ウイルス由来の区別なく塩基配列を読み、つなげていくためウイルスの塩基配列も解読する。しかも、どのウイルスがどの微生物に感染するかも判定できる（図7.6（b））。

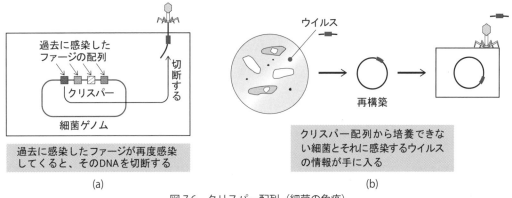

(a)　　　　　　　　　　　　　　　　　　(b)

図7.6　クリスパー配列（細菌の免疫）

　つまり次世代シークエンサーにより、コッホや北里の努力だけでは越えることのできなかった"増やすことのできない微生物とそれに感染するウイルス"の捕獲に成功したのである。ヒトは40兆個の細胞からなるが、ヒトの皮膚や腸などに住む真正細菌・古細菌の総数は100兆個にのぼる。ヒト細胞は多種類のウイルスに感染し、ヒトに棲む微生物も無数のウイルスと戦っている。そのすべての情報が次世代シークエンサーにより解読されつつある。

　増やすことの容易でない微生物もすべてリボソームをもっており、rDNA塩基配列も決定された ため増やすことのできる、できないに関わらず全生物のrDNA塩基配列の比較が可能になった。このメタゲノム解析からの系統樹（図7.7）において、古細菌に近い位置の枝にこれまで培養できずに見すごされていた大量の真正細菌が見出された。この系統樹を偏見なしに眺めると、地球の主たる住民は単細胞の真正細菌、古細菌、および単細胞の真核生物であり、それらに感染するウイルスであることに気づかされる。つまり、地球は圧倒的多数の肉眼で見えない生物が主（あるじ）で、ヒトを含めた肉眼で見える多細胞生物は少数派（この少数派の生物学は本書後半の主役になる）なのである。

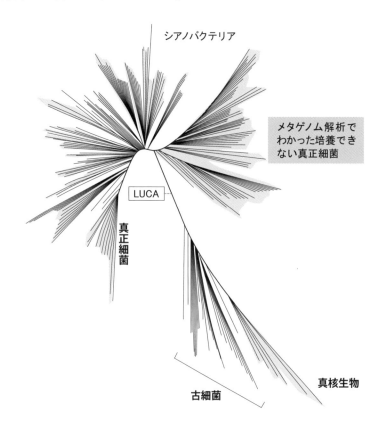

図7.7　メタゲノム解析から見た3ドメイン（真核生物、真正細菌、古細菌）

7.5　微生物とウイルスの戦いを利用する　―遺伝子工学―

　前節の最後で、真正細菌あるいは古細菌に感染するウイルスに対する獲得免疫を説明したが、それよりも古くから知られている制限酵素によるウイルス防御がある。

　真正細菌にファージが感染した際、ホスト細胞は自身のDNAは切断せず、侵入してきたファージのDNAを選択的に切断する場合がある。ファージの増殖を制限していることから、"ホストDNAを切断せず、ファージDNAを切断"する活性をもつ酵素は"制限酵素"とよばれ、

特定の回文配列（逆にしても同じ配列）を切断する性質を有している（図7.8）。ホストは自分のDNAの回文配列に修飾（主にアデニンのメチル化）をほどこし、切断されないようにしたうえで侵入してきたファージを分断する。さまざまな真正細菌から、350種を超える制限酵素が得られ、バイオテクノロジー用に販売されるものも200種を超える。制限酵素ごとに切断する回文配列が異なるため、DNAを自在に切断できるようになった。

　制限酵素の利用法として**遺伝子工学**があげられる。遺伝子工学はこれまでの章で学んだいくつかの発見を組み合わせて達成される。オワンクラゲのGFPをさまざまな生物に形質転換す

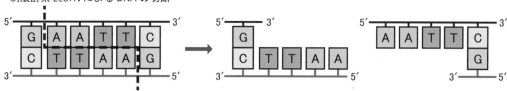

図 7.8　制限酵素

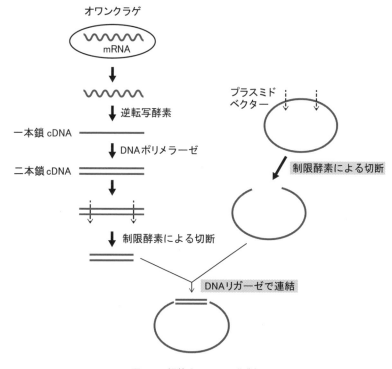

図 7.9　組換え DNA の作製

る例（図2.7）を紹介したが、遺伝子工学の視点でもう少し説明しよう。

　オワンクラゲから mRNA（イントロンが除去され、タンパク質の情報だけ残る）を抽出する。試験管内で、逆転写酵素により mRNA を一本鎖 DNA に変換し、それを鋳型に DNA ポリメラーゼで二本鎖 DNA にし、cDNA を得る。大腸菌のゲノム DNA とは別個に存在できるプラスミド（小さな環状の二本鎖 DNA）（図1.9（b））を、試験管内で制限酵素にて切断する（図7.8）。オワンクラゲ由来の cDNA も同じ制限酵素で切断後、両者を混合し、DNA リガーゼ（DNA 複製の章参照）で連結させる（図7.9）。

　GFP を有する**組換え DNA** を、イネ、カイコ、マウス、ハエなどに形質転換（図2.7）する際は、GFP DNA がそれぞれの生物で「DNA」→「RNA」→「タンパク質」という変換が円滑に進むよう GFP DNA が挿入された前後のプラスミドの配列に工夫がなされている。

COLUMN（2） 《遺伝子工学・遺伝子治療・iPS細胞》

　組換え DNA（図7.9）とエイブリーの形質転換（図2.6）の組み合わせは、生物学に革命を起こした。その実例を列挙する。

　（1）**組換え植物**：害虫に耐性になる遺伝子を組み込んだ遺伝子組換え作物は農薬量を低下させ、"青い色になる遺伝子" を組み込んだ青バラは新たな園芸的価値を生み出す。（2）**バイオ医薬品①**：ヒトの疾病が、特定のヒト・タンパク質を投与することで治療できる場合がある。そのタンパク質に該当する cDNA を含んだ組換え DNA（先の GFP とまったく同じ）を調製し、大腸菌や場合によっては哺乳類細胞に形質転換させると、ヒトのタンパク質が大量に作られ、バイオ医薬品となる。（3）**バイオ医薬品②**：血友病 B（血が止まらない遺伝病）ではヒト血液凝固第 IX 因子が欠損している。羊の細胞にヒト血液凝固第 IX 因子の遺伝子を形質転換させ、その体細胞の核を用いてクローン羊ポリーが誕生し、そのポリーの出す乳にはヒト血液凝固第 IX 因子が分泌された。大腸菌での大量生産（活性のあるヒト血液凝固第 IX 因子の発現は困難）できないヒトのタンパク質をポリーのような動物工場を用いて生産できる。（4）**遺伝子治療**：ヒト遺伝病患者の細胞（遺伝子が壊れている）に正常なヒト cDNA の組換え DNA を形質転換し、その cDNA を取り込んで正常化した細胞を培養して増やし、患者の体内に戻す。これは遺伝子治療とよばれる。（5）**iPS 細胞**：山中伸弥は、マウス胚性幹細胞（embryonic stem cell：**ES 細胞**）で多量に産生されている転写調節因子（タンパク質）のうち、四つの因子の cDNA をそれぞれ組換え DNA にし、その四つを一緒にマウス皮膚細胞に形質転換に導入し、iPS 細胞という万能細胞に形質転換させた。すぐにヒト iPS 細胞の樹立にも成功し、一連の功績が山中のノーベル賞受賞につながった。

次に、次世代シークエンサー時代における形質転換の話をしよう。

7.6 　究極の形質転換　― 合成生物学 ―

"次世代シークエンサーにより獲得された情報"と"遺伝子工学（組換え DNA と形質転換の組み合わせ）"の二つの革新が、新次元の生物学（**合成生物学**）を創り始めている。

　山中は、四つの組換え DNA を一つの細胞に形質転換させた（コラム 2）。このように複数の組換え DNA を同時に形質転換することで、"酵母菌にケシ由来の複数遺伝子を形質転換させ、酵母にモルヒネ（麻薬）を作らせた"、"大腸菌に複数の遺伝子を形質転換し、植物のように二酸化炭素を固定させた"などが報告されている（図 7.10 (a)）。

　中国南部での大きな死因の一つにマラリアがある。大村とともにノーベル賞を受賞した中国のト・ユウユウは、クソニンジンという植物から抽出した有機化合物アルテミシニンがマラリアの治療薬になることを見出した。アルテミシニンの安定供給は、クソニンジン栽培の不安定に脅かされることもたびたびあった。あるベンチャー企業は、クソニンジンを含めた 3 種の生物由来の合計 12 個の遺伝子を酵母に形質転換することで、アルテミシニンの産生に成功し、同化合物を安定供給する道を開いた。ここであげた一連の例は、単なる遺伝子改変生物の域を超え、合成生物学とよばれる新たな範疇に分類される（図 7.10 (b)）。

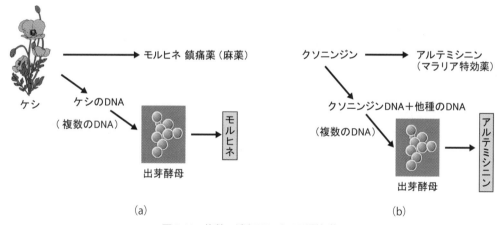

(a)　　　　　　　　　　　　　　　　　　　(b)

図 7.10　複数の遺伝子による形質転換

　合成生物学の過激な例として、最初のヒトゲノム解読に多大なる貢献をしたアメリカのベンター率いるグループの形質転換実験がある。細菌 A のゲノム（ゲノム A とする）を、出芽酵母に導入し、特定の制限酵素で切断されないよう加工する（ゲノム A′ となる）。酵母からゲノム A′ を取り出し、細菌 B（ゲノム B をもち、これは特定の制限酵素で断片化する）に形質転換後、細菌 B の細胞内で特定の制限酵素を働かせる。そのとき、ゲノム A′ は壊れないが、ゲノム B はバラバラになり消失する。この細菌は生き残り、しかも細菌 A′ に丸ごと形質転換してしまった（図 7.11 (a)）。

　細菌 B を細菌 A′ に変えてもたいしたことのないように思うだろう。しかし、この実験の意味することは深遠である。"培養できない微生物の遺伝子"、"温泉に棲む古細菌に感染するウイルスの遺伝子"、"昆虫の遺伝子"、"植物の遺伝子"など、本来まるで関係のない多数の遺伝子を意図的に一つの細胞にかき集め、ホストの細胞に形質転換させることで、人工的にまったく新しい細胞の誕生を可能にするからである（図 7.11（b））。

　21 世紀に入って人類は合成生物学を生み出したが、自然界では地球の歴史上何度かとんでもない合成生物学が偶然に起こっている。抗生物質耐性菌の出現、シアノバクテリア（光合成する真正細菌）、真核細胞の誕生、植物の誕生、哺乳類の胎盤の誕生などであるが、次章で説明しよう。

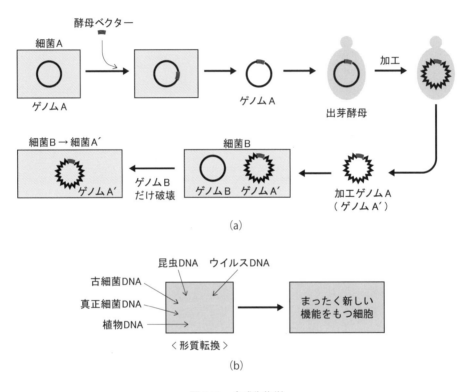

図 7.11　合成生物学

第8章 生命の誕生と自然界の形質転換

8.1 情報は拡散し共有される ― 水平伝播 ―

　第1章で登場した真正細菌を殺す抗菌薬（図1.6）は、ヒトが感染症で死亡する確率を著しく低下させた。ところが、抗菌薬を使い続けると、突然変異によりその抗菌薬に耐性になる細菌が必ず現れる（図8.1(a)）。さらに厄介なのは、ある一つの耐性菌の耐性遺伝子が異なる真正細菌の間にも伝わり、多種類の真正細菌が薬剤耐性になることが知られている（図8.1(b)）。第7章で述べたように、真正細菌はバクテリオファージと死闘を繰り返している（図7.6、図7.8）。耐性菌（A菌）にファージが感染し、殺された耐性菌の中味が露出し、その中に含まれる耐性遺伝子を他の細菌が取り込んで耐性菌に形質転換する（耐性菌B）、耐性遺伝子がファージに取り込まれ、そのファージが他の細菌に感染する（耐性菌C）、プラスミド上に乗った耐性遺伝子（A′菌）からプラスミドを受け取る場合（耐性菌D）がある。このように、自分の世代で他からDNAを獲得することを**水平伝播**とよび、親から遺伝子をもらう（6.1節）のを**垂直伝播**とよんでいる。

　系統樹作成（図7.7）に使われたrDNAは、その生物の翻訳の根幹を担う遺伝子で垂直伝播により受け継がれ、その他ほとんどの遺伝子も同様である。しかしながら、水平伝播により系統樹を横切って移動している遺伝子も少なからず存在する。GFPをさまざまな生物に形質転換する実験（図2.7）は、自然界で起こる水平伝播と同じことを人工的に再現したにすぎない。

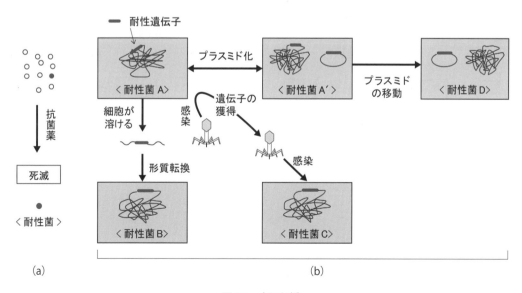

図 8.1　水平伝播

　ヒトに近い例として、母乳で子どもを育てる哺乳類の胎盤形成には、ウイルス由来の遺伝子が必要である。哺乳類は、単孔類、有袋類、真獣類の三つに分類される。カモノハシのような単孔類は、胎盤をもたず卵を産む。カンガルーやコアラなどの有袋類は胎盤をもつが、大きさ2cm、体重1g程度の胎児にまでしか栄養を供給できない。小さな胎児は、母親の袋の中で母乳を飲みながら育つ。ヒトを含む真獣類は胎盤をもち、胎児がある程度の大きさになるまで母体内で育てられる。有袋類と真獣類の祖先動物の生殖細胞にウイルスが感染し、ウイルス由来のPEG10遺伝子が生殖細胞に残った（水平伝播）。そのPEG10が胎盤を誕生させた。さらに、真獣類の祖先動物の生殖細胞にウイルス由来のPEG11がもたらされ、胎児を母体で大きく育てる胎盤が完成した。哺乳類の祖先細胞（しかも垂直伝播を担う生殖細胞）へのウイルス感染という水平伝播が胎盤誕生のきっかけとなっている（図8.2）。

　このように、1〜数個の遺伝子の水平伝播でも、生物の環境への適応（薬剤耐性など）や進化に大きな影響を与える。さて、10単位の遺伝子が同時に水平伝播したら何が起こるのだろうか。宇宙空間の真空中でも生き延びるクマムシ（5.1節で登場）の全ゲノム配列が解読され、

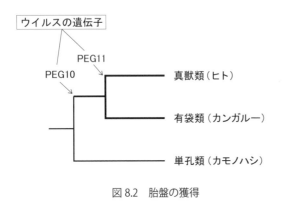

図8.2　胎盤の獲得

何とその17.5%が外来DNA（真正細菌、古細菌、菌類、植物、ウイルス）で占められた。クマムシは水平伝播により獲得したさまざまなDNAを自身の驚異的な生存能力に反映させたようだ。

　クマムシの水平伝播もすごいが、地球の過去にはもっと驚嘆すべき水平伝播が起こったことが推定されている。次節でそれを見てみよう。

8.2　地球を変えた合成生物学　─ 光合成の誕生 ─

　モルヒネやアルテミシニンを作る酵母菌、二酸化炭素を固定する大腸菌を人工的な合成生物学（多数の遺伝子の一つの細胞への形質転換）で創り出せる（図7.10）。このような多数の遺伝子の水平伝播は、それを受け取った細胞の性質を一変させる。およそ35〜27億年前のシアノバクテリア（真正細菌）の誕生には、偶然に起こった合成生物学的な変化があったと推定されている。植物の葉緑体がシアノバクテリアの子孫であることは次節で解説するが、太古に出現したシアノバクテリアは植物の葉緑体と同様に、光と二酸化炭素を材料に光合成を行い、不要物として酸素を排出する。

　光合成には、光化学系ⅠとⅡが連携していることは説明済み（図4.11）である。驚くべきことに、"光化学系Ⅰのみを有する真正細菌（緑色硫黄細菌）"と"光化学系Ⅱのみの真正細菌（紅色光合成細菌）"がいまも存在し、両者とも酸素を発生しない。それどころか、両者ともに酸素が嫌いなものが多い（ただし、一部の紅色光合成細菌は、酸素が使えるように進化している）。

この二つの光化学系がどういうわけかシアノバクテリアという一つの細胞の中で同居し、それ

らが直列につながれ酸素嫌いを返上し、水を分
解して酸素を吐き出すよう変化したのである
（図8.3）。このような離れ業的な自然界での合
成生物学が、偶然にも35〜27億年前に達成
されたと考えられている。

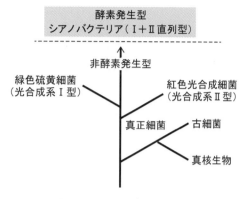

図8.3　Ⅰ＋Ⅱを直列につなぐ

　27億年前にシアノバクテリアによって形成
された"**ストロマトライトという化石**"と"同
じ生きた構造物"が、いまもオーストラリアの
シャーク湾で作られている。ストロマトライト
が高さ30cmに成長するのに1,000年掛かる。
太古代（地球の歴史上での呼名）の海にシアノ
バクテリアが誕生したことにより、酸素がな

かった原始地球に、徐々に光合成による酸素が充満するという大変化（大酸化イベントとよば
れる）が起こった。太古の海に豊富に溶けていた鉄イオンは、酸素と反応して不溶となり沈殿し、
25億年前から19億年前にかけて縞状鉄鉱層が形成された（図8.4）。酸素が増加したことで、
岩石が酸化されるようになった（赤色岩層の形成）。一方、酸素がない環境で堆積する閃ウラ
ンは消滅した。高校の化学で習う試験管内での沈殿実験が、太古代の海で実際に大規模に起こっ
たのである。この21億年前の沈殿物である縞状鉄鉱層に"真核細胞の最古の化石"が埋まっ

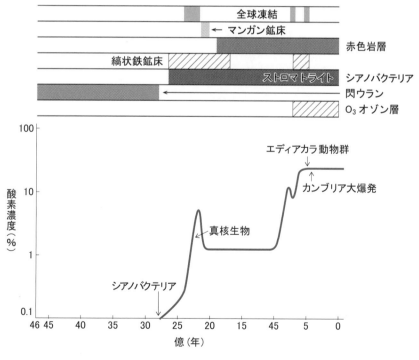

図8.4　シアノバクテリアがもたらした大変化

ている。

　豊富な酸素により生成する沈殿物、マンガン鉱床も同時期に形成されている。そのマンガン鉱床のできる直前まで、**全球凍結（スノーボール）**が起こっていたと推定されている（図8.4）。その証拠として、氷河しか運んでくることのできない巨大な迷子石が、全球凍結当時の赤道付近の地層に見つかっている。温室効果のある二酸化炭素をシアノバクテリアが大量消費したのが、全球凍結が起こった一因とされている。

　7億年前の原生代（地球の歴史上での呼名）にも小規模な縞状鉄鉱層が形成され、その期間に2回の全球凍結が起こっている。全球凍結によって低温と氷による光の遮断により海中の光合成量が低下し、光合成による酸素発生が低下した。さらに、氷により大気中の酸素が海に溶けることが阻まれ、海は無酸素状態になり、鉄イオンが増加した。その後、火山等により地中から大気へと二酸化炭素が解放され、その二酸化炭素による温室効果が地球を暖め、全球凍結が解除された。光合成による酸素発生の増加とそれの海への浸透により、海中の酸素濃度があがり、鉄イオンは酸化し沈殿して縞状鉄鉱層が形成された（図8.4）。ちなみに人類は、太古代と原生代の二つの時期に形成された鉄鉱床から鉄を精錬し利用することで、紀元前16世紀から現代まで続く鉄に依存した文明を築いている。

　二酸化炭素は地球温暖化の原因としての温室効果ガスとして有名である。二酸化炭素が大気の96.5％を占める金星では、大気圧が地球の90倍、温度が460℃にもなる。つまり、二酸化炭素は、その濃度によって灼熱地獄も極寒地獄も招きうる物質なのである。幸い、地球ではバランスのとれた二酸化炭素の循環がある。地球史的には、初期の火の玉であった時期と過去の3度の全球凍結を除き、それ以外では何十億年も生物に適した環境が保たれている。ところが近年、人口増加や人類活動により二酸化炭素の濃度が上昇する地球温暖化が加速している。この加速を止めなければ、金星のようにならないまでも、人類およびいま生きている動植物は絶滅の危機に瀕する。二酸化炭素の排出量規制は経済活動と相容れないため、遅々として進まず温暖化を減速させる状況にない。より根本的に解決するには、地球科学的な方法を採るしかない。たとえば、「二酸化酸素を閉じ込めた海底の岩石が、プレート・テクトニクス理論（図3.2）により地球内部に引き込まれる」のを模倣し、大気中の二酸化炭素を集め地中深くに埋設する試みがなされている。その他に、光合成を模倣し大気中の二酸化炭素を化学的に固定する考えもある。この後者の視点から、近年報告された「特殊な触媒の元での電気による二酸化炭素のエタノールへの還元反応」は、太陽光や風力で発電した電気の一部を利用して二酸化炭素からエタノールを産生できることを意味する。エタノールはさまざまな化学反応の材料になり燃料にもなる点で、経済的にも有望である。シアノバクテリアが発明した光合成という新たな化学反応（図4.11、図4.12）が地球環境を劇的に変えた（図8.4）ように、地球温暖化を急停止させるには、上記の例を含めた新たな化学反応の発明とその反応の工業化が必須となろう。

　話を地球史に戻す。最後の全球凍結が解除された後に、酸素濃度が現在の21％前後に到達し、大気中に充満し成層圏に到達した酸素は、太陽光のうちの紫外線と反応し、オゾン層を形成し、地球に到達する紫外線量は激減した（図8.4）。紫外線は遺伝物質DNAに損傷を与える

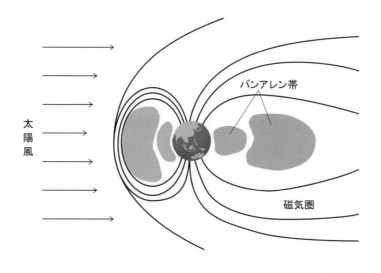

バンアレン帯

太陽風

磁気圏

図 8.5　太陽風からの防御

　ため、生物に有害である（図 6.7）。オゾン層形成による紫外線量の低下は、生物の活動領域を大きく拡大した。そして、その豊富な酸素を利用する**エディアカラ動物群**、それに引き続き、現存の動物の先祖にあたる動物群が一斉（**カンブリア大爆発**とよばれる）に現れた（図 8.4）。これらの化石に残る動物群の誕生は、豊富な酸素によってでしか生合成できないコラーゲン（細胞外基質：第 11 章）を用いた真核細胞の多細胞化が背後にある。まとめると、現存の動植物が生きられる環境が、地球史上はじめて整ったのが 6 億年前ということになる。

　また、シアノバクテリアの活動とは無関係に、地球内部の溶けた鉄の流動により、地磁気が形成される（3.1 節参照）。地磁気は、生物に有害な太陽からの荷電粒子（太陽風）を地球から遠ざけている（図 8.5）。地磁気が消滅した火星では、大気も水も太陽風に吹き飛ばされ、地球型の生命が住めない星になっている。唯一、地球に到達する荷電粒子は、極地でオーロラとして観測される。このように、生物は、地磁気とオゾン層の二重のバリアーで太陽のもたらす破壊から守られている。

　シアノバクテリアにおける光合成の出現が、その後の地球の大地と大気、地球に到達する太陽光を変え、そして全生物の生き方を変えた（図 8.4）。酸素が地球に充満しても、酸素嫌いを続けている嫌気性細菌は酸素の届かない環境に逃れ、いまもたくましく生きている。一方、大腸菌のように酸素を利用して大量の ATP を得る好気性細菌も出現した。そのような好気性の真正細菌の中に α - プロテオバクテリアがあり、それが古細菌と合体するという自然界の驚くべき合成生物学が起こり、真核細胞が誕生した。その経緯を次節で説明しよう。

8.3	真正細菌と古細菌の合体　── 真核細胞の誕生 ──

真核細胞は、真正細菌と古細菌が合体してできたと考えられているが、その誕生の経緯はいまも不明だ。しかし、21億年前のことはわからなくても、真核細胞を真正細菌や古細菌と比べることで、"真正細菌から受け継いだもの"、"古細菌から受け継いだもの"（図8.6）、"真核細胞で新たに創造されたもの"（図8.7）を推定できる。

	真正細菌	古細菌	真核細胞
生体膜	グリセロール3リン酸 脂肪酸 エステル結合	グリセロール1リン酸 イソプレノイド エーテル結合	真正細菌型
DNA複製	DNA	DNA	古細菌型
転写	DNA → RNA	DNA → RNA	古細菌型
ヒストン	無	有	古細菌型
代謝			真正細菌型

図8.6　真核生物が引き継いだもの

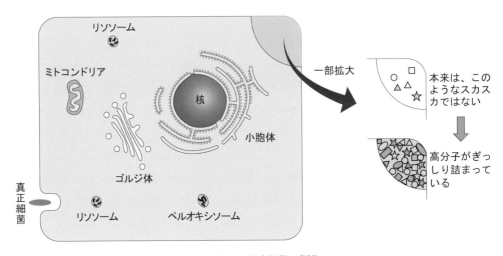

図8.7　巨大細胞の誕生

　真核細胞が、真正細菌であるα−プロテオバクテリアから受け継いだものは、ミトコンドリアの酸素依存のATP大量産生システム、ミトコンドリア内の環状DNA、細胞膜の成分、代謝経路、などである。一方、古細菌から引き継いだものは、ペプチドグリカンをもたないこと、「DNA」→「RNA」→「タンパク質」というセントラルドグマ（遺伝情報の伝達経路）を遂行する酵素群、DNAをまとめあげるヒストンという塩基性タンパク質などである（図8.6）。こ

のように、真核細胞は、真正細菌と古細菌の両者の性質が組み合わされてできている。真正細菌と古細菌には存在せず、真核細胞で新たに創造された細胞の特徴は以下である（図8.7）。

（1）細胞壁を喪失し柔軟に変形できる細胞膜を獲得した。これにより、膜で包んで他者を食べる補食が可能になった。真正細菌と古細菌は細胞膜の外側に細胞壁をもつため、他者を膜で囲うことはできない。真核細胞で植物に変化したものは、細胞膜を細胞壁が囲うようになったが、その細胞壁は真正細菌や古細菌から引き継いだものではない。

（2）細胞が、真正細菌や古細菌に比べ巨大化した。細胞内は、物質がスカスカの濃度の低い水溶液ではなく（図8.7 右上。読者の理解しやすさのため、本書を含めほとんどの教科書で細胞の中はスカスカに描かれる）、低分子および高分子の有機化合物がひしめきあっている（図8.7 右下）。それら大量の有機物の合成には、大量のATPが必要となる。したがって、真核細胞が巨大化できたのは、多くのミトコンドリアを養うことで大量のATPを使えるようになった結果である。また、巨大化した細胞は、真正細菌や古細菌、さらには自分より小さな真核生物を細胞膜で囲んで補食することにも有利に働いた。

（3）ミトコンドリア以外に、膜で囲われた細胞内小器官（小胞体、ゴルジ体、ペルオキシソーム）が発達した。大量の有機化合物を巨大化した細胞に組織立てて合成、送達するためには、工場のような作業分担を行う細胞内小器官が必要となったのだろう。各細胞内小器官の働きについては、第9章で説明する。

（4）真正細菌や古細菌のような環状ゲノムから、複数の染色体とよばれる線状ゲノムへの転換が起こった。また、真核細胞のゲノムは核膜で覆われるようになった。この特徴により、親細胞で二つに増えたゲノムを娘細胞に分配する仕方にも大変革が起こった。真正細菌や古細菌では、娘細胞になる際に細胞膜が分かれるのに便乗して細胞膜に固定されていた環状DNAもそれぞれの娘細胞に分配される（図8.8）。ところが、真核細胞では有糸分裂という革新的な分配法が発明された。これについても第9章で説明する。

生命の歴史において、未だ多くの謎を残す真核細胞誕生のドラマチックさに比べれば、次節で紹介する「真核細胞がシアノバクテリアをその細胞内に取り込んだ様子」は、想像の範囲内といえる。

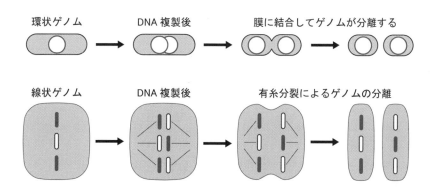

図8.8　線状ゲノムと有糸分裂

8.4　新居を見つけたシアノバクテリア ─光合成ができる真核細胞の誕生─

　植物や藻の光合成はすでに第4章で説明しており、その際に葉緑体という植物細胞の中にある膜に囲まれた細胞内小器官は登場した。この葉緑体の先祖がシアノバクテリアである。その証拠の一つに、葉緑体はシアノバクテリア由来の環状DNAをいまも保持し、その配列もシアノバクテリアのDNA配列に良く似ていることがあげられる。これらのことから、真核細胞がシアノバクテリアを細胞内に取り込み、共生を始めたと考えられている（**一次共生**とよばれる）。葉緑体を得た真核細胞は、シアノバクテリアとまったく同じに、光と二酸化炭素から酸素と有機物を合成する光合成の能力を獲得した（図8.9（a））。

　光合成のできない生物が光合成をできる生物を取り込む現象は、いまでも起こっている。一部のあるウミウシは海藻のもつ葉緑体を盗み、体内に取り込むことで光合成の能力を手にいれる（図8.9（b））。“はてな”と名付けられた、筑波大学が砂浜で発見した謎の原生生物（べん毛で動く単細胞の真核細胞）は、細胞内に藻の一種（葉緑体をもち光合成が可能な単細胞の真核細胞）を取り込み光合成をする（図8.9（c））。この生物は細胞内共生を行う微生物であり、奇妙なことに“はてな”は細胞分裂して二つの細胞になると、片方は藻を引き継ぎ、もう片方は藻を失ってしまう。失ったほうの“はてな”は外部から新たな藻を捕食することで共生体に戻る。シアノバクテリアを取り込む一次共生に対し、ウミウシや“はてな”の共生は藻を取り込んで、藻の葉緑体を利用するため**二次共生**とよばれる。

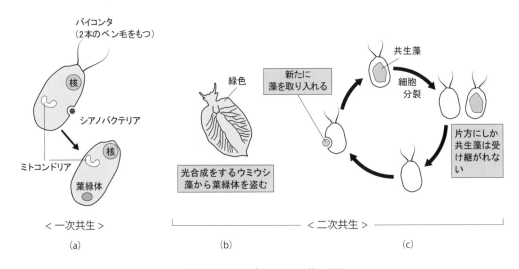

図8.9　シアノバクテリアの使い回し

　ウミウシも“はてな”も、自身で獲得した葉緑体を、次世代の細胞に継承することはできない。一方、細胞分裂を経ても葉緑体を継承し続ける能力を進化させた真核生物が多数いる。一次共生と二次共生が出揃ったところで、現存の真核生物の分類を、共生という視点から捉えてみよ

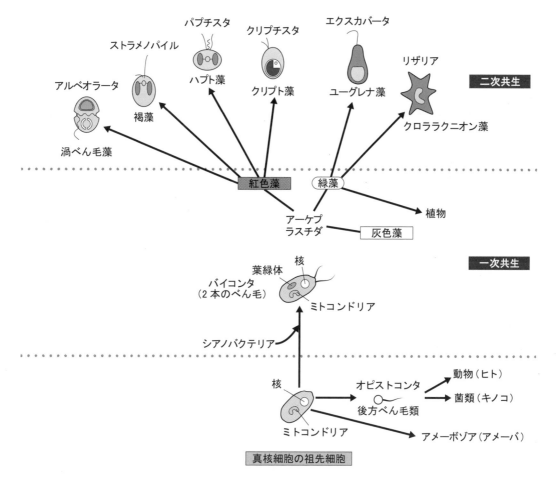

図 8.10　葉緑体の共生から見た真核生物の大分類

う。ヒトを含む動物界は、キノコなどの菌類に近縁で、ともに後方べん毛類（**オピストコンタ**とよばれる）に属する。オピストコンタは継承可能な葉緑体をもたない。オピストコンタと同様に、**アメーボゾア**も光合成を行わない（図 8.10）。

　2 本のべん毛をもつバイコンタに属する真核細胞が、シアノバクテリアと一次共生を開始した。その子孫（**アーケプラスチダ = プランテ**）は、三つに分かれ、灰色藻、紅色藻、緑藻となり、緑藻から現在の植物が進化した。一方、緑藻と二次共生をはじめたバイコンタの中で、**エクスカバータ**からユーグレナ藻が、**リザリア**からクロララクニオン藻が進化している。紅色藻と二次共生をはじめたバイコンタの中で、**アルベオラータ**から渦べん毛藻が、**ストラメノパイル**から褐藻が、**ハプチスタ**からハプト藻が、**クリプチスタ**からクリプト藻が誕生している（図 8.10）。

　さまざまな生物の葉緑体とシアノバクテリアの DNA 配列比較から、葉緑体の誕生（つまり、一次共生が起こり、かつそれが生き残った）は一度きりの出来事で、二次共生は過去にも何度も起こり、また現在進行形（“はてな”の事例）のものもあることからよく起こると考えてよい。系統樹（図 8.10）を眺めれば、光合成ができるすべての真核生物の葉緑体は最初にシアノバクテリアを獲得し、一次共生に成功した真核細胞に由来することがわかるであろう。

　ここまでで、ようやく真正細菌、古細菌、さまざまな真核生物群という現存するすべての細胞が出揃ったことになる。第1章から本章までのまとめを次節で行う。

8.5　"細胞から細胞へ"の逆回し　―LUCA の誕生―

　"細胞から細胞"へという概念を逆回しし、いま生きている細胞の先祖まで遡ることで、本章までの内容を整理する。真核細胞（ミトコンドリアをもつ）は葉緑体をもつものともたないものとがある。そのどちらも先祖を辿ると、ミトコンドリアのみをもつ真核細胞に合流する。分岐点には真核細胞がシアノバクテリアを一次共生させたイベントがあった。さらに真核細胞の先祖を探ると、α－プロテオバクテリア（真正細菌）と古細菌が合体した細胞に辿り着く。

　真正細菌の先祖を遡る過程で、経緯は不明だが二つの真正細菌の異なる光化学系ⅠとⅡが同じ細胞内に同居し、しかも協調的に稼働するシアノバクテリアが誕生した。さらに、真正細菌と古細菌のそれぞれの先祖まで遡ると、遺伝暗号を共有する LUCA（Last universal common ancestor）まで辿れる。「LUCA」→「真正細菌」→「古細菌」、「LUCA」→「古細菌」→「真正細菌」のいずれかの変遷があったのかもしれない。真正細菌と古細菌では、細胞膜の成分が相容れないほど異なり、また DNA 複製と転写に関わる酵素群が大きく異なる、という簡単には越えられない相違があるため（図 8.6）、真正細菌から古細菌への変化、その逆の古細菌から真正細菌への変化が起こる可能性は著しく低いと想定される。しかし、それが起こったのかもしれない。

　一方、「RNA」→「タンパク質」の共通の反応系をもっていたであろう LUCA が、それぞれ別個に独自の DNA 複製、転写、細胞膜を手に入れ、LUCA →"真正細菌の先祖の細胞"、LUCA →"古細菌の先祖の細胞"がほぼ同時期に起こったのかもしれない。いずれの考え方も、それを立証できる状況になく、LUCA の誕生はもちろん、LUCA からどのように真正細菌と古細菌の2系統が出現したのかも謎のままだ。

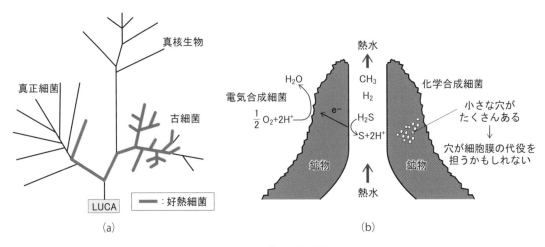

図 8.11　LUCA はどこからきたのか？

いまの地球の生物を支えるエネルギー源は、太陽光に依存した光合成を経由している。しかしそれが可能になったのは、光合成能力をもつシアノバクテリアの誕生以後のことだ（図 8.3）。また、酸素を使ったエネルギー産生も光合成により生産された酸素に依存するので、太古のLUCA、"真正細菌の先祖の細胞"、"古細菌の先祖の細胞"のエネルギー源はいまとは異なっていたであろう。rDNA の系統樹を遡ると、"真正細菌の先祖の細胞"、"古細菌の先祖の細胞"の近いところに、熱水中で増殖できる好熱菌が集中していることがわかる（図 8.11 (a)）。

光のまったく届かない深海において、地熱により熱せられたさまざまな無機化学物質が溶けた熱水が噴出する場所に多数見つかってきた。その熱水噴出孔の周辺に、化学合成細菌（無機化学物質を材料に有機物質を生産できる熱耐性の真正細菌や古細菌）が、大量に生息している（図 8.11 (b)）。また、熱水噴出孔の鉱物の間には電流が流れている。第 4 章で、食物由来の NADH や、光を利用した電子の流れがエネルギー産生に結びつくことを学んだ（図 4.7、図 4.11）。その電子の流れが、熱水噴出孔では絶え間なく流れている。その電子を利用する細菌（電気合成細菌）が存在する。

化学合成細菌（および電気合成細菌）が増えさえすれば、それらを起点とした食物連鎖により、多様な生物が生きられる豊かな生態系が構築される。LUCA は、化学物質と電流が絶え間なく供給される、35 億年前の似たような環境に誕生したのかもしれない。

LUCA 以前にまで、"細胞から細胞へ"の原理を適用するのは極めて困難だ。しかしながら、LUCA が誕生するのに必要な断片的な情報はあるので、次節でそれを紹介する。

8.6　LUCA がもっていたはずのもの　―RNA ワールド―

ウィルヒョウの"細胞から細胞へ"という生物学の第二公理（1.1 節）に対し、"物質の集団から細胞へ"という例外がありうることを認めない限り、無生物から LUCA が誕生することはありえない。第 7 章で紹介した合成生物学は、一見するといままでにない新しい細胞を生み出したかにも思えるが、既存の細胞を外から導入した DNA で乗っ取ったものにすぎない（図 7.11）

2019 年アメリカのチェンとフェレルは、アフリカツメガエルの多くの受精卵を試験管に入れ、破裂させることで濃厚な卵抽出液を得た。カエルの受精卵には、初期胚（体作りのある段階：第 14 章参照）になるまでに必要な多くの細胞を作るための全材料が含まれている。したがって、「この抽出液（物質の集団であり、細胞はない）から自発的に細胞が生じ、分裂した」という彼らの報告は、読者にとってさほど不思議でないかもしれない。しかし、この報告はウィルヒョウの原則に、例外があることを初めて示すものであり、「人工的に適切な物質を集めれば、人工的に細胞を作れる」ことを意味する。つまり、物質の集団から LUCA が誕生することは、物理化学的にありうるのである。

すると問題は、LUCA が誕生する際に、用意されているべき物質な何か？ということになる。LUCA が誕生した当時から、現在の遺伝暗号表（図 2.11）と同じものをもっていたのは間違いない。つまり、tRNA,mRNA,rRNA の先祖に該当する RNA とリボソーム・タンパク質、さ

らに RNA のもとになる ATP,CTP,GTP,UTP および 20 種のアミノ酸を用意する能力も有して
いたであろう。また、熱水噴出孔に類する場所から絶え間なく供給される化学物質を ATP に
変換できる能力も備えていたのだろう。細胞膜はなかったかもしれないが、熱水噴出孔が作り
出す鉱物による小部屋があるため（図 8.11（b））、鉱物の表面の種々の金属がさまざまな化学
反応の触媒になるうえ、作り出された有機化合物が拡散で薄まらず小部屋に濃縮されるのを助
けた、と想定されている。

現在のヒトの細胞にまで共通の「RNA」→「タンパク質」の複雑な反応系が、突如 LUCA に
生じる可能性は極めて低く、複雑系ができあがる前段階の反応系が存在していただろうと考えられている。その有力候補の一つが "RNA ワールド" である。リボソームの大サブユニットの rRNA が、アミノ酸とアミノ酸との間のペプチド結合を触媒する活性を担っている（図 8.12 ①）。RNA を切断できる RNA がある（②）。RNA から不要なイントロンを除去する反応では、RNA 自身が触媒活性を担いイントロン部分を除去する（③）。このような触媒活性を有する RNA をリボザイム（Ribozyme）とよび、いまでは試験管内で「リボザイムにより RNA から RNA への複製」を人工的に起こさせることもできる（④）。しかし、ある細胞が、多彩なリボザイムを揃えることができたとしても、LUCA の誕生、それに引き続く、"真正細菌の先祖の細胞" と "古細菌の先祖の細胞" の誕生を理解するには、いまだ大きなギャップがあるのが現状の生物学である。

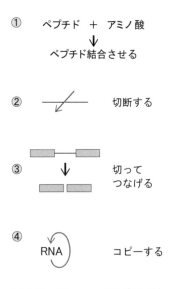

図 8.12　Ribozyme にできること

当初より LUCA は、RNA とタンパク質をもっていたはずなので、LUCA が生きてさらに増え
るためには、その材料となる窒素化合物、炭素化合物、硫黄、リンを必要としただろう。これ
らは、大腸菌の培養液での、塩化アンモニウム、グルコース、硫酸マグネシウム、リン酸水素
二ナトリウムおよびリン酸二水素カリウムに該当し（図 1.10）、ヒト細胞の培養液中の 15 種
のアミノ酸（アミノ酸は窒素を含み、さらにメチオニンとシステインは S を含む）、グルコース、
リン酸にあたる（図 1.11）。一方、植物の場合、窒素源、CO_2、硫黄、リン酸、があれば光合
成で生きていける（図 4.10）。LUCA が必要とする材料は、原始地球で調達できたのであろうか？
また、できたのなら、どのように？

その疑問に、次節での回答（もちろん誰も真実はわからないし、証明もできていない）をもっ
て、本章を終える。

8.7 LUCA が誕生するためには ─化学進化─

　原始地球に降り注いだ隕石や彗星に含まれるアミノ酸や長鎖の炭素化合物が LUCA に材料を提供した、さらには LUCA の先祖となる細胞そのものが地球にもち込まれた（パンペルミア説）と考える人びともいる。宇宙探査機による地球外生命や、生命の材料となる種々の化合物の発見が将来なされることに期待しよう。

　原始地球上で独自に生命が誕生したと考える人びともいる。ロシアのオパーリンは原始地球で無機化合物から有機化合物が生成し、それらが膜に包まれ（コアセルベート）、細胞が誕生したと唱えた。アメリカのミラー（3.1 節で同位体温度計を開発したユーリーの弟子）は、実験によって無機化合物からアミノ酸を含む有機化合物を作りだした。原始大気の成分に、アンモニア、メタン、水素、水蒸気を想定し、それらを封入したガラス容器に対し、放電、冷却、加熱を繰り返し、アラニンやグリシンなどのアミノ酸を作り出した（図 8.13）。また、先に紹介した深海の熱水噴出孔から噴出するメタン、硫化水素、水素、アンモニアが反応してできた有機物が、鉱物でできた"小部屋"に蓄積し、LUCA の遠い先祖にアミノ酸やヌクレオチドを供給できたのかもしれない（図 8.11 (b)）。

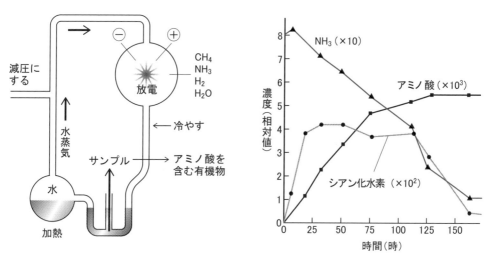

図 8.13　ミラーの実験

　LUCA を手に入れることはできないものの、LUCA の子孫である大腸菌・ヒト細胞・植物の三者の増殖に必要なものの共通点（間断なく供給されるエネルギー源と細胞の材料）を学んだ読者の皆さんは、これら三者の先祖である LUCA も"絶え間ないエネルギー供給と材料の供給"を受け続けない限り、死んでしまう運命にある、と仮定できることに気づくだろう。その条件に合致するものの一つが、熱水噴出孔（図 8.11 (b)）であり、それに近い環境で LUCA が誕生したのではないかと考えられる。LUCA が熱水噴出孔の鉱物でできた小部屋から大海に出るとき、真正細菌タイプの細胞膜で包まれ"真正細菌のご先祖さま"となったものと、古細菌タイ

プの細胞膜に包まれ "古細菌のご先祖さま" となったと想定すれば、現在の地球上の全細胞の由来を "細胞から細胞へ" の原理で説明できる。LUCA 誕生の解明が生物学（宇宙探査学も含まれる）に残された最大の課題の一つとなっている。

　本章で、LUCA から真核細胞の誕生までを説明した。次章では真核細胞の特徴と真核細胞の細胞増殖を説明しよう。

第9章　真核細胞の構造

9.1　自動車の分解　―遺伝学的解析―

　自動車は複雑な人工物である。生物は人工物ではないものの複雑という点では自動車と同じである。ある生物のゲノムの DNA 配列が解読されると、どのようなタンパク質の情報がゲノムに書かれていたのかがわかる。自動車に例えれば、全部品のリストを手に入れたのと同じである。しかしそのリストを眺めただけで、全部品をどのように組み立て機能させるのか、想像するのは難しい。

　そこで、自動車から部品を一つだけ抜きとってみる。そのときに生じる自動車の不具合（あるいは大した変化がない）を見れば、その部品が何をしていたのかその役割がわかる。実際に部品を抜き取るのは大変なので、部品リストから一つ選び削除線を加えると、その部品が自動車から消えるという思考実験をしてみよう。ハンドルやタイヤをリストから外したら、自動車に何が起こるか説明は不要であろう。一方、何の部品か想像もつかなかったが、それに削除線を入れたら「エンジンがかからない」、「加速しない」、「ブレーキがかからない」などの不具合が現われたとしたら、その部品が何に必要だったか大まかに推定できる。

　生物学において、この部品リストに削除線を引く研究方法を、**遺伝学的解析**とよぶ。T4 バクテリオファージは、"頭に直接手足の付いた宇宙人"のような形をしたウイルスで、その頭の部分に DNA が詰め込まれている（図 1.8、図 1.9）。

　その DNA の配列に、T4 ファージの宇宙人（タンパク質でできている）を組み立てる情報がすべて書かれているはずである。「DNA」→「RNA」→「タンパク質」と情報は流れるので、DNA 配列を変化させるとタンパク質に変化が起

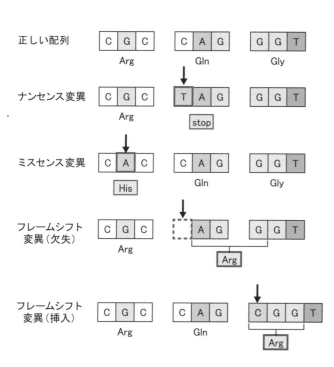

図 9.1　突然変異

こる場合がある。代表的な変化に、アミノ酸の配列が変わる（**ミスセンス変異**）、読み枠が変わる（**フレームシフト変異**）、ストップ・コドンによる翻訳停止（**ナンセンス変異**）がある（図9.1）。

T4ファージDNAの一カ所に変異が起こった場合、変異が生じた場所ごとに、T4宇宙人の「足がない」、「頭がない」、「頭に詰めるDNAを作れない」、「DNAを頭に詰め込むことができない」などの不具合が生じる。足がない症状だけに注目しても、「足の部品がない」、「足のパーツ同士を組み立てられない」、「足が頭に接着しない」など複数の原因に分類できる。足の部品がない場合は、足部品の情報をもつDNAにナンセンス変異が起き、部品そのものが作れない。足のパーツ同士を組み立てられない場合は、足はできるもののミスセンス変異により足の形が一部変化し足を形作るパーツ同士が接着できない。同様に、頭と足が接着できない場合は、頭あるいは足のパーツのどちらかがミスセンス変異により形が変わり、両者が接着できなかったと推定できる。

1960年代までにT4ファージの組み立て法の大部分は解明された。「DNA」→「RNA」→「タンパク質」という情報の流れは、T4ファージから全細胞（真正細菌、古細菌、真核細胞）まで普遍であるため、同じ方法で、どんなに複雑に思える生物の仕組みも解明できる。その方法で解明された複雑システムの一つが、9.2節、9.3節で紹介する真核細胞の細胞周期であった。

9.2 　染色体の見え隠れ　― 染色体と細胞周期 ―

　動物や植物の細胞を化学物質で染めてから顕微鏡で観察すると、**染色体**（染料で染まりやすい構造体：次段落で解説）が見える。生物種により染色体の数は決まっており、ヒトの**体細胞**（受精卵から増えて体を構成する40兆個の細胞）には**46本**ある（図9.2）。その内訳は、23本が父親の精子由来で、残りの23本が母親の卵子由来である。精子あるいは卵子由来の23本のうち、22本は男女間の差はなく**常染色体**とよばれ、大きいものから順番に1番〜22番まで

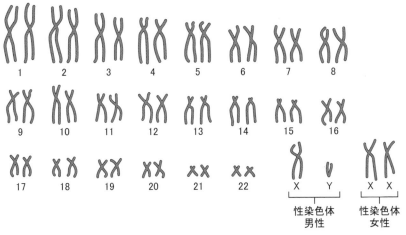

図9.2　ヒトの体細胞の染色体

番号がふられる。残り1本は**性染色体**とよばれ、精子はXあるいはYのいずれかをもち、卵子はX染色体のみをもつ。精子と卵子の受精で、XXとなった受精卵からは女性が、XYとなった受精卵は男性になる。受精卵や体細胞に比べ、精子や卵子では減数分裂により染色体の本数が半分となっている。精子や卵子を1n（**一倍体**）、体細胞を2n（**二倍体**）と略して表す。

　顕微鏡下に見えるヒト細胞をより細かく観察すると、(A)と(a)の細胞では染色体がまったく見えない。(b)細い染色体が見える細胞、(c)太い染色体が梯子のように二つ寄り添い、それが46個ある細胞、(d)(c)の染色体が細胞の中央（赤道面）で整列しているもの、(e)(c)で二つ寄り添っていた染色体が反対方向に引っ張られ分かれつつある細胞、(f)染色体分離が完了した細胞、(g)分裂直後の二つの細胞、(h)(a)より小さめの染色体が見えない細胞に分類できる。細胞(h)は、成長して(A)の大きさになる。(A) → (a) → (b) → (c) → (d) → (e) → (f) → (g) → (h) → (A) を繰り返すことで、"細胞から細胞へ"が実現する（図9.3）。

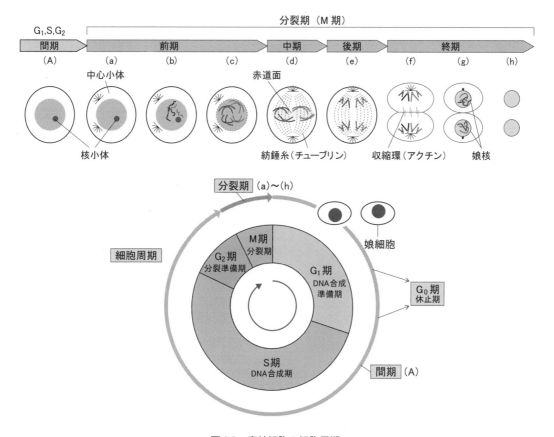

図9.3　真核細胞の細胞周期

　ここで、一連の分裂作業の起こる期間(a)〜(h)は、M期（Mitosis：分裂）とよばれる。一方、染色体が見えない間期の細胞(A)に、DNA複製の材料を放射能で標識し10分間だけ培養液に加え、再び放射能を含まない培養液に置き換える実験を行うと、(A)の細胞の<u>一部のみ</u>が標識され、その標識された細胞でのみDNA複製が起こっていることがわかる。細胞周期の中で、DNA合成している期間をS期（Synthesis：合成の意味）とよぶ。MとSとの間（ギャップ）

を G₁ 期、S と M との間を G₂ 期とよんでいる。

　細胞（b）〜（g）で観察される染色体とは、細胞内で色素によって染まりやすい構造体である。染色体が観察される細胞とされない細胞では、染色体の基本単位である**ヌクレオソーム**の集合状態に差がある（図 9.4）。ヌクレオソームとは “ **ヒストン**という塩基性タンパク質 ” の周りに “ リン酸により酸性になっている DNA” が 1.75 回転巻きついたものである。それが連続すると、“ 数珠と紐が交互に繰り返したような構造 ” となる。

　染色体が見えない（A）、（a）、（h）の細胞の核という構造の中を見てみよう。核は二重の膜（**核膜**）によって包まれた球形をしており、その内部には**核小体**が観察される。それ以外の部分は、ゲノム DNA と核液によって満たされている。ゲノム DNA が色素で染められ、DNA 濃度の薄い部分と濃い部分が観察できる（図 9.5）。

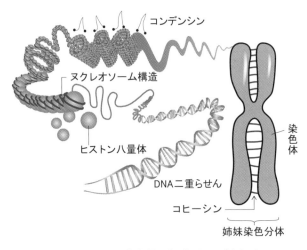

図 9.4　DNA は染色体へとパッケージされる

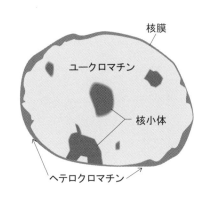

図 9.5　真核細胞の核の染まり方

　濃い部分はヌクレオソームが集積（凝集）して DNA 濃度が高くなっており、**ヘテロクロマチン**とよばれ、核膜の周辺に偏在している。一方、薄く染まる部分は**ユークロマチン**とよばれヌクレオソームの密度が薄いことを示す。「DNA」→「RNA」という転写反応はユークロマチン部分で起こり、凝集しているヘテロクロマチンには RNA ポリメラーゼが結合しにくいため転写は起こらない。

　ヘテロクロマチン以外で強く染色されるものが、核小体である（図 9.5）。そこでは、リボソームの原料（rRNA）が作られている。また、核膜には**核膜孔**とよばれる小さな孔が多数あり、核と細胞質との間での物質移動が行われる（図 9.6）。核でつくられた mRNA は核膜孔を通って細胞質に出て行き、細胞質のリボソームでタンパク質に翻訳されることになる。

　染色体が見える細胞の話に移る。色をつけた染色体が光学顕微鏡で見えるということは、ヌクレオソームが高度に集積しかつ棒状に束ねられ密集しているからこそ色素が集積し、文字どおり染色される構造体となる。長い DNA が染色体という形に束ねられるのは、長いままの DNA では細胞周期の細胞（e）の状態（図 9.3）のときに、もつれてちぎれてしまうからである。染色体の形成を促すのは**コンデンシン**（凝集の意味）というタンパク質である（図 9.4）。

DNA 複製によりでき上がった二つの DNA が、コンデンシンにより形成された二つの染色体（**姉妹染色分体**）として並んで観察される。それが（c）と（d）の状態（図 9.3）である。姉妹染色分体を隣につなぎ止めているのは**コヒーシン**（接着の意味）というタンパク質である（図 9.4）。

　ここではこの複製完了後、姉妹染色分体がつながっていることが重要な意味をもつ。なぜなら、これから姉妹を分かれさせようと綱引きが始まるからである。綱引きは両側から互いに逆方向に引っ張らなければ成り立たない。姉妹染色分体のそれぞれの**動原体**（セントロメア：綱がかけられるくびれた部分）に**チューブリン**というタンパク質でできた "綱" がかけられ、両極にある**中心体**に向かい引っ張られ始める（図 9.7）。このとき、姉妹のどちらか、あるいは両方に綱がかかっていない場合、さらに綱が姉妹ともかかっているが同じ方向に引っ張られ始めた場合は、審判が "待ての合図" を出し綱引きは成立しない。

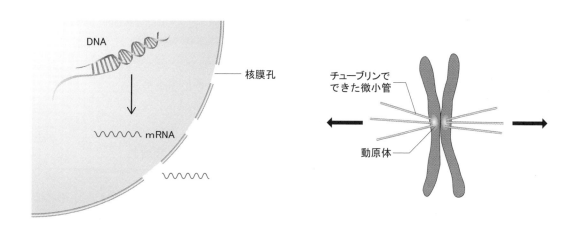

図 9.6　mRNA は核で作られ、細胞質へ移動する　　　　　図 9.7　染色体を二つに分離する

　すべての姉妹染色分体に綱がかけられ、引っぱり始める準備が整った綱引き直前の姿が、（d）の状態の細胞（図 9.3）である。姉妹染色分体はまだつながっているが、両極から引っ張られて張力が生じたため、細胞すべての姉妹染色分体が赤道面に整列できるのである。

　姉妹染色分体が赤道面に整列した後、APC タンパク質複合体が "綱引き始めの合図" を出すと、細胞（e）の状態に移行する。姉妹染色分体をつないでいたコヒーシンが壊され、姉妹はそれぞれ反対方向に引っ張られていくのである。細胞（f）の状態になると、細胞の赤道面にある**アクチン**というタンパク質でできた**収縮環**が、どんどん小さくなり分裂溝を作り、二つの細胞へとくびり切り、細胞を分裂させ、細胞（g）となる。

　染色体はヌクレオソームの凝集状態から解放され、光学顕微鏡では見えない核全体に広がった状態のヌクレオソームとなり、小さな細胞（h）となる。細胞（h）は G_1 期に入り成長し、次の S 期に向けて準備する。$G_1 \rightarrow S \rightarrow G_2 \rightarrow M \rightarrow G_1$ と繰り返す細胞増殖のことを**細胞周期**とよんでいる。

　細胞分裂前後をエネルギーの点で見直すと、コンデンシンによる凝集（ATP）、チューブリンによる綱引き（GTP）、アクチンによる引きちぎり（ATP）と大量のエネルギーを消費する。

DNA 複製にも大量のエネルギーが必要だと説明したこと（2.2 節）を合わせると、細胞から細胞へと細胞周期を回し続けるには絶え間ないエネルギー供給が必須だと結論される。

　細胞周期のうち、G_1 期から S 期に進むには、準備を必要とする。なぜなら、細胞にとって DNA 複製という大量の材料とエネルギーを要する大事業なので、遂行可能と判断できない限り G_1 に留まる。動物細胞の体細胞において S 期は 10 時間程度かかる。カエルの受精卵の初期発生において、$S \to M \to S \to M$ のように G_1 と G_2 を省略し、かつ DNA 複製開始頻度を高め（DNA ポリメラーゼの伸長速度を早めることはできないため）、30 分以内で S 期を完了させる。このようにカエル初期胚では、細胞周期の高速回転により細胞数を短時間に増やす。これを可能にしているのは、メスが卵を作る際に "S 期や M 期に必要な材料をあらかじめ卵の中に用意している" からである。

　また、G_1 期からは G_0 期とよばれる細胞周期から離脱した状態（**休止期**）もとりうる（図 9.3）。分化した神経細胞や筋細胞が分裂せずに働いている状態は G_0 期の典型例である。肝臓の細胞は普段は G_0 期であるが、肝臓の一部が切除されると G_0 から細胞周期へ復帰し、細胞分裂を繰り返して細胞の数を増やして肝臓をもとの大きさに戻す。

　このような複雑な細胞周期の制御機構が、解明された経緯を次に説明しよう。

9.3　温度変化で壊れる部品　― 温度感受性変異株 ―

　真核細胞の細胞周期を遺伝学的に効率よく解析するのに、以下の三つの問題の解決が必要だった。その三つの問題とは、(1) 平均的なヒト体細胞は細胞周期を回るのに 20 時間かかる。(2) ヒト体細胞は二倍体なので、父親と母親から一つずつ計二つの DNA をもっているため、片方の DNA に変異を入れることで欠陥部品ができても、正常なもう片方から正常な部品が供給され、全体として不具合が生じない。(3) 仮に、DNA の変異により欠陥部品のみができ、それにより細胞周期に不具合が生じた場合に細胞は死滅するので、該当の DNA 変異をもった生きた細胞を回収できず、原因特定の手がかりを失う。

　以上の (1) ～ (3) の問題は、真核細胞である出芽酵母（パンを膨らませる、ビール・ワインの醸造などに利用される）を研究材料に使うことで解決された。(1) 細胞周期は平均 90 分で一周する。単純にヒト細胞を用いた場合より 10 倍以上早く研究が進む。(2) 出芽酵母は一倍体でも二倍体でも増殖できる。一倍体の酵母の DNA に変異を入れれば、欠陥タンパク質による細胞周期の異常を直接観測できる。(3) 欠陥タンパク質によって細胞が死滅する問題の回避には、低い温度でなら "かろうじて作動しているタンパク質" が、高温に晒されると不安定化し "あきらかな欠陥タンパク質" に変化する、いわゆる**温度感受性**を利用した。DNA 変異を有した一倍体の酵母を二つに分け、片方を低温に、もう片方を高温で培養する。高温で細胞周期の停止により死滅した細胞のもう片方に該当する、"低温で生かしておいた酵母" を回収すればよい。

　出芽酵母は、その名のとおり芽を出して増えていく。顕微鏡で観察すると、$G_1 \to S \to G_2 \to M$ が細胞の形を見ただけで判別できる（図 9.8）。たとえば、高温で全細胞が "芽がない状態" で

死滅していた場合、「S期への進行に必要な部品が壊れG₁期で停止した」ことがわかる（図9.8）。この研究方法は、コッホの感染症原因菌の同定法と同じである（第1章）。コッホらが原因菌を追い求めたのに対し、"特定の細胞周期で停止する温度感受性の酵母の単離"を目指すという違いがあるだけだ。

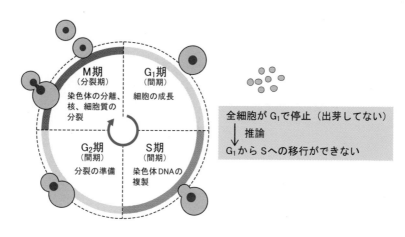

図9.8　形を見れば細胞周期がわかる

　次に、壊れたタンパク質の原因を作ったDNA変異に結びつける。正常な酵母のゲノムDNAを制限酵素でバラバラにし、それぞれのDNA断片をプラスミドにつないだものを用意する。これをゲノム・ライブラリーとよんでいる。このライブラリーを"低温で生かされた温度感受性の酵母に形質転換（エイブリーの方法）させると、一つの酵母は一つのDNA断片のみを取り込む。獲得したゲノムDNA断片が温度感受性株の欠陥を補えば、その酵母は高温での死滅を免れコロニーを形成する。そのコロニーからDNA断片を回収し、その塩基配列を決定することで、細胞周期に必要な部品を特定できる（図9.9）。これらは、コッホの方法とエイブリーの方法を組み合わせたものである。感染症の原因菌ではなく、細胞周期に必要な物品リスト（DNA）の特定という目的以外は。

　前節で登場した、コンデンシン、コヒーシン、チューブリン、アクチン、綱引きの審判、APCタンパク質複合体は、いずれもこの方法で同定されている。もっとも脚光を浴びた実験は、G₁→SやG₂→Mの移行する制御機構の最高位にあるタンパク質の同定であった。出芽酵母でG₁→Sへの移行に重要なCdc28タンパク質リン酸化酵素、分裂酵母（出芽酵母とは別種だが細胞周期の研究に多用されている）でG₂→Mへの移行に必要なCdc2タンパク質リン酸化酵素、これら二つの同定がなされた。出芽酵母Cdc28と分裂酵母Cdc2のアミノ酸配列（すなわちDNA配列も）はよく似ていた。さらに、分裂酵母Cdc2に変異をもつ温度感受性株に、ヒトcDNAライブラリー（cDNAの説明は図7.9参照）を形質転換させ、死滅するはずの高温で培養したところコロニーが生えてきた。そのコロニーからヒトのCdc2タンパク質リン酸化酵素に該当するDNAが単離されたのである。

　これは、驚くべきことなのか、当然といえるのだろうか。ここで系統樹を再び眺めてみよう。真核細胞が誕生して以来、いずれに変化した真核細胞でも細胞周期を回し続けて現在まで生き

延びている。出芽酵母や分裂酵母は、キノコの仲間で菌類とよばれる一群に属し、rDNA 塩基
配列から植物（バイコンタ）よりも動物に近いオピストコンタに分類される（図 8.10）。よって、
ヒトの Cdc2 という部品が分裂酵母でも機能できたことは、当然のことなのかもしれない。

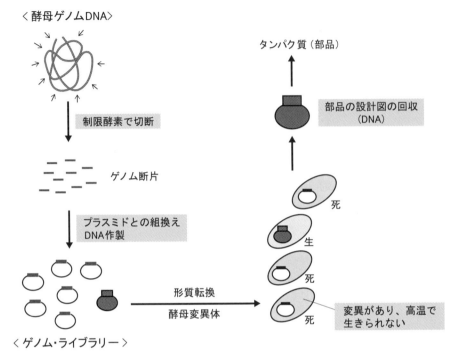

図 9.9　壊れた部品の正しい設計図を手に入れる

 # COLUMN (3) ══《動物に近い親戚、菌類》═

　　菌類と動物が近縁であることを示すエピソードを紹介する。菌類のほとんどは死ん
だ動植物を分解して有機物を摂取するため、生態系でのさまざまな化合物のリサイク
ル役を担う。古生代の石炭紀では菌類は倒木に含まれる巨大かつ複雑な生体高分子で
あるリグニンを分解できず、倒木はほとんど分解されずにそのまま石炭となり、光合
成を介した大量の二酸化炭素固定による炭素が地中に埋もれた。石炭紀以降、リグニ
ンを分解できる菌類が誕生したため、現在では倒木のほとんどの成分は分解され土に
返る。

　　また、菌類は生きた植物と同盟（共生）を結び、植物に必要なミネラルを地中から
吸い上げ植物の根に引き渡す見返りに、植物から光合成の産物である有機物をもらっ
ている。動物と異なり、多細胞となっている菌類は動けないが、菌類の作る胞子は単
細胞で小さく、軽い。とくに、ある種の菌類の胞子は風に乗り広範囲に動くため、動
物の移動能力を遥かに凌駕する。

　　さらに、生きている動植物に容赦なく襲いかかる、動物より獰猛な菌類も多い。ヒ

トの組織を食べ、ヒトに感染症を引き起こす菌類の例は、医学書に多数載っている。19世紀アイルランドのジャガイモを壊滅状態にした"ジャガイモ疫病菌"は、アイルランドの人口の2割を餓死（栄養失調に伴う疫病や病気を含む）に追い込み、多数の国外脱出者によるアメリカへの移住を激増させた。そのうえ、婚姻・出産が激減したことで、最終的に総人口を半分にまで落ち込ませた。なお、このアメリカ移住者の子孫からケネディー大統領が誕生している。

　また、スリランカはかつてコーヒー豆の有数の産地であったが、"さび菌"によりコーヒーの木が全滅し、現在の紅茶の茶葉の産地へと産業の大変革を余儀なくされた。アメリカの栗、ヨーロッパの楡、等々、菌類に殺され大打撃を受けた植物種は枚挙しきれない。まさに、菌類と動物は他者を食べて生きるという点で極めて近い仲間なのである。

　細胞周期と同様な戦略で、真核細胞の細胞小器官についての研究が行われた例を次節で紹介する。

9.4　ハガキと小荷物の配達　—シグナル配列と小胞—

　真正細菌と古細菌には必要がなかった大問題が真核細胞にある。それは、細胞小器官（オルガネラ）を作り、そこに適正な中味を詰め込むことである。細胞小器官には、ゲノムを包みこむ核、二重の膜をもつ葉緑体やミトコンドリアなどがある。細胞小器官同士の間は細胞質基質（細胞質：サイトゾル）という液状成分（タンパク質で混雑状態ではあるが）で満たされている。細胞をバラバラにし、細胞小器官を大きさや質量の相違で分離できる（図9.10）。低温で冷却遠心分離機にかけると、1,000G（G：重力加速度）で核が沈殿する。その上澄み液を遠心すると、植物細胞であれば葉緑体が沈殿する。さらにこの上澄みを遠心するとミトコンドリアが沈殿し、次は小胞体・ゴルジ体・リソソームやリボソームと重い順に沈殿していく。最後まで沈

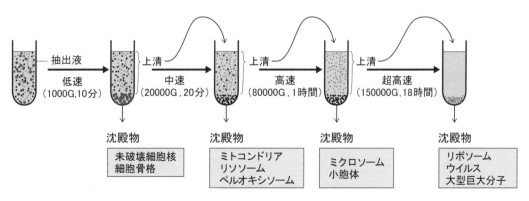

図 9.10　細胞内の成分を分ける

殿しなかった上澄み液が細胞質の成分となる。

　クエン酸回路の酵素群は、ミトコンドリアのマトリックスで働き、電子伝達系に必要な一連のタンパク質群はミトコンドリア内膜に埋め込まれている（第 4 章）。ところが、これらの酵素やタンパク質は、細胞質に漂うリボソームで合成される。どのように場所を移動したのであろうか？　アメリカのブローベルは、ミトコンドリアに届けられるべきタンパク質の末端に" ミトコンドリア行き " という宛名が、核に届けられるべきタンパク質には " 核行き " の宛名が付され、それぞれの宛名（シグナル配列とよばれる）に基づき、まるで " はがき " が届くように、細胞質で作られたタンパク質が間違いなく目的地の細胞小器官に届けられる仕組みを解明した（図 9.11）。

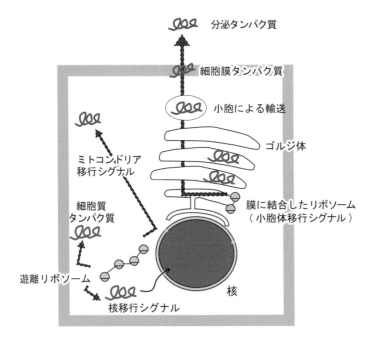

図 9.11　はがき（移行シグナル）と小荷物

　小胞体移行シグナルをもつペプチドを翻訳中のリボソームは小胞体に付着する。表面が大量のリボソームでザラザラして見えるのが粗面小胞体、リボソームが付着していないツルツルして見えるのが滑面小胞体とよばれている。小胞体に付着したリボソームでは、細胞外に分泌されるタンパク質や、細胞膜の成分となる膜タンパク質などが合成される。粗面小胞体やゴルジ体を電子顕微鏡で観察すると、芽のようなものが見える。これは膜特有の性質で、細胞小器官から " 膜でできた小胞 " が飛び出す（エキソサイトーシス）、小胞が入り込む（エンドサイトーシス）、のどちらかの状態を表す（図 9.12）。

　小胞の中にタンパク質などの中味を詰め込めるほか、小胞の膜に " 膜タンパク質 " を埋め込める。ある細胞小器官から、他の小器官に小胞を届ける際は、小胞に中味を積みこんだ後、その小荷物に届け先の小器官の宛名をつけ、膜から飛び出る。届け先の小器官では、自分宛の名札を確認後、小胞を受け入れる。とくにゴルジ体がその一大中継基地の役割を果たすこの複雑

な小胞の輸送網（小胞輸送）の解明は、小胞輸送網に不具合が生じた酵母の変異株の単離、引き続くその原因遺伝子を単離し、それらの解析によりなされた（図9.12）。

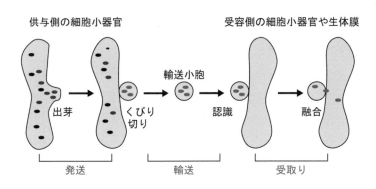

図 9.12　小胞輸送

　似たような戦略で、オートファジー機構の解明がなされた。オートファジー（自分を食べる）は消化する標的（タンパク質・脂質・糖・核酸など）を小胞で包んでいき、その小胞を膜で囲まれたリソソーム（消化酵素が詰まっている）に融合して消化してしまう。たとえば、細胞内の不要なタンパク質をオートファジーでアミノ酸に分解し、そのアミノ酸を再び新たに必要となったタンパク質の合成にリサイクルするのである（図9.13）。大隅良典は、変異によりオートファジーに不具合を生じた酵母変異株を多数単離し、その変異の原因となった酵母DNAを一網打尽にした。大隅は、オートファジーという複雑な生命現象を解明したことで、2016年にノーベル賞を受賞している。

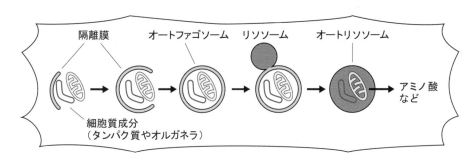

図 9.13　自分を食べる

　歴史的にはオートファジーより先に解明されていた"細胞内のタンパク質を分解する経路"がある。リボソームでのタンパク質合成が完了すると、タンパク質は二次構造、三次構造、四次構造と、固有の形をとるようになる。三次構造では、自発的に"正しい折りたたまれ方（folding）"をとる場合もあれば、foldingの介助タンパク質（シャペロン）の手伝いのもとに正しいfoldingがなされる場合もある（図9.14）。仮にfoldingにミスが起こると、そのタンパク質は不良品となってしまう。

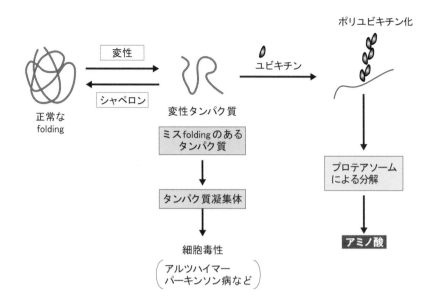

図 9.14 不良品のタンパク質を除く

　そのとき、介助タンパク質により folding のミスが直される場合もあれば、直しきれない場合もある。後者は完全なる不良品となり、目印であるポリユビキチン（ユビキチンというタンパク質が、何個も連なったもの）がつけられ、その目印のついた不良タンパク質は、プロテアソームという巨大なタンパク質分解マシーンにより、アミノ酸にまで分解される（図 9.14）。つまり、タンパク質合成において、正しい folding したタンパク質しか細胞に残れない仕組みとなっている。

　本節をまとめると、リボソームで合成されたタンパク質は、正しく folding され適材適所に運ばれる。不良品となったタンパク質はプロテアソームで、不要なタンパク質はオートファジーで分解されリサイクルされる。発見者の大隈自身も驚いたように、細胞内のなんと数十％のアミノ酸がリサイクルによって生み出されるのである。これまでの章および本節までで、読者は真核細胞の作り方、つまり真核細胞のゲノム DNA に書かれていた暗号が、「DNA」→「pre-mRNA」→「mRNA」→「核から細胞質に移動」→「リボソームでのタンパク質合成」→「正しい folding と適材適所へ配達」を経て真核細胞が作られていることが理解できたはずである。

　また、細胞の増え方については、図 9.3 の細胞周期を理解すればよい。以上より、第 1 章で提示されたヒト細胞の培養液に存在する化合物（グルコースやアミノ酸）（図 1.11）やさまざまな原子から、細胞自体を作る化学反応、さらには "細胞から細胞へ" と細胞増殖するのに必要な反応の大部分を、本節までで読者は学び終えたことになる。

　次に、細胞増殖のプログラムが狂い、異常増殖するがん細胞を紹介しよう。

9.5   山極のうさぎ　—化学発がん説とウイルス発がん説—

　1775 年イギリスのポット医師は、ロンドンの煙突掃除人に "陰のうがん" が多発している と報告した。20 世紀初頭、"細胞から細胞へ" と唱えたウィルヒョウのもとに留学していた山 極勝三郎は帰国後、コールタール（煙突にも存在）をウサギの耳に繰り返し塗擦する実験を行 い、1915 年に人工的に "がん" を作ることに成功した。その後すぐにウサギより小さいマウ スが、人工がんの実験に使われるようになった。ここに化学ハンターが登場し、1930 年代に はコールタール中の数百の化合物の混合物から、マウスに "がん" を作らせる活性を指標に発 がん物質が精製され、3-メチルコラントレン、ジメチルゾアントラセンが単離された。しかし、 これらの化合物がどのように細胞をがん化させるのかはすぐにはわからなかった。

　一方、1927 年アメリカのマーラーはショウジョウバエに X 線を照射して白眼の変異をも つハエの量産に成功した。X 線は突然変異を誘発したのだ。その頃、X 線を扱う人に "がん" ができやすいことがわかり始めていたことから、X 線照射 → 突然変異誘発 → 発がん、という 流れが見え始めた。しかし、DNA が遺伝物質とわかる前のことであったため、その後も発が ん機構は長い間不明のままだった。1953 年のワトソンとクリックによる DNA 二重らせん構 造が解明されて以降は、3-メチルコラントレン、ジメチルゾアントラセン、X 線のいずれも DNA に損傷（図 6.7）を与え、DNA に変異をもたらすことがわかっている。

　本章で紹介した、細胞周期、タンパク質の輸送、オートファジーなどの複雑システムに支障 をきたした変異体は、発がん物質や X 線によって人為的に作られたものだった。山極の研究 は、発がん物質ハンターを生み出したことになる。発がん物質は変異体ハンターおよび、変異 体の原因を探る遺伝子ハンターを誕生させた。遺伝子ハンターの得た結果が重要用語として生 物学の教科書に満載されているため、山極はがん研究のみならず、間接的に生物学に見事な果実をもたらしたといえる。

　山極の方法は、1970年代にようやくコッホの方法に結びつけられた。"変異を起こすと寒天培地で生えるサルモネラ菌（真正細菌の一種）" が開発されたのである。ある化合物の発がん性の有無は、サルモネラ菌をその化合物で曝し、その後に寒天培地で生えてくるコロニー数の増加の有無で、簡単に判定できるようになった。発がん性がある場合、サルモネラ菌の DNA は損傷を受け突然変異が誘発され、"変異

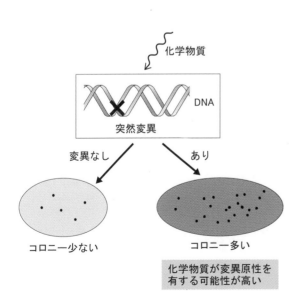

図 9.15　エイムス試験（山極のウサギの簡易バージョン）

を起こすと寒天培地で生えるサルモネラ菌 " が発生するため、寒天培地上のコロニーの増加として検出される（図 9.15）。この方法は開発した人名にちなみ**エイムス試験**とよばれている。化合物を扱うあらゆる企業は、ヒトの体内はもちろん環境中に発がん物質が現われないよう法律で義務づけられているため、エイムス試験を必ず取り入れている。つまり、形を変えた山極の方法は化学物質を扱うすべての会社の一部門でいまも将来も継続して使われることになる。

　上記の化学発がん説と同じくらい歴史があるものに、ウイルス発がん説がある。1911 年アメリカのラウスは、近くの農民によってもち込まれた胸部に腫瘍をもつニワトリから腫瘍を取りだした。その腫瘍をすり潰し細菌を通さないフィルターでのろ過液（つまりウイルスか小さな物質）をニワトリに注入すると、そのニワトリに腫瘍が生じ、それは何代にも渡り継承できた。**がんウイルス**の発見である（図 9.16）。

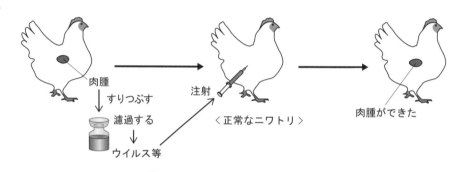

図 9.16　ラウス肉腫ウイルスの発見

　1960 年代アメリカのダルベッコは、コッホの方法をがんウイルス研究に転用した。シャーレ一面に生えた動物細胞は、お互いに接触すると増殖を停止するため（接触阻害）、綺麗な一層となる。がんウイルスに感染した細胞は接触阻害を無視して盛り上がるため、コロニーとして可視化される（図 9.17 (a)）。さらに、遺伝子ハンターによりウイルスのもつ複数の遺伝子

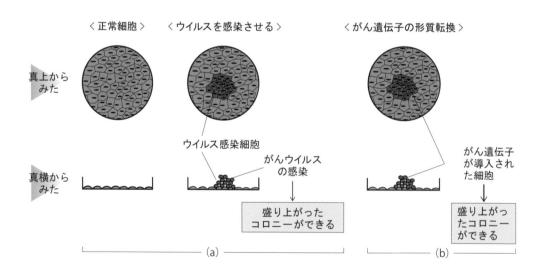

図 9.17　がんウイルスやがん遺伝子をとらえる

の中から、盛り上がったコロニーを作らせる"**がん遺伝子**（oncogene）"が同定されるようになった（図9.17（b））。ウイルスのがん遺伝子はウイルスの名前にちなみ、ラウス肉腫ウイルス（Rouse sarcoma virus：Src）のがん遺伝子は Src とよばれた。それ以降、ウイルス由来のがん遺伝子、myc, myb, ras（次節で再登場）, fes, fms, fos, jun が続々と見つかった。これらのがん遺伝子は、元々は細胞にあった"**原がん遺伝子**（proto-oncogene）"由来（次節）であることがわかってきたのだ。

　次節で、最終的に化学発がん説とウイルス発がん説が一つになった経緯を紹介する。

9.6　ヒトのがん遺伝子発見　―がん遺伝子とがん抑制遺伝子―

　30 年間たばこを吸い続けた 55 歳アメリカ男性が膀胱がんになった。たばこに含まれる発がん物質（ベンツピレンなど）は、肺から血流に入り、肝臓で発がん性の一部が弱められるものの、腎臓を通って尿に入り、膀胱に 30 年間毎日届けられたのだ。1983 年アメリカのウィグラーはその膀胱がんの細胞から DNA を取り出しバラバラにして、マウス NIH3T3 細胞にふりかけた。すると、膀胱がん由来のヒト"がん遺伝子"を取り込んだ NIH3T3 は盛り上がったコロニーを形成した。そのコロニーからヒトの"がん遺伝子"が初めて同定された（図9.18（a））。その正体は、rat sarcoma virus のもつ RAS とよばれていた"がん遺伝子"と同じものだった。ちなみに、ヒト"がん遺伝子"の同定法は、コッホの方法とエイブリーの形質転換の応用であ

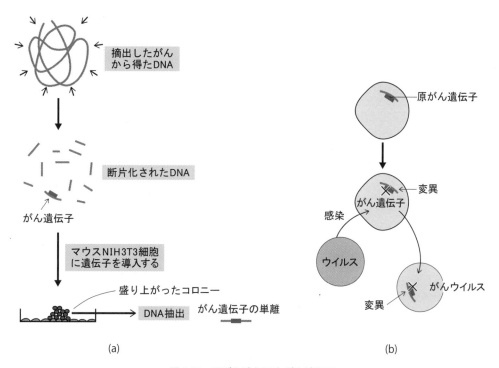

図 9.18　原がん遺伝子とがん遺伝子

ること、RAS 発見以降同じ方法で何十という "がん遺伝子" が同定されたことを申し添える。話を RAS に戻す。

　RAS 遺伝子の 5,000 の DNA 塩基配列の一部において、正常では GCC <u>GGC</u> GGT が、膀胱がん由来の RAS 遺伝子では GCC <u>GTC</u> GGT と、G → T のミスセンス変異（下線部）（図 9.1）を起こしており、その結果グリシン（G）（正常）→バリン（V）（がん）と RAS タンパク質のアミノ酸が一つ変化してしまった。この歴史的実験により、化学発がん説とウイルス発がん説は一つになった。化学物質等により、細胞の "原がん遺伝子" に変異が入ることで "がん遺伝子" へと変わる。その "がん遺伝子" に変身したものをウイルスが自分に取り込むことでがんウイルスとなった（図 9.18（b））。

　がん細胞の RAS G → V へのミスセンス変異により、変異型 RAS は常時細胞増殖のシグナルを送り続けるよう変化してしまった（図 9.19（a））。つまり、細胞周期を回すアクセルが踏み続けられた。自動車であろうが生物であろうが、どんなシステムにもアクセルがあればそれと反対のブレーキ役が必要である。細胞周期においても、その周期回転を抑えるブレーキ役を担う **"がん抑制遺伝子"** が存在する。ブレーキが壊れ細胞周期が回り続けても、歯止めの利かないがん細胞の増殖につながる（図 9.19（a））。

　ヒト女性に子宮頸がんを引き起こすヒト・パピローマウイルスは、二つの "がん抑制遺伝子" を同時に無効化する。ウイルス由来のタンパク質 E6 が "がん抑制遺伝子" からできる p53 という**アポトーシス**（細胞の自殺）を引き起こすタンパク質の分解を促し、がん細胞は不滅化する。さらにウイルスタンパク質 E7 が "がん抑制遺伝子" から作られる "**Rb** という G_1 から S 期への進行を抑えているタンパク質" と結合し、Rb のブレーキ機能を阻むことで細胞周期を回し続ける（図 9.19（b））。

　山極の実験のように、がん細胞の出現には時間がかかる。一つの変異でがん化する場合のほうが稀で、多くのがんは多数の変異が蓄積して、最終的に悪性のがん細胞へ変身すると考えられた。その仮説を実証するには個々のがん細胞の DNA 塩基配列を決定するしかない。2008

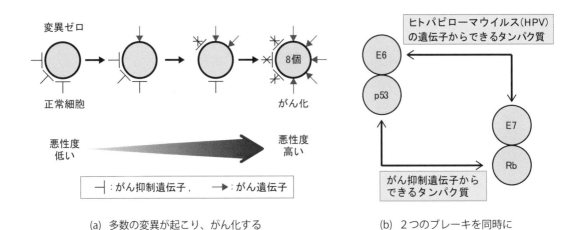

(a) 多数の変異が起こり、がん化する

(b) 2 つのブレーキを同時に機能不全にする

図 9.19　がん抑制遺伝子

年に白血病（がんの一種）細胞の全塩基配列が決定され（図7.3）、数百という変異の中から特定の8個の遺伝子に逐次変異が蓄積して発症したことが判明した（図9.19（a））。2008年以降、ヒトのさまざまな"がん"を50種以上の異なるタイプのがんに分類し、その全種の全塩基配列が世界中で協力して解読された。

　これまでの変異保有の最高記録をもつがん細胞では、1,000塩基に一つの変異が検出される。ヒト30億塩基のうち、何と300万塩基に変異が入るという驚異的なものである。このことは細胞が生きていくだけならば、もとの細胞の配列を忠実に守る必然性がまったくないことを意味する。第6章のDNA修復で説明したように、DNA修復の守るべきルールは「切れ目のない滑らかな糸」というDNA二重らせん構造を保守することであり、その配列の変化には無頓着という事実に符号する。ただし、がん細胞に入った無差別の変異は、生殖細胞を通じて次世代に伝わることはない（生殖細胞に入った70個の変異は次世代に継承される：6.3節参照）。がん細胞は、他の細胞を完全に無視し、自らの細胞の夢"細胞から細胞へ"のみをひたすら追い求めて出現したのである。

　本節までで、真核細胞の細胞増殖の概略、および細胞増殖の制御が狂ったがん細胞の概略がわかった。次に、真核細胞に特有の性質をもう少し細かく見ていくことにしよう。

9.7　大きな細胞が崩れないためには　—細胞骨格—

　真正細菌と古細菌に対し、一目でわかる真核細胞の特徴は、その大きさである（図8.7）。その大きな真核細胞が、適度な強度を保ちながら自由に形を変えることができる秘密は細胞内部に無数に張り巡らされた繊維のネットワークで、**細胞骨格**とよばれる。細胞骨格はその名称からくるイメージとは異なり、骨のように固い構造ではなく、タンパク質の繊維からなっている。状況に応じ繊維構造を自由に組み替えることができるため、細胞内物質の移動や細胞の変形を自在に制御できる。細胞が一定の形を保つことができたり、細胞分裂を起こしたり、移動したり、あるいは細胞内の細胞小器官の動きを作ったりするのは、すべて細胞骨格の働きによるものなのである。

　細胞骨格は、太さや構造の異なる複数の種類の繊維からできていて、もっとも太い繊維は**微小管**（チューブリン）、もっとも細い繊維は**微小繊維**（**マイクロフィラメント**）で、アクチンフィラメントともよばれている。その両者の中間の太さをもつ繊維として**中間径フィラメント**があり、3種類に分けられる。なお、チューブリンとアクチンは細胞分裂の際に必要なタンパク質としても、すでに紹介してある（図9.3、図9.7）。

　微小管は直径およそ25nmの長くて中空の枝分かれのないシリンダー構造で、チューブリンというタンパク質の重合体である（図9.20（a））。αチューブリンとβチューブリンというよく似た二つの球状タンパク質の2量体を次々に積み上げてできた中空の繊維で、重合と脱重合がそれぞれの端で起こっている。核の周辺にある**中心体**（図9.3）が微小管形成の中心となり、この形成中心から細胞膜直下まで放射状に伸びた配列を取っている。この配向には一定の

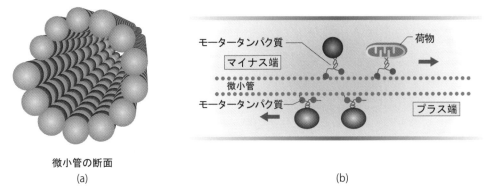

微小管の断面

(a)

(b)

図 9.20　微小管のレールに沿って荷物を運ぶ

規則性が見られ、形成中心側は微小管のマイナス端、細胞膜側はプラス端になっている。細胞内で**モータータンパク質**がものを動かすときの細胞内の運搬の道筋となり、微小管の線路の上を走って細胞小器官や小胞などを動かすことができる（図 9.20 (b)）。細胞分裂のときに染色体を動かす原動力ともなる。

　アクチンフィラメントは球状タンパク質であるアクチン分子が連なってできた繊維が 2 本より合わさった形をしている。重合と脱重合には ATP とその加水分解による ADP への変換が関与している（図 9.21 (a)）。このようなダイナミックな解離と会合がアクチンフィラメントの束で起こっているために細胞は動く。ミオシンはアクチン上を ATP のエネルギーを使って動いていくモータータンパク質の一つで、後に説明する筋収縮に関わる（12.2 節）。アクチンフィラメントは細胞膜の裏側にたくさんあって、細胞表面の形を変えたり、原形質流動を起こしたり細胞のアメーバ運動も司る。

　中間径フィラメントは主として細胞の形を保つのに必要である。中間径フィラメントは、細胞骨格を構成する他の繊維と異なり、いくつかの種類の繊維が含まれる。細胞の種類によりさまざまなタイプが存在していて、重合する際には逆平行に会合するので繊維構造には極性がない（図 9.21 (b)）。さらに、重合と脱重合を繰り返すアクチンフィラメントと微小管などに比べて比較的安定した状態で細胞内に存在しており、あまり動的な変化を必要としない機能に関与している。

　本章のここまでで、真核細胞の増殖、細胞の機能維持の仕組み、細胞骨格まで説明した。そ

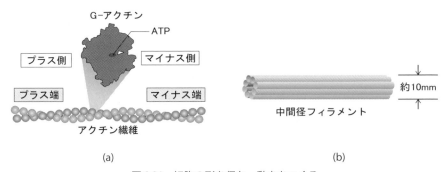

(a)

(b)

図 9.21　細胞の形を保ち、動きをつくる

ろそろ、真核細胞の外側に目を向けてみよう。細胞は、自分の周囲の環境と、自身の細胞膜（脂質二重膜）を介して接している。細胞が生きていくためには、細胞膜にさまざまな細工をしておかなければならない。それらの仕組みを次節で紹介する。

9.8 膜内外の環境を整える ―能動輸送・受動輸送および受容体―

　細胞膜は、溶液中の溶媒は通すが溶質は通さないという半透性に近い性質をもつ半透膜である。第4章で登場した膜内外のプロトン勾配の形成は、プロトンが半透膜を通過できない性質に依存している。生体膜とプロトンの物理化学的関係が、「ミトコンドリア（図4.7）や葉緑体（図4.11）での電子伝達系に共役したプロトン輸送による膜内外のプロトン勾配形成」や「膜内外のプロトン移動に共役したATPの大量合成（図4.6、図4.11）」を可能にしている。

　さらに、大腸菌およびヒト細胞は、それぞれの培養液中（図1.10、図1.11）で増殖できることから、細胞は培養液（溶液）中の水（溶媒）を含めたさまざまな物質（溶質）を細胞内に取り込む能力を有すると予想される。培養液中のグルコースを例にとれば、大腸菌とヒト細胞はともに、細胞内でのエネルギー産生やさまざまな物質の生合成にグルコースを使用している（第4、5章）。したがって、大腸菌もヒト細胞もグルコースを細胞内に取り込むシステムを備えていなければならない。また逆に、さまざまな生化学的反応（第4～7章）で不要になった物質も生成されるため、それらを細胞外に排出することも必要となろう。以上より、膜および物質の性質に基づいた細胞内外の物質の輸送が、細胞が生きて増殖するうえで必要不可欠となる。そこで本節では、膜内外の物質の選択的透過性を担っているタンパク質について概説することにする。

　膜内外の輸送には受動輸送と能動輸送がある（図9.22）。受動輸送には、自発的な移動による膜の通過である単純拡散（非選択的輸送）と物質が膜タンパク質の助けを借りて高濃度側か

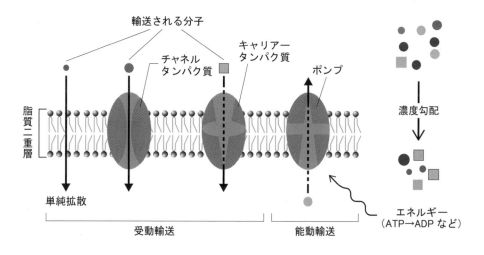

図 9.22　細胞膜の内外での物質の輸送

ら低濃度側へ輸送される促進拡散（選択的輸送）が含まれ、これは物質の濃度勾配に依存した輸送でエネルギーを必要としない。

　能動輸送は、物質の濃度勾配に逆らう輸送でエネルギーを積極的に消費する。本節冒頭の事例では、ミトコンドリアや葉緑体の電子伝達系に関わる膜タンパク質が電子の授受（これがエネルギー消費に該当する）に共役して構造変換を起こし、濃度勾配に逆らってプロトンを輸送している。このような膜タンパク質のおかげで、細胞は膜を通過できないはずのイオンや極性分子を輸送できる。

　膜タンパク質は、脂質二重層の適度な流動性により、細胞膜に浮かんだ形で移動できる。こうした膜タンパク質には、**チャネル、キャリアー、ポンプ**がある（図 9.22）。チャネルには細孔がありその大きさに合う分子を通す。チャネルを形成している膜内在性タンパク質が、何らかの刺激を受けたときに構造が変化し、チャネルが開いて、親水性の極性物質（イオンや水など）がこのチャネルを通って膜を通過することができるようになる。

　キャリアータンパク質は、運ばれるものとキャリアータンパク質との実際の結合が関与し、アミノ酸などの分子を運ぶ。ただし、他の物質の濃度勾配を利用して特定の物質を能動輸送できるものもあり、グルコース輸送に関わるキャリアーにはこのタイプのものも存在する。これらのタンパク質のおかげで、ヒト細胞は図 1.11 の培養液中から、グルコースやさまざまなアミノ酸を細胞内に取り込める。

　ポンプは、ATP の加水分解によるエネルギーを用いて濃度勾配に逆らって物質の輸送を行う。ヒトの赤血球は細胞外液（血しょう）と比較して K^+ が多く、Na^+ が少ない。これは赤血球の細胞膜が積極的に K^+ を取り入れ、Na^+ を排出しているからである。膜タンパク質には ATP 分解酵素（Na^+, K^+ATPase）として働くものがあり、この酵素に細胞内部にある Na^+ が結合すると ATP を分解する。ATP の分解によって放出されたエネルギーで酵素自身が変形して Na^+ を細胞外に、K^+ を細胞内へ運搬するという仕組みである（図 12.8 (a) 神経細胞で再登場する）。

　さらに膜タンパク質の中には、外部からの刺激や情報となる物質を受け止める働きをするものがある。そのようなタンパク質を**受容体**といい、その受容体の種類は組織や細胞によって異なっており、特定の刺激や物質にしか反応しない（図 12.1 参照）。ホルモンなどが特定の組織で作用を現すのはこのためである（図 12.12 参照）。

　細胞の外界に接している上記の膜タンパク質群は生物毒（動物由来のフグ毒・サソリ毒（＊）・ヤドクガエル毒・イモガイ毒（＊）、植物由来のジギタリス毒・キョウチクトウ毒・トリカブト毒・フジウツギ毒など）の標的になるものも多い。さらに"細胞内情報伝達を担うタンパク質群"が膜タンパク質の細胞質側に控えており（図 12.1、図 12.2）、それらも生物毒（コレラ菌毒・百日咳ウイルス毒・ハチ毒（＊）・ヘビ毒（＊）など）の標的となる。毒により膜タンパク質群の正常な機能が失われれば、細胞は物質や情報のやりとりに支障をきたすため、ヒトを含む動物に死をもたらす場合もある。とくに、下線が引かれた生物の毒は、ヒトが狩猟をする際に矢尻に塗られ毒矢となり、印（＊）のついた動物の毒は、獲物を仕留めるための動物自身の毒針となる。

　話が少しそれたが、細胞にとって膜タンパク質は膜内外の環境を整えるうえで、極めて重要

であることを理解できたであろう。本節までの説明で、真核細胞の基本がわかったことになるため、次章においてようやく多細胞となる真核生物の話に筆を進めることができる。紙面の都合上、主に動物について説明していく（植物についても若干ふれていく）。

第10章　有性生殖

10.1　多細胞生物は大忙し　─多細胞生物の成立要件─

　コッホらの同定した感染症の原因菌（ほとんどは真正細菌）は、寒天培地上でたくさんの細胞を含むコロニーを形成するが、多細胞生物とはいわない。実際、コロニーごと培養液にとり激しく攪拌すれば、一つ一つの細胞が培養液中に分散する。それは、細胞と細胞とが物理的に接着していないからである。

　多細胞生物では、細胞同士を接着させ、合理的とも思える形を作る。さらに細胞の外側を堅固に補強する（細胞の周りに構築される化学を知る必要がある：第11章）。形成された体は、さまざまな部位をもつため、部位ごとの役割分担が必然的に生じる（多数の細胞から構築される"組織"を知る必要がある：第11章）。たとえば、多細胞生物の動物の場合、酸素の届かない部分や栄養の届かない部分が生じないよう循環器系（肺・心臓・血管網）や消化器系（胃腸・膵臓・胆のう・肝臓）が必要となる。消化器系については、その説明の一部を第5章で紹介した。

　受精卵からの細胞分裂で増えた細胞で体を作るため、細胞はただ増えるだけではすまない。細胞の数を増やすのと並行して、体のどの部分を作るのかという形態形成（発生）のプログラムも作動させねばならない（発生プログラムを知る必要がある：第14章）。形成されたそれぞれの部位が、それぞれ好き勝手な仕事をすれば全体として破綻が生じるのは常識でもわかる。多細胞生物として統合された反応をするには、体を構成するすべての部位がお互いに同調しあい、それぞれの部位の仕事量を適切に増減させ、全体のために働かねばならない。それぞれのポジションで機能と使命の役割を果たすという、ラグビーでの「One for all, all for one」という言葉が、多細胞生物とそれを構成する全細胞で体現されているのである（お互いのコミュニケーションをとるためのホルモンや神経系を知る必要がある：第12章）。

　自分を取り巻く環境を把握することは、単細胞生物にとっても多細胞生物にとっても自身の生存のために必須である。単細胞は、自分の回りの環境の感知は、自身の細胞で行っている。それに対して、多細胞はさまざまなシグナルを分業して感知する仕組み（感覚）を進化させた（各種の感覚を知る必要がある：第13章）。

　多細胞になった際に、"細胞から細胞へ"という生物のもっとも根源的な特徴が危機にさらされる。なぜなら、細胞は精子と卵子が受精してできた"受精卵"から"細胞から細胞へ"という原理に従い完成体になるまでの体細胞数（ヒトでは40兆個）まで増加していくが、ヒトが死を迎えるときにそれら全細胞も死滅し、"細胞から細胞へ"は途絶える。"細胞から細胞へ"をつなぐには、新たに精子と卵子が受精することが必須である（精子と卵子の作り方を知り、有性生殖を理解する必要がある。次節）。すなわち、多細胞は単細胞の精子あるいは卵子を作

り出す能力がなければ絶滅する。さらに、同種であることが必然のうえでの、オスとメス（被子植物では花粉とめしべ）の組み合わせで、必ず受精が起こるような仕組みを作り出せなければ "細胞から細胞へ" は途切れる（オスとメスが惹かれ合う仕組みを知る必要がある）。

　感染症の原因菌（多くは真正細菌）側から多細胞生物を語れば、彼らは栄養をたっぷり含む多細胞生物が大好きであり、細胞増殖の速さに特化した感染症菌と多細胞を構成する真核細胞で、栄養の取り合いになれば勝負は前者の圧勝となる。単細胞の真核細胞とそれに感染するウイルスとの戦いの場合、戦いに敗れた単細胞の真核細胞が死ねばすむ。

　ところが多細胞生物の場合、感染して死滅する際に放たれたウイルスは隣の細胞に感染し、それが連鎖的に起こる。第 1 章で登場した大腸菌が密集している際に、1 匹のウイルス感染が燎原の火のように広がり、大腸菌を集団抹殺してプラーク（透明な斑点：図 1.7）を形成したように。このような、感染症を引き起こす真正細菌やウイルスを排除できなければ、多細胞生物の個体は次世代に子孫を残す前に、その個体自身が生き延びられない（体から細菌やウイルスを排除する仕組みを知る必要がある：第 11 章）。

　このように多細胞生物になることは、単細胞では不要なさまざまな仕事を大忙しでしかも並行してこなさなければ、"細胞から細胞へ" が途絶える。ある多細胞生物がいま生きている、ということは先の課題をすべてクリアーできたからだ。それぞれの課題が具体的にどのようにクリアーされたかは、それを成し遂げた生物群の代表、いま生きている動物と植物の体を調べれば明らかとなる。全課題を順次理解しなければ多細胞生物の全体像を捉えることができない。

　まずは、本章での有性生殖からはじめよう。いまでも真核細胞のほとんどの種は、気楽な単細胞（これまで登場した出芽酵母や分裂酵母があてはまる）の生活を送っている。有性生殖は、このような単細胞の真核細胞にも備わっているため、動物の精子（1n）や卵子（1n）の受精（2n）は（図 10.1）、基本的に出芽酵母の a 体（1n）と α 体（1n）（オスとメスに近似できる）の合体した二倍体の酵母（2n）と同じである。単細胞の真核細胞と共通の "有性生殖" を次節で説明することにしよう。

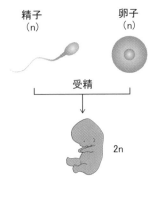

図 10.1　有性生殖

10.2　次世代に多細胞生物を生み出す　—受精—

　生殖はその仕組みの違いから**無性生殖**と**有性生殖**に分けられる。性とは 2 個体の遺伝子の組み合わせとなる。無性生殖では**配偶子**（生殖に関与する細胞）を介さず、もとの個体と同じ個体が生まれる。生殖の際に性がなく、つまり遺伝子のやり取りがなく、もとの個体と新個体で遺伝子の組成がまったく変わらない。無性生殖は自身と同じ個体を素早く生み出せるので、増殖という面では効率が良い。しかし、増えた個体はすべて同一のものなので、環境が変化しその個体が耐えられなくなる状況に陥れば、すべて死んでしまう危険を含んでいる。

　無性生殖にはいくつかの方法があり、分裂・出芽・胞子生殖と栄養生殖がある。たとえば細菌は分裂によって増殖し、ヒドラは出芽によって子孫を残す。ジャガイモやサツマイモなどの多くの植物は栄養生殖が可能である。また、ソメイヨシノ（桜）は種子がなくても挿し木で個体を増やすことができる。つまり、無性生殖は"細胞から細胞へ"という生物の原理をそのまま貫いているのである。

　一方、有性生殖は配偶子を介する生殖であり、生殖と性がつながっている。雌雄の両親がいて子が生まれる。子は両親の遺伝子を半分ずつ受け継ぐので、遺伝子構成が親と子で異なる。多様な染色体の組み合わせをもつ卵（1n）と精子（1n）がランダムに受精する（2n）ので、同じ親から生じた受精卵（2n）でも同じ遺伝子の組み合わせをもつ確率は極めて低くなる。それが、親子間でありながら、臓器移植ができない場合を作り出す。さらに、単細胞の真核細胞と共通の"有性生殖"について、動物を例に説明していくことにしよう。

　動物の生殖細胞は、雄性配偶子である精子と雌性配偶子である卵である。精子の形は動物の種類によって違うが、基本的には頭部、中片、尾部（べん毛）の三つの部分からなる（図10.2 (a)）。頭部は大部分が精核で、中には遺伝子の本体であるDNAが収められている。また、中片の内部にはミトコンドリアがあってべん毛の運動に必要なエネルギーを供給している。卵は、多くの動物では卵形成の途中で排卵される。そして受精してから卵形成を完了する。ヒトをはじめほとんどの哺乳類は二次卵母細胞の段階で排卵し、輸卵管の中で減数分裂第二分裂中期（10.3節）のときに精子が侵入する（図10.2 (b)）。卵の中に精子が入り、卵の核と精子の核とが融合するまでが受精である。受精することで卵母細胞は分裂を再開し、第二減数分裂が完了する。

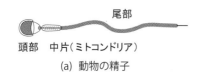

尾部
頭部　中片（ミトコンドリア）
(a) 動物の精子

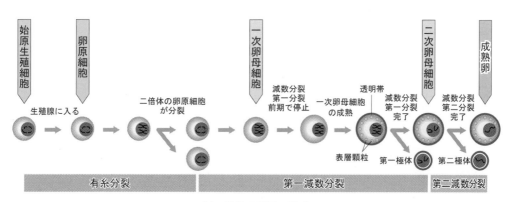

(b) 動物の卵子の形成

図10.2　動物の精子と卵子

　未受精卵は、網目状となった糖タンパク質からなる透明帯に包まれている。精子の頭部の先端に先体とよばれる構造があり、先体が卵の透明帯中の ZP3 タンパク質と結合すると、先体から透明帯の網目を一部溶かす酵素が放出され、その緩んだ網目を精子が通過する（図10.3）。この先体を使った反応は種特異的であるため、同種の精子と卵の受精しか起こらない。透明帯を通過すると精子と卵の細胞膜の融合が起こり、精子の核が卵に入り込み、精子の染色体が卵に存在するようになって受精卵は二倍体となる。

　次節では、精子や卵子が形成される際に起こる、減数分裂を学ぶことにしよう。

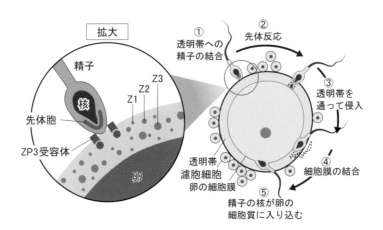

図 10.3　受精

10.3　第一分裂を理解し遺伝を制す　― 減数分裂 ―

　体細胞（2n）から構成される個体（ヒトや二倍体の酵母）が、精子（1n）や卵子（1n）（酵母の場合、胞子（1n）という）の配偶子を作るには、第9章の細胞周期（2n → 2n）を繰り返すだけでは達成できない。DNA 複製により、2n → 4n までは通常の細胞周期と同じだが、これ以降生殖細胞に特有の細胞分裂、4n → 2n × 2 細胞 → 1n × 4 細胞が起こり、それぞれ順番に**第一減数分裂**と**第二減数分裂**とよんでいる（図10.4）。

　ここで、第二減数分裂は通常の体細胞における細胞周期と同じで、姉妹染色分体（2n）がそれぞれ両極に引っ張られて分かれた後に細胞分裂が起こる。その結果、1n の細胞が 4 個できる。アメリカのサットンは、この減数分裂の染色体の行動（配偶子を形成するとき個体がもつ要素が分かれて別々の配偶子に入り、受精によって再び対になる）から遺伝子は染色体上に存在するという染色体説を唱えた。

　第一減数分裂は、通常の細胞周期と 3 点で異なる（図10.5）。

　（1）通常では、父親由来の 1 番染色体（DNA 複製後なので 2n の姉妹染色分体になっている）と母親由来の 1 番染色体が、寄り添うことはない。それが第一分裂の直前に起こり、<u>4 本の 1 番染色体が並ぶのである（対合）</u>。

（2）通常では起こることのない父由来の1番染色体と母由来の1番染色体の間で染色体の交換が起こり、それは光学顕微鏡で乗換えたように見える（乗換えとよばれる）。染色体の構成員であるDNAは乗換え部分で、<u>父と母のDNAの一部が入れ替わる（DNA組換え）</u>。

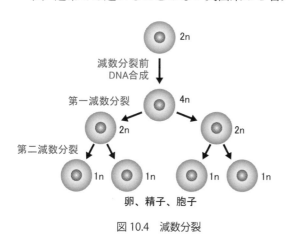

図10.4　減数分裂

（3）最後の驚きは、第一分裂で両極に分かれるのは、通常の細胞周期や第二減数分裂での姉妹染色分体同士ではなく、"父由来の姉妹染色分体（2n）"と"母由来の姉妹染色分体（2n）"が両極に引っ張られるのである。この異例の分裂は主に二つの工夫で達成される。一つめは、第一分裂で特殊なタンパク質が働き姉妹が離れず一緒に行動をともにするが、第二分裂でその特殊なタンパク質がなくなり姉妹の分離が可能となることである。二つめは、父（2n）と母（2n）を分離するのに必要な綱引きの張力の発生に、先ほど（2）の染色体の乗換えを利用していることである。乗換えた部分は、物理的に接着しているため、綱引きが成立する。すべての父母の染色体間で一つ以上の乗換えが起こることが、すべての父母染色体に張力を発生させる前提条件となる。すべての父母染色体に張力の発生が確認されたら、綱引きがはじまり、第一分裂が完了する。

　この第一分裂の特殊性から派生する問題を次節で解説しよう。

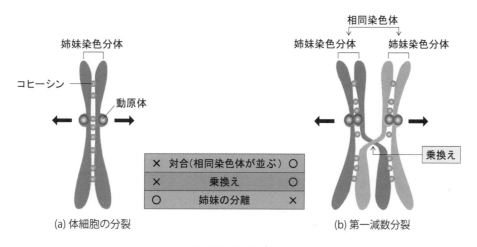

図10.5　3点の違い

10.4　氷山の一角　—染色体の数—

　染色体数異常で発症するダウン症候群のヒト細胞を顕微鏡で観察すると、21 番染色体が 3 本あることがわかる。第一・第二減数分裂を経て形成された卵子に本来 1 本であるべき 21 番染色体が 2 本含まれ、その卵子が精子（21 番染色体を 1 本）と受精し、その受精卵（3 本の 21 番染色体をもつ）から赤ちゃんが誕生したことによる。21 番染色体を 2 本もつ卵子が形成された場合、その染色体がゼロとなる卵子も同時にできたはずである。さらに、同様の確率で 1 ～ 20，22 番染色体でも、ある染色体が卵子あるいは精子において、1 本ではなく、2 本のものや 0 本の細胞が生じうる。それらの異常な生殖細胞が受精しても、ほとんどが受精卵は発生せず、あるいは着床・育成したとしても、早期の段階で流産という胎内淘汰とよばれる過程で篩（ふるい）にかけられ、生まれてくることはできない。すなわち、減数分裂での染色体数異常の可能性は限りなくあり、ダウン症の存在は、その「氷山の一角」にすぎない（図 10.6）。

　このように、精子も卵子もともにミスを抱える運命を担うため、精子と卵子の受精で形成された受精卵が、第 9 章で述べた 22 本の常染色体× 2 セット＋ XX or XY ＝計 46 本（図 9.2）というヒト本来の染色体をもつ確率はさらに低くなる。その他の異常も含め、驚くべきことにヒト受精卵の 50% はすでに受精時に何らかのミスを含有し、結果それらは発生しない。ヒトの体細胞が全人類共通に 46 本の染色体をもつ理由は、ダウン症やクラインフェルター症（XXY）などの生まれることのできる稀な例外を除けば、異常な染色体構成をもつ大多数の受精卵は死んでしまうからに他ならない（図 10.6）。

　第一減数分裂は、とくにミスを誘いやすい。馬とロバを両親として子供ラバが生まれることがある。しかし、ラバに生殖能力はない。体細胞分裂では姉妹染色分体が二つに分かれるので馬とロバの染色体が同居した細胞でも、その細胞が生き残り発生できるならば、合いの子ラバが誕生する。ところが、第一減数分裂の成功は、馬（64 本）とロバ（62 本）のよく似た染色体同士がもれなく一緒に並ぶ必要があるが、もともと染色体数が合っていないので、染色体数に異常をもつ精子あるいは卵子が量産され、その結果不妊となる。ヒトとチンパンジーとの間でも子孫はできないと想定される。チンパンジーは 48 本の染色体をもつ。チンパンジーの 12 番と 13 番が直列につなが

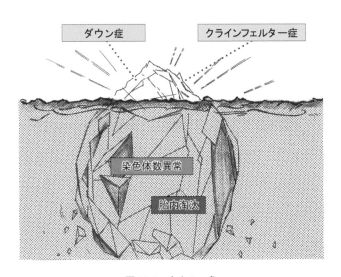

図 10.6　氷山の一角

り、ヒトの 2 番染色体になったため、ヒトは 46 本の染色体数となった。

　もう一つの例として、600 年前、ポルトガル船に潜り込んでいたマウスが北大西洋のマデイラ島に上陸した。マデイラ島では、当時在来のマウスは生息しておらず、またマウスが簡単に行き来できない島を 2 分する物理的境界（隔離）があった。この二つの隔離された各 A 領域、B 領域で、大陸から寄航した船から降りたマウスがそれぞれ繁殖した。現在、船に乗ってきた大陸マウス（染色体 40 本）は、染色体 40 本のままの大陸型マウスと、隔離されたマデイラの各 A・B 領域ごとに、22 本と 20 本のマウスと、3 種の異なる染色体数をもつようになった。これら 3 種のマウスは、見た目には、まったく同じマウスに見えるが、染色体の数が異なるマウス同士から生まれた子供に繁殖能力がない。すなわち、これら 3 種は数百年の時を経て互いに別種に分離したことになる。

　減数分裂の視点から、植物の品種改良の場合もみてみよう。種無しスイカは 4n と 2n のスイカのそれぞれの生殖細胞（2n と 1n）を受精させ、三倍体（3n）にする。三倍体は、スイカとして食べられる正常な植物に育つが、第一減数分裂での染色体の整列ができず、その結果タネはできない。第一減数分裂の関門を突破するのは容易ではなく、ここを突破できない限り真核細胞の有性生殖を介した"細胞から細胞へ"の原理は破綻する。

　次節で、染色体の構造が変化した場合の減数分裂について考えてみよう。

10.5　転座が起こっても体細胞は死なない　—染色体の構造変化—

　ヒト染色体の一部が交換される場合があり**転座**とよばれる。ロバートソン転座（図 10.7（a））をもつヒト（保因者）は健常人と変わらない。転座をもった染色体は、体細胞分裂では姉妹染色分体が娘細胞に分離するので、通常のヒト細胞と同じである。ところが、第一減数分裂期では、父母の同じ染色体が並ぶところでうまく整列できない細胞が多数を占める。健常者と保因者との間に生まれる次世代のヒトは、健常人 1/6、保因者 1/6、流産 2/3 の確率となる。そのため、ロバートソン転座は、ヒト集団の中で広まりにくい。

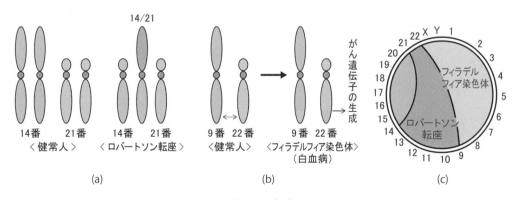

図 10.7　転座

　がん細胞で起こる染色体の変化が、染色体異常を知るうえでもっともわかりやすいだろう。フィラデルフィア染色体とよばれる転座（9 番と 22 番）が起こると、慢性骨髄性白血病となる（図 10.7 (b)）。ヒトの染色体を円の上に順番に並べ、転座が起こったところに線を引いて表現すると、ロバートソン転座とフィラデルフィア染色体のようになる（図 10.7 (c)）。これまでに "がんゲノムプロジェクト" で判明した転座（がんの原因と直結するものも、しないものもある）は無数の線で表せる（図 10.8）。また、ヒト受精卵では許容できない染色体数の異常も、がん細胞では頻発する。つまり、ヒト体細胞は "標準型の 46 本の染色体"（図 9.2）でなくても十分に "細胞から細胞へ" の原理を貫ける。

　最後に、短期的および長期的な視点からの、染色体の変化の例をあげて終わりにする。ぶどうの品種改良で、"キャンベルアーリー（2n）の染色体を丸ごと二倍にした品種・石原早生（4n）"と "ロザキ（2n）を二倍にしたセンテニアル（4n）" 由来のそれぞれの生殖細胞（2n）同士を受精させ、巨峰（4n）が誕生した。この巨峰は、生殖能力をもち、その後の日本のぶどうの品種改良の親種となっている。植物に比べ動物では、染色体の倍加は起こりにくい。それでも、アフリカツメガエルでは、2n, 4n, 8n と倍加したゲノムを有する別種の存在が知られている。

　次に、長期的な視点に立って、動物の形態形成の進化において重要な役割を担うホメオティック遺伝子クラスター（第 14 章）について考えてみる。ハエではそのクラスターが 1 セット、ヒトの祖先に近い頭索動物ナメクジウオでも 1 セットであるのに対し、脊椎動物では 4 セット検出される。脊椎動物の誕生に際し、染色体の倍加が 2 回起こった可能性が指摘されている（図 10.9）。

　植物の全ゲノム配列から、1 億 3,000 年前に絶滅した被子植物（Most recent common

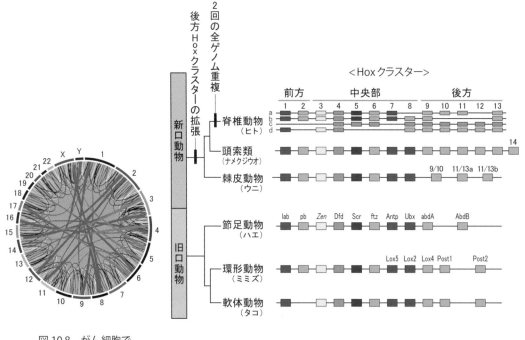

図 10.8　がん細胞で
染色体異常が多発

図 10.9　染色体の倍化

ancestor：MRCA）の15本の染色体構成がコンピュータ上で予測され、復元されている（図10.10）。これを眺めると、"がん細胞"で現実に起こっていること（図10.8）と酷似し、1億3000年前のMRCAの1番染色体は、度重なる転座等により粉々になり、現生のイネの12本の染色体のうち、1，3，4，5，7，8,10,12番染色体に散在している。つまり、染色体の数や構造はどのように変化しても生物は生きていけると結論できる。

　まとめると、"がん細胞"という体細胞で頻発する染色体の変化が生殖細胞で起こった場合、通常は次世代に引き継げない。第一減数分裂という関門があるからこそ、真核生物は種特異的な染色体構成を種全体で維持できる。しかし、長期的な進化という視点からは、染色体が変化した生物が誕生し、それが次世代へとつながる可能性があり、さらにそれが種分化を促進する、ということである。

　減数分裂を先に理解すると、遺伝学の始祖メンデルの歴史的発見は比較的簡単に理解できる。

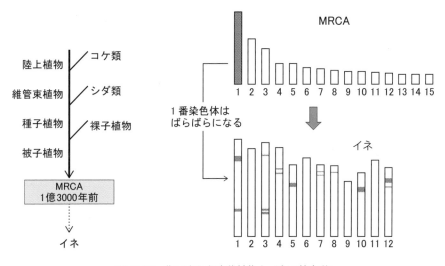

図 10.10　復元された古代植物とイネの染色体

10.6　メンデルは偉かった　―優性・分離・独立の法則―

　減数分裂において、ヒトの1番染色体が 4n → 1n × 4 配偶子となる際、各配偶子には父親由来あるいは母親由来の1番染色体が一つしか入らない。つまり2とおりである。さらに2〜22番染色体と性染色体まで含めた場合の数となると、$2^{23} = 8,388,608$ とおりとなる。これは精子あるいは卵子の片方の場合の数なので、その両者が受精する際は $2^{23} \times 2^{23} = 7.04 \times 10^{13}$ という天文学的な数字になる。第一減数分裂では、乗換え（図10.5。しかも場所も不特定）が、各々の染色体の一カ所以上で生じており、それも含めるともっと大きな場合の数となる。

　ここまで学んだうえで、通常は生物学の教科書の冒頭で登場するメンデル遺伝学を検証する。ただし、その検証はオーストリアのメンデルの行った植物のエンドウではなく、より理解しや

すいヒトの遺伝を例にとる。ヒト ABO 型の血液型と関連する遺伝子は 9 番染色体に乗っている。また、ヒト血液型において、A 型・B 型は優性であり、O 型は劣性となる。A 型の 9 番染色体をもつ精子と、O 型の 9 番染色体をもつ卵子が受精すると、受精卵は A と O の 2 本の染色体をもつ。この組み合わせの受精卵から生まれたヒトは、O 型という性質（**劣性**）を現さず A 型（**優性**）の血液型（表現型という）となる。このような遺伝のルールを、"**メンデルの優性の法則**" という（図 10.11）。

　男性（A/O）さんと女性（A/O）さんは、ともに血液型が A 型を示す。彼らの子供は、A/A, A/O, O/A, O/O という組み合わせになり、血液型が A 型になる確率が 75% となる。この場合、両親ともに A 型という表現型であるため、両親の表現型に隠されていた劣性の O 型となる子供が 25% で出現する。この劣性の遺伝子が分離して現れることを、"**メンデルの分離の法則**" とよぶ（図 10.12）。

　"**メンデルの独立の法則**" の説明には、9 番染色体以外の染色体に乗っている遺伝子を利用しよう。なぜなら、冒頭の計算で説明したように、一つの配偶子に入る染色体は 9 番で 2 とおり、12 番でも 2 とおり、であり 9 番と 12 番はまったく独立に配偶子に入る。具体例として、12 番染色体上の、お酒が飲める飲めないを決定するエタノール代謝に関する遺伝子をあげる。S 型（酒が飲める）と N 型（飲めない）という記号で表す。男性（A/O, S/N）さんと女性（A/O, S/N）さんは、ともに血液型が A 型で、お酒はたしなむ程度でたくさんは飲めない。彼らの子供は、表のようなさまざまな体質、"A 型で酒をたしなむ"、"A 型で酒に強い"、"A 型で酒を飲めない"、"O 型で酒をたしなむ"、"O 型で酒に強い"、"O 型で酒を飲めない"、を示す（図 10.13）。結論は、血液型とお酒の代謝の遺伝に何の相関もなく、すなわちお互いに独立して遺伝したことになる。

　メンデルは、1865 年にエンドウの交配実験をまとめて上記の 3 法則を発表したが、減数分裂の染色体の振る舞いがわからない時代だったので、誰もその理論を理解できなかった。35 年後に彼の業績が再評価されたのは、彼の死後のことだった。

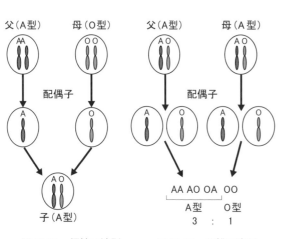

図 10.11　優性の法則　　　図 10.12　分離の法則

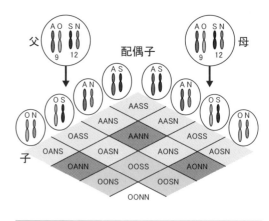

図 10.13　独立の法則

　さて、メンデルの法則は、たとえば同じ9番染色体に乗っている異なる二つの遺伝子の遺伝は説明していない。それを解明したのは、アメリカのモーガンだった。

10.7　モーガンの白眼のハエ　―遺伝子の在処―

　メンデルの法則が1900年に再発見されてまもなく、アメリカのモーガンは、ガラスの牛乳瓶にバナナを入れショウジョウバエを飼い始めた。2年がたったある日、赤い眼（正常）のハエに混じり白い眼のハエを見つけた。その後、白眼（オス）と赤眼（メス）の子供は、オスの子供は全員白眼で、メスは赤眼と、その遺伝は"性差によるもの"だという、驚くべき事実に気づいた。

　ハエのオスとメスの細胞で観察される染色体を比較すると"性差"の理由は一目瞭然だった。オスとメスに共通の2（Ⅱ）・3（Ⅲ）・4（Ⅳ）番染色体（常染色体）と、メスに2本の"1（Ⅰ）番染色体でもあるX染色体"、オスには1本のX染色体とY染色体があった。X染色体に眼の色を決める遺伝子（W：優性で赤眼、w：劣性で白眼）があると考えれば、先の実験ではメスはW/wで赤眼、オスはwのみで白眼となりつじつまが合う。このような遺伝に性差が生じるものを"**伴性遺伝**"とよぶ（図10.14）。

　ヒトでもX染色体上に乗っている血友病の原因遺伝子は、男子に発症する確率が極めて高い。19世紀イギリス、ハノーヴァー朝ビクトリア女王は血友病の保因者（原因の遺伝子はもつが、X染色体が2本あるため、もう片方の正常な遺伝子のおかげで発症しない）であったため、彼女のヨーロッパ王家での男性子孫の多くが血友病で苦しんだ。

　白眼の遺伝子発見を皮切りに、モーガンとその優秀な弟子たちはハエの体のあらゆる部分まで着目し、さまざまな変異を見つけた。その遺伝様式を片っ端から調べあげた結果、Wと独立に遺伝するものと、Wと一緒に遺伝するものに分かれた。前者は、X染色体以外の2・3・4染色体のいずれかの染色体に遺伝子が乗っており、後者はX染色体に乗っていると考えれば説明できた。識別できる変異が増えるにつれ、X染色体グループ、2番、3番、4番に乗っている染色体が特定された。同じ染色体に乗っている遺伝子同士を"連鎖"という。後年、DNAの構造（図2.15）が解け、DNAという鎖の上で実際に"変異の原因となった遺伝子"が並んでいたことから、当時の"連鎖"という呼び名は、実に的を得たネーミングだった。

　時折、"連鎖"していたはずの二つの変異が分離する"連鎖のやぶれ"が観察された。その"**連鎖のやぶれ**"の頻度を測定することで、近い変異は"連鎖のやぶれ"の頻度が低く、遠いと高いため、

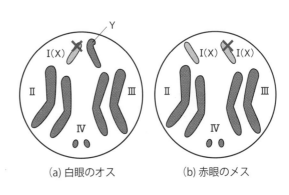

(a) 白眼のオス　　　(b) 赤眼のメス

図10.14　伴性遺伝

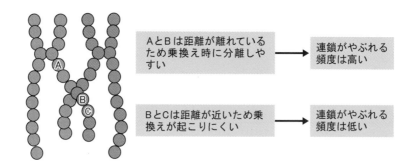

図 10.15　"連鎖のやぶれ"と"遺伝子間の距離"

遺伝子が染色体上に一直線に並んでいることがわかった（図 10.15）。さらに遺伝子間の距離までも推定できた。この"連鎖のやぶれ"は、光学顕微鏡で観察できる第一減数分裂期の"染色体の乗換え"（図 10.5）、つまりは"交差型の相同組換え修復"（図 6.7）によって引き起こされたのだ。

　どの真核生物にもいえることだが、ヒトの染色体には、「"連鎖のやぶれ"が極めて起こりにくい領域」（長いのでブロックとよぶ）が存在する。このブロックは、何世代もの減数分裂を経ても"連鎖のやぶれ"が極めて起こりにくい、つまり先祖から連綿と"連鎖し続けている"領域である。一部の現生人類のゲノムに、絶滅したネアンデルタール人の遺伝子が 5% 内外含まれていると先述した（7.3 節）。ネアンデルタール人とホモ・サピエンスとの交配で生まれた古代人は、ネアンデルタール人の DNA をもっていた（図 10.16）。そのネアンデルタール人の染色体は、世代を経るごとに"乗換え"（図 10.5、図 10.15）により粉々になり、それでも残ったネアンデルタール人のブロックが、現代人のゲノムに散在しているのである。

　多細胞生物の話に移ると宣言しながら、有性生殖と遺伝の説明にかなりかかってしまった。それでは次章で、あらためて多細胞生物に特有の話題に入るとしよう。

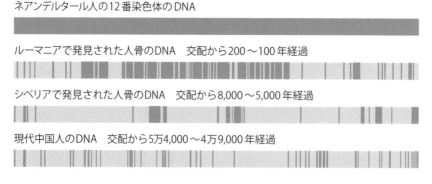

図 10.16　ネアンデルタール人の DNA は"連鎖のやぶれ"により細々に

第11章　ヒトを構成する組織

11.1　細胞の外側の大改革　─ 細胞接着 ─

　多細胞生物は、多くの細胞が集合し組織や器官を構成しており、細胞は隣同士が仲良く接して組織を作り上げる。多細胞生物は、単細胞生物と異なる細胞の外側の構築物をもつに違いない。単細胞である原核細胞では、細胞膜の外側が細胞壁で取り囲まれている。細胞壁の成分はペプチドグリカンという糖鎖で、それが短いペプチドによって架橋された構造をとる（図11.1（a））。真核生物の多細胞である菌類の細胞も細胞壁（主成分はキチン）をもち、同様に植物細胞も細胞壁をもつ（図11.1（b））。植物の細胞壁（一次細胞壁）は、セルロースとヘミセルロースからなる基本骨格からなり、その隙間にペクチンが充填されている。維管束植物では、細胞膜と一次細胞壁との中間に、さらに二次的な細胞壁が構築される。その成分は、セルロースとヘミセルロースからなる基本骨格に、フェノール性の高分子化合物リグニンが充填されたものであり、これが厚く固くなることを木化という。

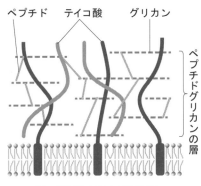

(a) 細胞膜（グラム陽性菌）

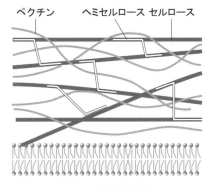

(b) 細胞膜（植物）

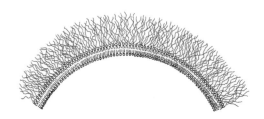

(c) 糖鎖（動物の赤血球細胞の表面）

図 11.1　細胞膜の外側の構造

　一方、動物細胞のように細胞壁をもたない多細胞生物もいる。したがって、細胞の外側の細胞壁の有無が、多細胞生物と単細胞生物を分けているのではない。ちなみに、動物細胞の細胞膜は、構成成分として**糖脂質**（図 5.10）や**糖タンパク質**をもつ。そのため、実際の細胞の一番の外側は糖鎖で埋め尽くされている（図 11.1 (c)）。ほとんどの教科書（本書も含め）では、細胞を模式的に表す際、糖鎖を除いた脂質二重膜でしか描かない。

　多細胞生物になるためには、細胞と細胞の接着が必須である。植物細胞の場合は、外側が一次細胞壁なので、隣の細胞の一次細胞壁同士の接着が必要となる。その接着は、ペクチンによってなされる。細胞壁のところどころには**原形質連絡**という微小な孔があいており、この孔によって隣り合う細胞同士が連絡を取り合っている（図 11.2）。

　動物細胞を多細胞化するためにも細胞と細胞を接着させる必要があり、それは"ヒアルロン酸などの多糖類とタンパク質からなる**細胞外基質**"とよばれる構造に依存する。細胞外基質でもっとも多いタンパク質は**コラーゲン**であり、ヒトがもつ全タンパク質のおよそ 4 割を占める（図 11.3）。コラーゲンの生合成には多量の酸素が必要である。つまり、酸素がなければヒトを含む多細胞は体を作ることすらできない。

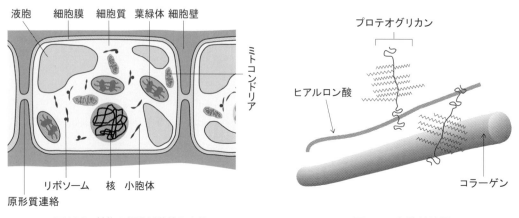

図 11.2　植物の細胞は連絡しあう　　　　　図 11.3　細胞外基質

　"(a) 細胞と細胞との間での結合"や、"(b) 細胞と細胞外基質との結合"を**細胞接着**といい、その細胞を組み立てている組織や器官の構築に重要な役割を果たしている。細胞接着 (a)、(b)は、動物細胞をシャーレ内で培養する際に観察される。図 1.11 の培養液中でシャーレ一面に生えた動物細胞（図 9.17 (a) の正常細胞を参照）は、"(a) 細胞と細胞との間での接着"と"(b) 細胞とシャーレ（細胞外基質といえる）との接着"という 2 種類の接着により、綺麗な一層の細胞シートを形成する。培養液を捨て、細胞の生えたシャーレを生理食塩水で数回洗い流しても、そのシートはシャーレから剥がれず、細胞同士も接着したままである。細胞シートをタンパク質分解酵素のトリプシン（図 5.2）で処理すると、細胞の外側のタンパク質が分解され、シートがバラバラになりシャーレから剥がれてくる。竹市雅俊は、このトリプシン溶液中のカルシウムの有無が、"(a) 細胞と細胞との間での接着"の有無と相関し、カルシウム非存在下では個々の細胞がバラバラに分散することに気がついた。カルシウムに依存した細胞と細胞を接着させ

るタンパク質が発見されたのである。そのタンパク質は、Calcium（カルシウム）+adherence（接着）で "cadherin（**カドヘリン**）" と命名された。"(b)細胞とシャーレ（細胞外基質といえる）との接着" がマグネシウムに依存することもわかり、そのためシャーレに接着して増殖する上皮細胞を培養する際に用いる図 1.11 の培養液には、塩化カルシウムや硫酸マグネシウムが含まれている。

　それでは上皮細胞を例として、さらに各種の接着について説明する。上皮細胞が、上皮組織の中で周囲と協調しつつ上皮組織の一員として働くためには、細胞同士はただ隣り合っているのではなく、特定の構造で結合しあう必要がある。その構造には大きく分けて、①**密着結合**、②**接着結合**、③**デスモソーム**、④**ギャップ結合**、の四つのタイプがある（図 11.4）。さらに、細胞と細胞外基質を接着する⑤**ヘミデスモソーム**もある。

　①密着結合は、細胞がお互いの細胞膜同士を密着させてしっかりと結合する方式で、外側と内側を分けるバリヤーとなり、消化管の内壁で細胞間の隙間を通過して物質が出入りしないようにしている。こうして消化吸収する低分子が腸管の内側から腸管外へ拡散することを防ぐ役割を果たしている。

　②接着結合は、隣り合った細胞のカドヘリン同士で行われる結合である。カドヘリン分子の膜内部分に細胞質基質にあるアクチンフィラメントが結合している。帯のように接着帯を構成しており、細胞周囲に帯状に配列して、細胞や組織の変形に関与する。

　③デスモソームは、ボタン状に隣接細胞をつなげる。細胞質基質にある中間径フィラメントとつながったカドヘリン同士による結合で、接着斑ともよばれる。円板状の付着板を形成し、隣接する付着板を膜貫通型のカドヘリンが隣の細胞のカドヘリンと結合する。隣り合う細胞をしっかりと連結しているが、細胞間隙での物質移動は防げない。上皮細胞の底にもデスモソームを半分に割ったような構造、⑤ヘミデスモソームがある。ヘミデスモソームは、上皮細胞と細胞外基質との間を接着している。

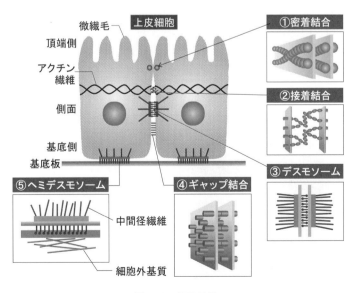

図 11.4　細胞接着

　④ギャップ結合は、中空のパイプのようなタンパク質で細胞質同士をつなげる。管状の膜貫通タンパク質が隣の細胞のものと結びついた構造をしているため、このギャップ結合の穴を通じて分子やイオンなどが通ることができ、隣接細胞の結合と物質輸送に関わっている。

　多細胞を構造的に維持する構造の概略がわかったところで、多くの細胞で構成される動物の各組織について学ぶことにしよう。

11.2　全身に張り巡らされた輸送網　—ヒト細胞の生きる要件① 血管系—

　ヒト細胞の培養に必要な「培養液と酸素」を全身の全細胞にもれなく届けるための輸送網が血管系である。

　ヒトを含め、多細胞生物では、体内は組織や器官で満たされており、その組織や器官を作っている一つ一つの細胞は体液（血液、リンパ液、組織液）に浸されている。血液の成分のうちの血しょうが毛細血管の外にしみ出して、細胞の周りを取り巻いているのが組織液である（図11.5）。組織液は、細胞と細胞との間や細胞と血管との間の物質交換を仲介する。組織液の多くは再び毛細血管に吸収されるが、一部はリンパ管に入ってリンパ液と名前が変わるため、血しょう、組織液、リンパ液の成分はほとんど同じである。ちなみに、シャーレの中でヒト細胞を培養する際に、この組織液の代わりを担うのが、第1章で登場した培養液である（図1.11）。

　培養液の組成を改めて見てみると、培養液の 10% になるよう牛の血清を添加してある。血清の成分は、上記の血しょうとほぼ同じであり、その中には“培養細胞を生かし、増やすために必要なさまざまなタンパク質（細胞増殖因子など）”が含まれている。牛の血清は大量に採取できるので、ヒト、マウスを含めたほとんどの動物細胞を培養する際、牛血清が培養液に添加されている。

　血液は、血管内を流れる液体で、有形成分の血球と無形成分（液体成分）の血しょうからなる。ヒトの体重の約 1/13 の重さを占め（約 5L）、主な働きは物質の輸送である。血液中の 45% が血球で、色素タンパク質のヘモグロビンを含み酸素を運搬する赤血球、血液凝固因子を含み出血時の血液凝固に関わる血小板、赤血球と血小板以外の白血球に分けられる。

　血球はいずれも骨髄（コラム 5 参照）にある造血幹細胞から生じ分化したもので、赤芽球から核が除かれて生じた赤血球には核がない。また、血小板は巨核芽球という細胞の断片であり、これも核がない。白血球には、骨髄芽球から生じる好中球、好酸球、好塩基球、単球から生じるマクロファージや樹状細胞、リンパ芽球から生じる T 細胞、B 細胞、NK 細胞が含まれ、食作用や免疫に関与する。白血球の役割については免疫のところで再登場を願お

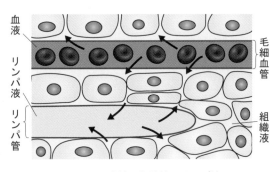

図 11.5　血液、細胞液、リンパ液

う（11.10 節、11.11 節）。血液中の 55% が血しょうで、血しょうの 90% は水である。赤血球などの細胞成分を浮かべ、血管中を循環させる。残り、血しょうの 7 〜 8% がタンパク質、グルコースが約 0.1% を占めており、これが血糖である。

　ヒトが生きていくのに不可欠な酸素は水に溶けにくい気体で、そのまま運搬するのは効率が悪い。そこで、酸素は赤血球中の色素タンパク質のヘモグロビンと結合することで血流に乗って全身に運ばれる。ヘモグロビンが酸素運搬体として優れているのは、血液中や組織液中の酸素分圧や二酸化炭素濃度によって容易に酸素と結合したり、酸素を放出したりできることである。ヘモグロビンは、酸素分圧の高い肺胞内では酸素と結びついて酸素ヘモグロビンとなり、血流に乗って酸素分圧の低い組織に入ると酸素を解離して組織に与え、もとのヘモグロビンに戻る。ヘモグロビンから遊離した酸素は、さらに組織液を経て細胞へと渡される。

　少し脱線するが、動物の血液や肉の色と酸素との関係を述べておこう。ヒトを含む脊椎動物の血液では酸素を運ぶヘモグロビンが鉄を含むため赤い。クジラの筋肉は酸素の供給が限られた状況でも動けるようミオグロビン（鉄を含む）が多く赤身となる。冷たい海では溶存酸素の量が多く、そこに棲むコオリウオは赤血球が不要となり透明の血液となる。エビ、カニやイカ、タコなどの動物の血液はヘモシアニン（銅を利用して酸素を運ぶ）を含み青い。このような動物ごとの工夫により、全身の細胞に酸素を十分に届ける仕組みができている。

　生物の体において、「培養液と酸素」を全身に届けるための輸送網（血管系）があるだけでは、残念ながら必要なものは目的地までは届かない。全身にそれを送り届けるための動力を生み出すために、心臓が必要なのだ。心臓の話に入ろう。

11.3　　10 万回の拍動　—ヒト細胞の生きる要件② 心臓—

　心臓は、ヒト細胞の培養に必要な「培養液と酸素」を体の隅々まで届けることにより、全身の細胞を生かしている。

　心臓に戻る血液が流れている血管は静脈とよばれ、心臓から送り出される血液が流れている血管が動脈とよばれる。肺以外の全身から心臓に戻る静脈血は "酸素が少なく二酸化炭素が多い" 状態なので、このまま全身に出回ってはいけない。そこで、心臓を経由して肺動脈に乗り、肺循環（肺で血液に酸素を取り込む経路）を経て、酸素を多く含む肺静脈血として、心臓に戻る。心臓は、酸素を多く含む大動脈血として体循環（肺以外の全身をめぐる経路）へと送り出す（図 11.6）。

　血管は大動脈から、体の隅々に向かって配置されつつ分岐していき、末端になると細い毛細血管となる。体の動脈と静脈をつなぐ毛細血管は血管の壁が一層の内皮細胞で、周りの細胞との間で物質のやり取りをしている。血液の液性成分は血管の外へ染み出して組織液となる。この組織液の一部がリンパ管系とよばれる別の管系に入る。一般に血管系とリンパ管系を合わせて循環系あるいは脈管系とされている。

　上記の血液の流れは、ヒトの心臓（こぶし大で胸部の中央よりやや左寄りにある）の四つの

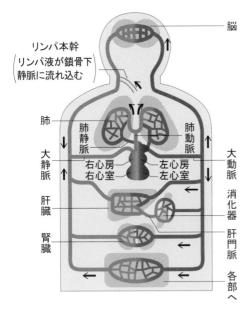

リンパ本幹
リンパ液が鎖骨下
静脈に流れ込む

脳

肺

肺静脈

大静脈

肺動脈

右心房
右心室

左心房
左心室

大動脈

消化器

肝臓

腎臓

肝門脈

各部へ

図 11.6　血液とリンパ液の循環

部屋（左心房、右心房、左心室、右心室）の協調的な収縮、拡張の繰り返しにより、間歇的に行われる（1日で10万回）。右心房には全身から血液が帰ってきて（大静脈）、そのまま下の右心室へ送られ、そこから肺へ血液が送られる（肺動脈）。肺からの血液が帰ってくる（肺静脈）のが左心房で、左心室へ送られた血液は全身へと送り出される（大動脈）。

　心臓の四つの部屋の連動による周期的な収縮運動は、拍動とも鼓動ともいわれる。この拍動の中枢は延髄（神経系）にあり、自律神経やホルモンによって調節されるが、心臓自身も拍動を続ける性質をもつ。心臓の拍動を作り出す役目を担う部位は、右心房と上大静脈との間にある洞房結節（筋肉が変化したもの）で、ペースメーカーともよばれる。ここから自発的に出た刺激を心房や心室に伝えることで、心臓は自分自身で動くことができ、これを心臓の自動性という。

　さて、生体も細胞も生存していくうえで、いくつかの条件が揃い出てきただろうか。しかしまだ、心臓と血管系があっても、「培養液と酸素」を全身に届ける目的は達成されない。なぜだろう。それは、酸素がないからである。

11.4　10,000L の空気　─ヒト細胞の生きる要件③ 呼吸器系─

　心臓と血管系の輸送網に、酸素を吹き込む能力は呼吸系によってもたらされる。

　ヒト細胞の培養でも、ヒトの全身の細胞でも、細胞が栄養分として取り込んだ有機物を分解してエネルギーを取り出し ATP を産生する反応を内呼吸、細胞呼吸とよぶ。内呼吸には有機物（呼吸基質）の分解に酸素を使う呼吸と酸素を使わない嫌気呼吸がある（第4章）。酸素を使う細胞呼吸では、二酸化炭素が排出される。一方、ヒトを含む脊椎動物では、肺を通じて酸素を体内に取り込み、二酸化炭素を体外に排出する外呼吸をしている。呼吸を行う器官は、鼻と口から始まり、気道（鼻腔、咽頭、喉頭、気管、気管支）から肺へと各部位が付随し連なる構造で、呼吸器系とよばれる。

　口や鼻から取り込まれた空気は気管を通って肺へ送られる。ヒトは1分間に約8L、1日に1万Lの空気を吸ったり吐いたりして呼吸をしている。気管は左右の気管支へ分かれてさらに多数の肺胞へとつながる。気道の終点にある微小な袋である肺胞で呼吸が行われる。この肺胞に毛細血管が取り巻いていて、肺胞と毛細血管との間でガス交換が行われる。肺呼吸では、毛細血管中を流れる血液と外界の空気との間でガス交換が行われるため、呼吸器官と体内の組

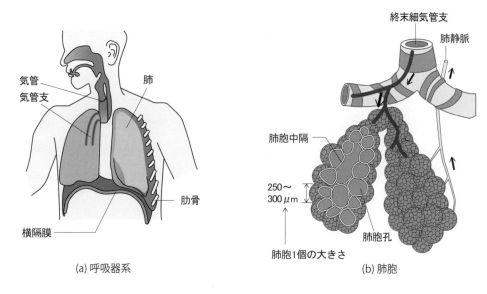

図 11.7　テニスコート半面となる肺胞細胞

　織細胞をつなぐ血管系が発達し、呼吸器官で得た酸素が心臓を経て体内の組織に運ばれる仕組みとなったのである（図 11.7）。

　なお、上記において、酸素を取り込む肺胞細胞は、ヒト培養細胞と同じ環境におかれている。肺胞は、肺の容積の 85% を占め、平面上に展開するとテニスコート半面（約 130m²）にもなる。その表面は液体で濡れており大気中の酸素は液体（ヒト細胞の培養の場合、その培養液）にいったん溶けてから肺胞細胞（ヒト培養細胞）に吸収される。ヒト肺胞細胞はヒト培養細胞と同じだけでなく、クラゲ・イソギンチャクが海水中の溶存酸素を取り込み、プラナリア（扁形動物）が皮膚の濡れた部分に大気中の酸素を溶かし、それを皮膚細胞が吸収していることとも同じである。つまり、ヒトはテニスコート半面の肺胞細胞を介した皮膚呼吸をしているのである。

　酸素は赤血球中の呼吸色素ヘモグロビンと結合して血流に乗って運ばれるが、前述したように、ヘモグロビンは酸素分圧の高いところでは酸素と結合しやすく、酸素分圧の低いところでは酸素と解離しやすいという特徴をもっている。このヘモグロビンと酸素との親和性は、酸素分圧の他に二酸化炭素分圧や pH の値にも影響を受ける。たとえば、筋肉運動が行われて体温が上昇して外呼吸が盛んになると酸素分圧は低下し、二酸化炭素分圧が高くなる。また、運動により乳酸が生成して細胞内が酸性になると pH が低くなる。このような状態になると、ヘモグロビンは酸素を解離しやすくなるので、組織の細胞により多くの酸素が供給されることになる。

　細胞の内呼吸の結果生じた二酸化炭素（クエン酸回路参照：4.4 節）は、細胞の生命活動に必要ないものであるので体外に排出されることになる。細胞外に放出された二酸化炭素は、組織液を経て毛細血管に入り、いったん赤血球に取り込まれ、一部はヘモグロビンと結合する。二酸化炭素の大部分は赤血球中で水と反応して炭酸となる。炭酸はさらに H^+ と HCO_3^- に分かれ、H^+ はヘモグロビンと結合して赤血球で運ばれる。HCO_3^- の大部分は血しょう中に放出され、

血しょう中の Na^+ と結合して炭酸水素ナトリウムとなり、血しょうで運ばれる。肺胞ではここまでと逆の反応が起こる。肺胞にこれらが流れてくると、炭酸水素ナトリウムは HCO_3^- となり、赤血球に取り込まれる。HCO_3^- はヘモグロビンの H^+ と反応して炭酸になる。炭酸はさらに水と二酸化炭素になり、二酸化炭素が肺胞へと渡され、二酸化炭素が体外へ排出される。

　ちなみに、ヒト細胞を培養する際は、炭酸ボンベから 5% の濃度になるよう CO_2 が供給される（図 1.11）。この CO_2 は培養液に溶け HCO_3^- となり、培地の pH を安定に保つ役割を担っている（大気中の二酸化炭素の濃度は、0.035% である。ヒトの活動によりその濃度は上昇しつつあり、地球温暖化を招くと懸念されている）。

　そして、最後にもう一つ重要なものを準備しよう。心臓と血管系と呼吸器系が揃い、「培養液と酸素」を全身に届ける目的が達成されたとしても、ヒト細胞を生かすミッションは不完全である。"培養液"を届ける前に、その中に"ヒト細胞"を生かす充分な栄養を準備しなければならないからである。

11.5　栄養の注入　─ヒト細胞の生きる要件④　消化器系─

　ここまでその活躍を見てきた心臓と血管系と呼吸器系により、「培養液と酸素」が全身に届けられても、培養液の中に生を支える充分な栄養（グルコースやアミノ酸など）が入っていなければ、全身の細胞は生きることができない。その栄養を培養液（血液）にもたらすのは消化器系の役目だ。

　複雑な有機物を小さな有機物に分解することを消化といい、単細胞の真核生物は細胞内に食べ物を取り込みリソソームで細胞内消化を行い、多細胞生物は消化管内（細胞外）で消化酵素を分泌して細胞外消化を行う。その細胞外消化を担うのが、消化器系（口腔、咽頭、食道、胃、小腸、大腸）である（図 11.8）。消化器系については第 5 章での解説と重複する部分があるので、ごく簡単に説明する。

　炭水化物、タンパク質、脂肪などの栄養分は、消化器系を経て、それぞれ単糖類、アミノ酸、脂肪酸とグリセリンに消化される。それらは小腸上皮細胞に吸収される。吸収された栄養素は、それぞれ単糖類、アミノ酸、キロミクロン（トリアシルグリセロールを含む）として血流に乗り、各細胞の周りの組織液中に現れる（第 5 章）。

　最後に、第 5 章では説明しなかった大腸の機能にふれる。食物中の消化、吸収されなかったものは大腸

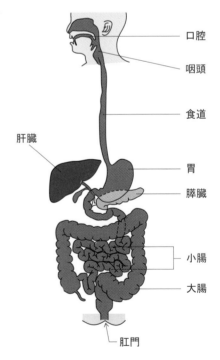

口腔
咽頭
食道
肝臓
胃
膵臓
小腸
大腸
肛門

図 11.8　消化器系

を通り、ここで水分が吸収され、最終的に肛門から排泄される。なお、排泄物の半分は、腸内細菌およびその死骸が占めている。ヒトはビタミン類を生合成できず、食物から摂取する必要がある。しかしながら、ビタミンの一部を腸内細菌から得ることができる。腸内細菌が合成したビタミン類（ビタミン B_2「リボフラビン」、ビタミン B_6「ピリドキサール」、ビタミン B_{12}、葉酸、パントテン酸、ビオチン、ビタミン K など）は、大腸で吸収される。下線の引かれたビタミン類は、図 1.11 のヒト細胞の培養液に添加されたものでもある。また、排泄物の茶褐色は、ヘムの分解産物（ヘムは、赤血球中の主要タンパク質・ヘモグロビンの成分：赤血球は、4 カ月間も全身の細胞に酸素を届け続けた後に壊される）に由来することを付け加えておく。

　血管系・心臓・呼吸器系・消化器系の共同作業により、ようやくヒト細胞の培養に必要な「培養液と酸素」が全身に行き渡った。しかし、ここで、また新たな大問題が起こる。アミノ酸の代謝過程で発生するアンモニアの毒性から全身の細胞を守らねばならない。とくに、アンモニア代謝に関わる肝臓の機能が低下すると、血中アンモニア濃度が上昇する。それが循環血を介して脳に入り肝性脳症を発生し、意識障害が起これば命に関わる。

11.6　アンモニアの解毒　―肝臓・腎臓―

　なぜ、タンパク質の代謝でアンモニアが発生するのだろうか。それはタンパク質がアミノ基をもつ化合物だからである（図 1.12）。タンパク質を構成するアミノ酸が分解されると、二酸化炭素と水以外にアンモニアが生じる。アンモニアは、動物にとって非常に有害なので細胞内に溜めておくわけにはいかず、早急に体外に排出しなければならない。動物によってアンモニアの排出の仕方は異なる。アンモニアは水に極めて溶けやすく、魚類等の水中生活をしている生物はアンモニアを水中に排出するだけでよい。哺乳類などは肝臓でアンモニアよりも毒性の低い尿素に作り変える。しかし、尿素は、水にやや溶けにくいため、その排出のため大量の水を要する。そのため、哺乳類は水（尿）を貯める膀胱を備える。一方、爬虫類や鳥類、昆虫類は、水に溶けない尿酸（鳥の糞で白いペースト状のものなど）に作り変えて、水を使わずに排出するため膀胱をもたない。

　哺乳類では、全身の各細胞から、尿素に変換したいアミノ酸を "グルタミン" という形で血流にのせ肝臓に届ける。肝臓でグルタミンはグルタミン酸に変換され、さらに、アミノ基が外れアンモニアが生じる。そのアンモニアを ATP を使いながら二酸化炭素 CO_2 と結合させる。できた化合物はオルニチンと結合し、シトルリンになる。シトルリンは 2 段階の反応を経て、オルニチンと尿素 $CO(NH_2)_2$ になる。この一連の生化学反応を尿素回路あるいはオルニチン回路とよび（図 11.9）、アンモニアを毒性の低い尿素に変換することで、ある程度体内へ貯めておくことができるようになる。

　尿素などの不要物を血液中から除去するのを担う組織が腎臓である。ヒトは 1 日で 1 ～ 1.5L の尿を排泄している。尿を産生する腎臓と尿を体外に導く尿路（尿管、膀胱、尿道）を合わせて泌尿器系という。泌尿器系は体内の不要な代謝産物を体外に排出するとともに、水や電解質

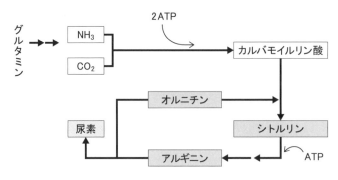

図 11.9　尿素(オルニチン)回路

を選択的に取捨し、体液の量や組成を一定に保つ機能を担っている。

　腎臓は、ヒトの体の背中側に握りこぶしくらいの大きさのものが左右に一対の計二つある。毛細血管が曲がりくねってボール状になった糸球体の周りをボーマン嚢が包み込むような構造をしていて、これを**腎小体（マルピーギ小体）**という。**糸球体**と細尿管は、尿を作る構造上の単位で**ネフロン（腎単位）**とよばれる。糸球体が一つの腎臓につき 100 万個ある（図11.10)。

　腎臓には動脈、静脈、そして輸尿管の 3 本の管が出入りしていて、腎臓でできた尿を膀胱まで運ぶ。腎臓には心臓から送り出される血液の 4 分の 1 もの量が送り込まれる。腎動脈によって腎臓に入った血液が糸球体を通るとここでは血圧が非常に高くなるため、糸球体の血管壁を通してさまざまな血しょう成分がこし出される。この現象を"糸球体ろ過"という。このとき、血液の有形成分はろ過されないし、血しょう成分の中でも大きな分子である"高分子タンパク質"はろ過されない。このろ過された液を**原尿**といい、その量は 1 日に 150～200L も作られる。

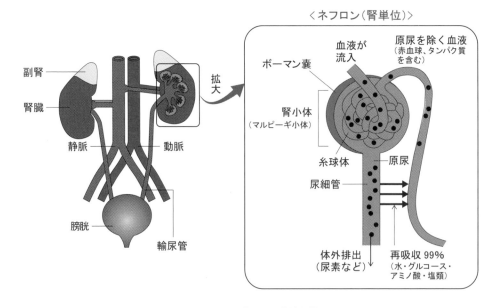

図 11.10　腎臓による体液調節

実際の尿は 1.5L 程度なので原尿の 99% は再吸収されることになる（図 11.10）。

　原尿中には尿素などの排出物のほか、体でまだ使える糖やミネラルなどもこし出されてしまっている。せっかく取り込んだ必要な多くの成分を捨てるわけにはいかないため、もう一度取り込む機能を腎臓は備えている。原尿はボーマン嚢から細尿管へ運ばれるが、この細尿管を通過する間に水や塩類、グルコースなどが細尿管の周りを取り巻く毛細血管へと再び戻る。この仕組みを再吸収という（図 11.10）。塩類や水の再吸収量はその時の体液の状態に応じて調節される。こうして再吸収されないものだけが含まれる液体が尿となり、腎臓から輸尿管を通って膀胱へ運ばれて体外へ排出される。

　排出された尿素は、ヒトにとっては不要物だが、植物にとっては成長に欠かすことのできない窒素源となる。次に、植物の窒素源の説明をしよう。

11.7　窒素化合物が地球環境を変える　―窒素循環―

　動物から排出された尿素は分解され、アンモニアになる。アンモニアは動物の体内においては毒物だが、植物の生育に必須な窒素源の一つとなる（図 4.10）。植物は光合成により炭素固定（図 4.12）できるが、窒素を固定する能力はもたない。植物は根から吸収した窒素源を葉に届け、そこで光合成産物由来の化合物に結合させ“アミノ酸であるグルタミン酸”（4.5 節のカルビン回路参照）を生み出し、それを起点に全アミノ酸の生合成と核酸の生合成を行い、タンパク質、DNA、RNA という細胞に必須の高分子を合成している。

　100 年前に発明されたハーバー＝ボッシュ法（ノーベル化学賞）による“空気中の窒素をアンモニア”に変換する反応は、当時の常識を超えたものであり、農業の拡大・畜産業の拡大・人口増加に対し革命的な影響を与えた。「アンモニア由来の窒素肥料大量生産」→「大量の作付け」→「農地拡大」、「畜産業用の飼料増産」→「家畜飼育量増大」→「牧場等の用地拡大、大量の農作物・畜産物の供給」→「人口爆発と現代の人類繁栄」に多大な貢献をしたもっとも顕著な発明であった。しかし、「人口の増加」→「住居用地の拡大、産業の工業化による自然環境の破壊」→「野生動植物の激減（絶滅した種も多数）や地球温暖化」、という現在進行形の地球規模の問題は、アンモニアの工業的な大量生産が根本にあるのも否めない。

　植物は窒素肥料なしにどのように窒素源を得ているのだろうか。死んだ動植物は菌類・細菌によって分解されていく。その過程で、「アンモニウムイオン NH_4^+」→「亜硝酸イオン NO_2^-」→「硝酸イオン NO_3^-」→「窒素 N_2」とそれぞれの反応からエネルギーを獲得できる化学合成細菌により変換され、最終的に、空気中に窒素として排出される。植物は、このうちアンモニウムイオン、硝酸イオンを窒素源として取り込み、利用できる（図 11.11）。

　窒素源の乏しい場所に生息する植物のなかで、虫を溶かして窒素源を得る“食虫植物”も存在する。一方、マメ科の植物のように、その根に“窒素をアンモニアに変換できる根粒菌”を棲まわせ、根粒菌に光合成産物を与える代わりにアンモニアを供給（相利共生）してもらうものもいる（図 11.11）。窒素固定反応は、酸素を嫌うためマメ科植物は根粒菌が酸素に触れな

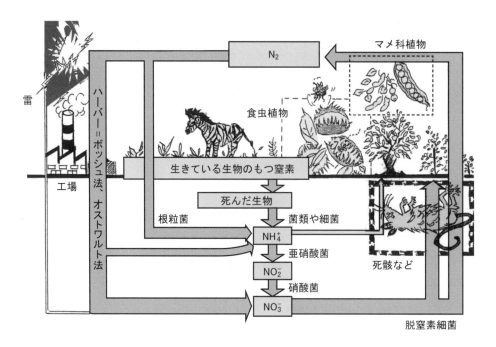

図 11.11　窒素循環

いように包み込む。さらにこの反応は ATP を 16 個も消費するため、マメ科植物は根粒菌にたっ
ぷり栄養を与えなければいけない。根粒菌の窒素固定を担う酵素は金属であるモリブデン（Mo）
を含んでいる。根粒菌のように共生する細菌以外でも、窒素固定を行う細菌が存在し、それら
によって窒素源が生物界に供給されるのである。

　ハーバー = ボッシュ法では、鉄触媒を用い、500℃、300 気圧の条件で窒素固定を行ってい
ることから、根粒菌も人類も膨大な努力を払い窒素固定を行っているといえる。近年、根粒菌
がモリブデンを使っていることに着目し、モリブデンを触媒とした常温に近い温和な条件でアン
モニアを化学合成できる方法が開発された。それが、人類さらには地球全体に対し、良い影
響をもたらすことを期待したい。

 # COLUMN (4) ━《ノーベル化学賞と生物》

　窒素固定という "生物" である根粒菌の成し遂げた化学反応を、人工的に成し遂げ
た研究がハーバー = ボッシュ法であり、ノーベル化学賞を受賞している。同じような
視点で "日本人のノーベル化学賞" と "生物" との比較について簡単に説明する。福
井謙一のフロンティア軌道理論は、原子の外縁部にあたる分子軌道が反応に関わると
するものだ。ヒト以外の生物は、そんな理論を知るはずもないが、生物を構成するさ
まざまな化合物は、その理論どおりに反応していく。

　野依良治は、鏡像異性体（鏡で写すと同じ構造）の片方のみを合成した。生物は誕生の当初から、D体の六炭糖、L体のアミノ酸と鏡像異性体の片方のみを合成し使っている。鈴木章や根岸英一はパラジウムを用いたクロスカップリング法という有機化学反応により、複雑なC-C結合化合物を合成できる道筋を開いた。生物も、先のモリブデンのみならず、タングステンのような金属も含めさまざまな金属を酵素反応に巧みに利用している。また、酵素反応を連続させ、複雑な有機化合物を合成することにも長けている。

　白川英樹の開発した"電気を通す有機化合物"は、有機ELパネルのテレビなどで社会に浸透している。吉野彰は、リチウム電池を実用化し、持ち運び可能なIT機器、電気自動車などの基盤を作った。生物は、細胞膜の外側にナトリウム、内側にカリウムを配している。白川の原理とは異なるものの、動物の神経細胞は細胞膜という有機化合物を巧みに利用し、電気を通す（12.3節参照）。なかでも電気ウナギは、800ボルトの電圧で獲物を麻痺させる。近年、周期表でリチウムと同じ列にある、ナトリウム電池、カリウム電池の開発が盛んに行われている。一方生物は、昔からナトリウムとカリウムを使い、電気を使っているのである（12.3節）。

　生物は複雑な化合物で構成されている。学問的あるいは工業的に重要で、生物によって達成されている化学であるのに人工的に達成されていないものは、将来のノーベル化学賞の対象である。

　ノーベル化学賞は、これらの研究者以外に、オワンクラゲGFPを単離した下村（第2章）と田中（第3章）がいる。田中は、間違えたサンプルがもったいなくそれを試してノーベル賞に至る発見をした。白川の発見の場合、自分の指導している学生が実験の際に、触媒の濃度を1,000倍間違えたのをきっかけとし、銀色の光沢をもつポリアセチレン薄膜の合成に成功した。その薄膜の改良版に常識を覆す導電性が見出されたのである。これらは、パスツールの名言「幸運は用意された心のみに宿る」の良い例であろう。

　ここまでのヒト組織の連携により、ヒトの全身の細胞は栄養と酸素の供給を受け、毒物のアンモニアは排除し、細胞の周りの水分量、pH、さまざまな化合物の量を一定に保ち、快適に生き延びていける環境を整えた。まさに、第1章のヒト細胞の培養条件が全身の細胞にもたらされたようなものだ。しかし、またここで大問題が起こる。ヒト細胞に都合の良い周りの環境は細菌が好む環境でもあるのだ。多細胞生物は、侵入してきた自分以外の生物を体の中から排除しない限り、自分の体が他者に食べ尽くされてしまうという悲劇が起こる。生死を賭けた、他者の排除の役を担うのが免疫系である。

11.8　狂犬病から生還した少年 ── 免疫反応① ワクチン ──

　免疫、予防接種そのものは現象としては古くから知られている。紀元前 1,000 年頃の中国では、天然痘になった人の膿を若くて健康な子供の皮膚や鼻の穴に入れることがなされ、これが原因となり天然痘で死ぬ子供もいたが、多くの人はその後天然痘にかからなくなった。この方法はシルクロードを伝わり、トルコ・ギリシャを経て 18 世紀初めにイギリスに伝わった。そして 18 世紀末、イギリスのジェンナーは歴史的な人体実験を行った。牛痘（牛の天然痘：ヒト天然痘と異なり、ヒトを死にいたらしめない）にかかった乳しぼりの女性サラの手の水ぶくれからとった膿を、8 歳の少年フィリップスに接種し、さらに 1 カ月半後にヒト天然痘を少年フィリップスに接種を試みた。結果、少年は天然痘にかからなかった。この方法は、明らかに今日の予防接種といえ、およそ 200 年かけて全世界に伝わり、1980 年には遂に WHO（世界保健機構）は天然痘根絶宣言をした。

　第 1 章でも登場したフランスのパスツールは微生物の病原性を弱めたものを予防接種する方法を開発し、ジェンナーの牛痘接種の業績を尊重して、この弱体化病原体を**ワクチン**（Vaccin, 牛を意味する vacca に由来）と名づけた。パリのパスツール研究所には、狂犬に噛まれている少年ジュピエの像がある。19 世紀末、アルプスの牧場で 6 人の子供が狂犬に襲われた。最年長 15 歳のジュピエはほかの子供を逃がすために、狂犬に立ち向かい何カ所も噛まれた。パスツールのところに運びこまれ、ワクチンが接種された結果、噛まれて 6 日後だったにも関わらずジュピエは快復した。人類が狂犬病の恐怖を完全に追い払った瞬間だ。狂犬病ウイルスが体に侵入してから発症までの潜伏期間の間に、ワクチン刺激による免疫応答が間に合ったということだ。

　さて、ジェンナーもパスツールも免疫の利用法は開発できたが、ヒトの体の中で何が起こっているのかまでは踏み込めなかった。それを成し遂げるきっかけを作ったのは、第 1 章で登場したコッホの弟子たちだった。

11.9　北里柴三郎 ── 免疫反応② 毒素・抗毒素・血清療法 ──

　読者の皆さんは、酸素を嫌う嫌気性細菌の存在を、本書を通じ既に知っている。その嫌気性細菌の培養に初めて成功したのは、ドイツのコッホのもとで研究をしていた北里柴三郎であった（7.4 節で紹介済み）。彼は、水素で酸素を排除する培養装置を自作し、嫌気性である破傷風菌の培養を世界で最初に成し遂げた（図 11.12）。培養困難な細胞を培養可能にしたことを、彼の第一の発見としよう。

　第二の発見は、毒素という概念の提唱である。動物に接種した破傷風菌は、接種した場所で検出されるが、全身には拡がらない。しかし、症状は全身性（痙攣が起こる）であるため、破傷風菌が全身に行き渡る物質 "毒素" を放出しているとの仮説を立てた。その仮説に基づき、

破傷風菌と"仮想的な毒素"を分離するため、素焼きのろ過器（＝細菌は通れない）で破傷風菌を含む培養液をろ過した。"破傷風菌"は大きくてろ過されず、それよりも小さいと予想される"毒素"は、すり抜けた水溶液へと分離されるはずである（図11.13：左）。北里が、その水溶液（破傷風菌は除かれている）を小動物に接種したところ、小動物は痙攣を起こして死んだ。ここに、感染症菌の中には、毒素を放出するものが存在するという新たな概念を確立したのである（図11.13：上段のウサギ）。

　ちなみに、ろ過器（図11.13：左）は、古くからの化学実験で沈殿物と溶液を分離するのに用いられていた。この単純なろ過器は、毒素以外にも生物学にいくつかの大発見をもたらしている。たとえば、ウイルスの発見（図1.7、図9.16）やブフナーによる生化学の誕生（4.1節）

図11.12　酸素を追い出す

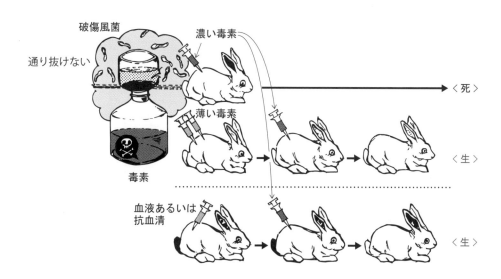

図11.13　破傷風菌の毒素(上)、毒素への免疫(中)、血清療法(下)

が該当する。さらに**ろ過滅菌**という技術にもつながっている。第 1 章で、加熱による滅菌（肉汁と茹でジャガイモ：図 1.1、図 1.2）を紹介したが、ろ過器全体をあらかじめ滅菌した後に、菌を含む液体をろ過すると、菌はフィルターに残り、ろ過された液は無菌状態になる。医薬品などの加熱により活性を失う物質を含む液体をろ過滅菌することで、患者の体内に無菌的に薬を注入できる。図 11.13 のろ過器を使った北里の微生物を除去する実験は、単純な中に深淵な真理を含むパスツールの " 白鳥の首フラスコ（図 1.1）" やコッホの " 茹でジャガイモ（図 1.2）" に匹敵するものといえる。

　第三の発見は、特定の物質で免疫を起こさせる実験方法と、それにより抗毒素を出現させたことである。北里はウサギ（第四の発見における血清量を確保しやすい）に対し、薄い破傷風菌毒素（単に毒素とよぶ）を注射し、その後に間を空け（1 週間単位）、徐々に濃い毒素をウサギに注射していった。その結果、致死量の毒素を注射しても、さらには破傷風菌そのものを注射してもウサギは死ななくなった（図 11.13：中段のウサギ）。これは、ジェンナーやパスツールが行ったワクチンの投与による免疫に相当する。ジェンナーとパスツールのワクチンはさまざまな物質の混合物で、それが体内に入ったときに、何が起こるのか追跡できない。一方、北里の実験は、毒素（タンパク質）という追跡可能な物質を用いており、それが前者と根本的に異なる。つまり、免疫の原因を実験により追求可能にしたのである。北里は、このウサギの体内に抗毒素（毒素に対抗して動物が体内に作ったもの）が現われたと推定できたのだ。

　第四の発見は、ウサギの体内のどこに抗毒素があるのか、その在りかを特定したことであり、第五の発見は、**血清療法**の発明だ。この第四と第五の発見は、同時になされた。北里は、まず毒素に耐性になったウサギから採血し（図 11.14 のウサギ）、その血液を小動物にあらかじめ投与し（図 11.13：下段のウサギ）、24 時間後に破傷風菌を接種した。その小動物は症状も示さず生き延びたことから、血液に抗毒素が含まれており、その血液は感染症の治療に使えることがわかった。

　血液（図 11.14：A）は放置すると、沈殿物と上澄みに分離する（B）。この上澄み（C）は体液の中の血しょう（図 11.5）と同等である。さらに、その上澄みを遠心して沈殿物（D）を除去すると、血清とよばれる " 透明な液体 " が回収される（E）。この血清を用いて同じ実験を

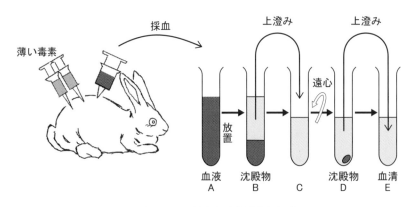

図 11.14　抗毒素は血清中にあり

血清療法	外来の毒	破傷風菌 ジフテリア	死なない	北里 ベーリング	抗血清 ポリクローナル抗体
		ハブ マムシ サソリ	死なない		
		IgE	アレルギー ↓	石坂	
抗体医薬	体内の分子	がんを引き起こすタンパク質	がん細胞 ↓		ヒト型 モノクローナル抗体
		TNFα	クローン病（消化管に穴が開く）↓		
		IL6-R	関節リウマチ（関節が曲がる）↓		
		PD-1	がん免疫活性化 がん細胞に飼い慣らされていたキラーT細胞の本能を開放し、がん細胞を殺す	本庶	

図 11.15　血清療法と抗体医薬

行った結果、北里は血液よりも強い抗毒素活性を血清中に見出した（図 11.13：下段のウサギ）。ここに、抗毒素は血清に存在すること、その血清を“抗血清”とよび、それを感染症の治療に使用できる“血清療法”が確立されたのである（図 11.13：下段のウサギ）。免疫学において、“**体液性免疫**”という呼称があるが、それは正に北里が体液である“血しょう”の中に、抗毒素が出現することを発見したことに由来する。ドイツで研究していた北里は、ドイツのゲーテの戯曲に登場する悪魔メフィストフェレスの台詞「血は全く特別な液体ですから」を抗毒素発見の論文に引用している。

　この血清療法は、細菌の出す毒素のみならず、ヘビ毒（マムシ・ハブ・コブラ）やサソリ毒など、タンパク質からできたあらゆる毒素の中和にいまでも適用されている（図 11.15）。

　北里の第一〜五の発見の、いずれの一つだけでも大発見であり、それを五つ成し遂げた一連の研究はノーベル賞に値するだろう。実際、コッホの研究室で北里の同僚ベーリングは、互いに情報交換しながら、北里は破傷風菌で、ベーリングはジフテリア菌と作業分担し、同時期に同じ成果をあげている（図 11.15）。しかし、1901 年、第一回のノーベル医学生理学賞はベーリングが単独受賞している。残念ながらこれら五つの発見の功績にも関わらず、北里の受賞は実現しなかった。北里の時代は、近代科学史においてノーベル賞の意図する、科学者を誉め、評価を与え、鼓舞するといった意識の黎明期であり、ヨーロッパの科学者しか受賞できなかった事情からであろう。北里の偉業に敬意を示したい。

11.10　敵の敵は、味方　── 免疫反応③ 抗体と抗体医薬 ──

　抗毒素の正体は、現在、**抗体**とよばれるタンパク質である。リンパ球の一種 B 細胞が、イムノグロブリン A（IgA）, IgG, IgE, IgM などの抗体を産生する。利根川進（ノーベル医学生理学賞受賞）が "抗体生成の遺伝的原理" を解明したように、免疫反応において B 細胞のゲノム DNA に**再編**が起き、何百万という種類の異なる抗原（抗体という名称に対し、毒素などを抗原とよぶ）に対し、それぞれを認識する抗体が用意される（図 11.16）。

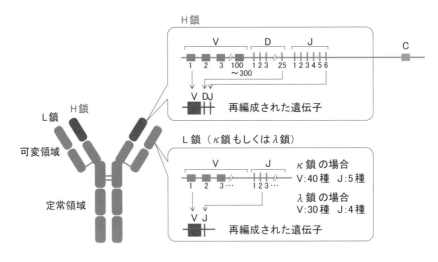

図 11.16　免疫グロブリン遺伝子の再編成

　抗原が最初に体内に侵入した場合、"その抗原にピッタリと結合する IgM" をもつ B 細胞が選択的に細胞増殖し、IgM を分泌する（**一次応答**）。2 回目以降に同じ抗原が体内に入ると、その抗原を記憶していた B 細胞では、IgM から IgG へと小規模なゲノム再編によるクラススイッチを起こし、一次応答よりも速やかに "その抗原にピッタリと結合する IgG" を大量に生産する（**二次応答**。図 11.17）。

　IgG や IgM は、血しょうを通じて体中の組織液に届けられる。これは、エネルギー消費の観点から見ると、極めて合理的である。細胞の増殖およびタンパク質の産生には大量のエネルギーが必要となるが、このとき、敵と遭遇しない大多数の B 細胞は G_0 期（9.2 節、細胞周期参照）として休眠し、敵と遭遇した B 細胞にだけエネルギーを集中し、頑張れば良いという仕組みである。また、一次応答した B 細胞は、次の外敵の侵入までの二次応答に備え休眠する。

　真正細菌やウイルス由来の抗原を認識した IgG や IgM を起点とし、"細菌の排除" および "ウイルスに感染した細胞を排除" する複数の反応が総動員され、外敵は駆逐される。粘膜中に大量に分泌される IgA は、真正細菌やウイルスと結合し、そのまま体内に入らないように洗い流す。第 3 章で、石坂がアレルギーの原因物質として発見した IgE は、本来の役割である寄生虫の排除反応の起点となる。

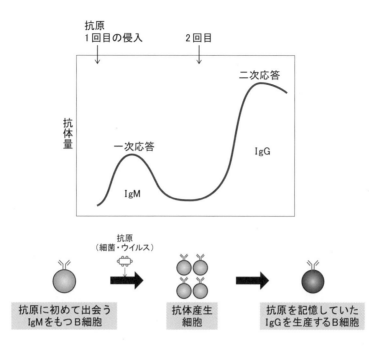

図 11.17　免疫応答

　ここで、石坂の狂人的なアッセイ法を復習してみよう（コラム1）。石坂はアレルギーを引き起こすIgEに対するウサギ抗血清を調整した。その抗IgEは、IgEと結合することにより、「IgEによるアレルギー反応を遮断する」活性をもっていた。北里による血清療法は、感染症菌の毒素やヘビ毒に適用されるだけでなく、ヒトの疾病の原因となるタンパク質（これを体内の毒素とみなす）、たとえばアレルギーを引き起こすIgEの働きを封じ込めることにも、適用可能であることを示している（図11.15）。つまり、敵（病気を引き起こす体内のタンパク質）の敵（そのタンパク質の働きを中和［遮断］する抗体）は薬になる可能性がある。それは近年、**抗体医薬**とよばれる多くの医薬品として実現化されている。

　抗体医薬を可能にした技術革新を紹介する。イギリスのケラーとミルスタインは、B細胞（抗体は産生するが増殖能が低い）とミエローマ（抗体は産生しないが、高い増殖能をもつ）の異なる二つの細胞を融合させた**ハイブリドーマ**を作り出した。このハイブリドーマは、無限増殖できかつ特定の一つの抗体を大量に産生し続ける能力をもっていた。ハイブリドーマから産生される抗体は、**モノクローナル抗体**とよばれる（図11.18）。現在では、遺伝子が改変され、ヒトの抗体を産生するようなマウスが開発されている。この改変マウスにタンパク質（抗原）を注入し、その抗原に特異的に反応するモノクローナルなヒト抗体の作製が可能となっている。

　この"モノクローナル抗体作製（図11.18）"において、多数のハイブリドーマ（それぞれが異なる抗体を産生している）の中から、"目的の抗体を産生するハイブリドーマのコロニーを単離"する過程がある。読者は意外に思うだろうが、狙ったコロニーを見つけるという点において、この"ハイブリドーマの単離"と"コッホによる病原菌の単離（図1.4）"の原理は全く同じなのである。

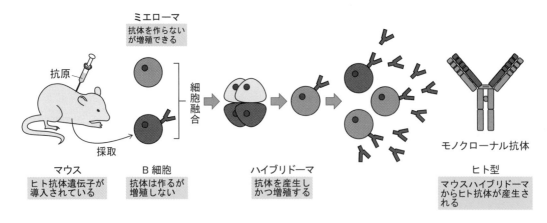

図 11.18　ヒト型モノクローナル抗体の作製

　体内で疾患を引き起こす原因のタンパク質（抗原）がわかった場合、その抗原を特異的に認識できるモノクローナル抗体を注入し、疾病の原因である抗原の働きを中和することにより、症状を緩和させる薬を抗体医薬とよぶ。

　クローン病では、小腸や大腸の消化管に同時多発的な穴が開く難病である。この穴を開けるのを促進している "体内分子 TNF-α" の働きを抑えるモノクローナル抗体は治療薬になる。関節リウマチは、関節部分の軟骨・靱が変性し関節が曲がってしまう難病だが、この症状の悪化に関わる IL6-R の機能を抑制する抗体医薬も開発されている。がんの原因の抗原を中和するがん治療薬としての抗体医薬のリストは年々加速的に増加している。「体内の疾病を悪化させている分子を "毒" とみなし、それをモノクローナル抗体（抗毒素）で中和する」という抗体医薬の概念は、体外の破傷風菌の毒素の働きを抗毒素で中和することで、破傷風の症状を緩和する血清療法と基本的に同じといえる（図 11.15）。

　免疫細胞は、がん細胞を破壊できる。しかし、がん細胞の中には免疫細胞の働きを抑え、殺されないように変化したものもいる。本庶佑は、がん細胞が PD-L1 というタンパク質を細胞膜上に作り出し、その PD-L1 が免疫細胞の PD-1 と相互作用するとき、免疫細胞ががん細胞を殺さなくなることを発見した。そこで本庶と製薬会社は、抗体医薬抗 PD-1 抗体を開発し、それをがん患者に投与した。あるがん患者では、がん細胞が免疫細胞に殺されていった（図11.15）。このような従来とはまったく異なる視点のがん治療（がん免疫療法）を提示した業績で、本庶は 2018 年ノーベル医学生理学賞を受賞した。この成果の大元には血清療法の概念がある。その意味では、北里が受賞しなかったノーベル賞を、抗体医薬を使いがん免疫療法を確立した本庶が、100 年以上の時を経て受賞したことは日本にとって喜ばしいできごとだった。

　抗体の話が長くなったが、免疫は抗体だけでは成り立たない。次節で、さまざまな免疫の反応を簡単に紹介する。

11.11 敵を即座に始末する　─免疫反応④ 獲得免疫と自然免疫─

　体を守る最前線は、体表と粘液である。体表は外側から表皮、真皮、皮下組織と何層もの構造からなり、表皮部分で細菌やウイルスの体内への侵入を物理的に阻止する。呼吸器系、消化器系、泌尿器系、および生殖系や眼などは体内にあるように勘違いしやすいが、数学のトポロジーからすれば体の外側になる。消化器系は体を貫通した一本の穴であり、他の器官も体の中に落ちこんだ窪みである。このような“体内に埋もれたかに見えるが実際は外側の部分”は大量の粘液で細菌やウイルスを流し排除する。胃では塩酸で細菌を殺し、眼ではリゾチーム（第1章のフレミング参照）が細菌を溶かす。また、体表および上記の器官である外側部分は、ヒトの場合、総計100兆個の細菌（真正細菌と古細菌）と共生しているため、それら共生している細菌が感染症の原因菌の増殖と競合することで、間接的に病原菌の繁殖を防いでいる。

　これらの一次防御網を越えて侵入してきた敵に対峙するのが、免疫細胞となる。免疫細胞の共通起源は、骨髄（コラム5参照）にあるすべての血球になる能力をもつ“造血幹細胞”であり、そこから多種類の免疫細胞が誕生（総計2兆個：合計1kg）するが、他の器官のように目に見える部分は少ない。これらの細胞は、血液、組織液、リンパ系、免疫系の各組織（胸腺・脾臓・リンパ節・パイエル板など）に散らばり、全身をパトロールしている。

　極めて特異性が高いが、週の単位で時間のかかるような抗体の生産ではなく、侵入してきた敵をすぐに排除できる方が、防御のうえでは有利になる。そこで、免疫細胞は、真正細菌やマイコプラズマの成分であるリポタンパク質、細菌のべん毛フラジェリン、DNAウイルスのDNA、RNAウイルスのRNA、をそれぞれ認識できる受容体を細胞膜あるいはエンドソーム（エンドサイトーシスで取り込んで形成された小胞）に用意している（図11.19）。その受容体への結合は、想定内の侵入者（マイコプラズマ、細菌、ウイルス）の存在を意味しており、それらが繁殖する前に、直ちに排除しはじめる。たとえば、マクロファージは細菌を貪食し、リソソームで溶かしてしまう。

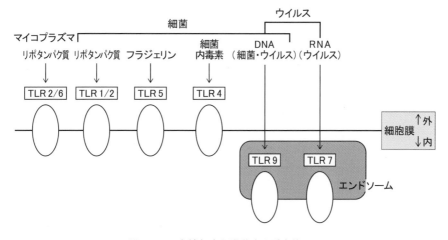

図11.19　自然免疫を発動する受容体

　このような、一連の免疫反応を、**自然免疫**とよび、抗体の特異性のように感染後に時間を経て形成される免疫を**獲得免疫**とよんでいる。免疫システムにおいて、自然免疫と獲得免疫が複雑に連携しあい、さまざまな敵を効率よく排除しているのである。

COLUMN (5) ══════════════ 《骨》

　　本書では、骨について詳述する紙面の余裕はないので、本コラムで簡単に説明する。骨は、リン酸カルシウム（70%）、コラーゲン（20%）、水（10%）からなり、同じ重量で比べれば鉄よりも強度があり、骨格筋とともに、動物の運動機能を支える。骨は、強度が必要な場所では厚くなり、神経や血管に安全に通れる溝を提供するとともに、その内部に空洞をもつ。その空洞部分には骨髄とよばれるゼリー状の柔らかい組織があり、その骨髄に造血幹細胞が存在している。造血幹細胞は、本章で紹介した赤血球や免疫細胞（リンパ球、マクロファージなど）を含め、すべての血液細胞の源である。遺伝性の免疫不全、白血病の根本治療の際は、患者の骨髄に放射線照射して患者の造血幹細胞を死滅させる。その上で、ドナー（移植による拒絶反応が起こらないと予想されるヒト）から採取した骨髄液を患者に注入する。移植骨髄に含まれる造血幹細胞から、すべての血液細胞が患者の体内で再構築されるため、免疫不全や白血病が根治する。

　本章は、ここで終える。多細胞生物としての“ヒト”の生きる過程を例にとってまとめてみる。全身の細胞は、さまざまな器官の働きと連携により、栄養・酸素が配給される。それを奪い、かつ攻撃してくる敵から身を守ることもできる。しかしこの状態は、全身の細胞が腐らず、食べられず、ただ生きてときおり増えるだけであり、多細胞生物としてのアイデンティティーはまるで発揮されてはいない。さまざまな器官の存在と働きがわかったとしても、さらにそれらが「One for all, all for one」のように連携できる仕組みまでを知らなければ、多細胞生物を理解したとはいえないだろう。それを次章で説明しよう。

第12章　神経系・内分泌系

12.1　身近なものでドミノ倒し　—細胞内情報伝達—

　前章までで、細胞の中の複雑さ、多細胞生物における各器官の仕組みの複雑さ、を学んできた。それらの複雑なもの同士がネットワークを形成し、お互いに連絡しあい活動しており、それらを全体像として理解したいとするならば、それらを全部学ぶ必要がある。しかし、そうなった場合、初学者はここで生物学の学習をギブアップする。本書では、詳細はその他の教科書や専門書に譲り、なるべく単純に説明し、本章以降の脱落者を減らしたい。

　動物体内での各器官間の2大連絡網は、**神経系**と**内分泌系**である。ヒトの神経系の主要器官として、脳・脊髄・神経網がある。ホルモンを介する内分泌系には、視床下部・脳下垂体・副腎・甲状腺・副甲状腺、および生殖系（精巣あるいは卵巣）、に前章の各器官を加える必要がある。神経系と内分泌系ともに、細胞外からの情報を受け取った細胞は、その情報を処理し、何らかの応答をする（応答しなければコミュニケーションは成立しない）。その際に、すべての細胞に共通に備わっていて、ドミノ倒しのように伝わる細胞内のコミュニケーション手段（**細胞内情報伝達**）が作動する。まず共通性の高い細胞内情報伝達について最初に理解すべきである。

　シグナル分子（タンパク質、ペプチド、低分子化合物）を発信する細胞（発信者）は、自身の細胞でシグナル分子を生合成し、細胞の外に放出する。一方、シグナル分子を受信する細胞（受信者）は、そのシグナル分子を受信するために、シグナル分子と特異的に相互作用できる受容体を用意している（図 12.1 (a)）。大多数のシグナル分子は細胞膜を通過できないため、受信者は**細胞膜上に特異的な**受容体を張りだし、近くを漂うシグナル分子を捉える。低分子のシグナル分子のうち、脂溶性の**ステロイド・ホルモン**（生体膜の脂溶性のコレステロールが原材料）は簡単に細胞膜を通過するため、受信者は細胞の中に受容体を用意する。ステロイド・ホルモンと結合した受容体は最終的に核の中で働くため、"**核内受容体**"とよばれ、多数の遺伝子の転写を正負に一斉に制御する形で、シグナルに応答する。

　細胞膜上での"受容体とシグナル分子との会合"は、当然ながら受容体に構造変化をもたらす。その構造変化は、大きく (1)～(4) の反応を引き起こす（図 12.1 (b)）。(1) 受容体のもつ酵素活性（**タンパク質のリン酸化**）を上昇させる、(2) 受容体のもつチャネルを開口させる（イオンが細胞に流入）、(3) 受容体が**グアニル酸シクラーゼ**（GTP からサイクリック GMP［cGMP］を合成する酵素）を活性化する。(4) 受容体と相互作用している **G−タンパク質**（GTP との結合性を有する）を不活性型の GDP 型から活性型の GTP 型に変換することで、G−タン

パク質の働きに影響を与える。

　（4）において、影響を受けた G–タンパク質は、**アデニル酸シクラーゼ**（サイクリック AMP ［cAMP］合成酵素）を活性化する場合と、その逆に活性を抑える場合がある。また G –タンパク質が**ホスホリパーゼ C** を活性化し、イノシトールリン脂質（細胞膜の構成員）をジアシルグリセロール（**DG**）とイノシトール 3 リン酸（**IP3**）とに 2 分し、前者は細胞膜に留め、後者を細胞質へと放つ。ここで、cAMP、IP3、DG に cGMP を加え、これらを**セカンドメッセンジャー**（図 12.1）とよんでいる。

　ここで着目すべきは、（1）〜（4）を作動させるいずれの受容体においても、シグナル分子との結合でもたらされた受容体の構造変化は、リン酸、イオン、ATP、GTP、イノシトールリン脂質、という細胞内外にありふれた化合物の変化へと、転換される。

　受容体のタンパク質リン酸化活性に関し、細胞外の増殖シグナルを受容した場合を例として紹介する。活性化した受容体は自分自身をリン酸化する。それが Ras（G–タンパク質の仲間：がん遺伝子で登場済、図 9.18）の活性化 GTP 型へと変換させ、それが MAPKKK（K はキナーゼの略でタンパク質リン酸化活性をもつ）を活性化し、その結果下流の MAPKK がリン酸化さ

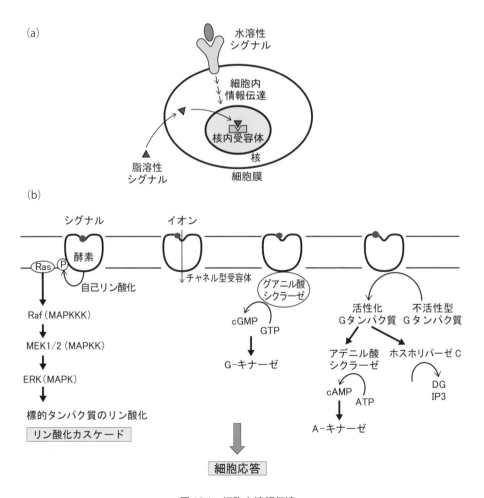

図 12.1　細胞内情報伝達

れる。するとリン酸化された MAPKK は MAPK をリン酸化し、リン酸化された MAPK は受容細胞に用意されていた標的となるタンパク質をリン酸化する。最終的にリン酸化された標的が受容細胞に特有に応答（代謝、転写、細胞骨格、細胞運動、物質の出入、などあらゆる反応）を引き起こす（図 12.1）。"受容体とシグナル分子との会合" という元々の情報は、**リン酸化カスケード**により増幅され、シグナルを受信した細胞に確実な応答をもたらす。

MAP キナーゼ以外にも、タンパク質のリン酸化は情報伝達に汎用される。cAMP によって活性化する **A-キナーゼ**、cGMP（サイクリック GMP）によって活性化する **G-キナーゼ**、DG と Ca^{2+} によって活性化される **C-キナーゼ**、Ca^{2+} で活性化する**カルモジュリンキナーゼ**、PI (3,4,5) P3 によって活性化される **Akt-キナーゼ**、などがある。これらにキナーゼの下流でリン酸化カスケードが起こり、細胞応答が生じる。

C- キナーゼやカルモジュリンキナーゼの活性化に必要な Ca^{2+}、Akt-キナーゼの活性化に必要な PI (3,4,5) P3 も、セカンドメッセンジャーである。G タンパク質共役型の受容体の活性化により、細胞膜中のイノシトールリン脂質がホスホリパーゼ C により 2 分され DG と IP3 になる（図 12.2）。その後者が細胞質へと放たれ小胞体の膜上にある IP3 受容体に結合し、その受容体の構造変化で小胞体内に閉じ込められていた Ca^{2+} が細胞質に放たれる。

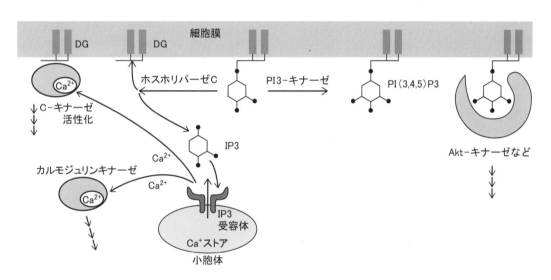

図 12.2　セカンドメッセンジャー（DG、IP3、Ca^{2+}、PI (3,4,5) P3）

Ca^{2+} と結合したカルモジュリンキナーゼは、細胞質で活性化する。一方、Ca^{2+} と結合した C- キナーゼは細胞膜上の DG と結合し、そこではじめて活性化する。同様の細胞膜を起点とするセカンドメッセンジャーが、受容体により活性化された PI3-キナーゼにより膜上に作り出された PI (3,4,5) P3 である（図 12.2）。PI (3,4,5) P3 は、Akt-キナーゼ以外にもさまざまなタンパク質と相互作用し、下流に情報を伝達していく。

活性化された各種タンパク質・リン酸化酵素により、シグナルを受信した細胞の標的タンパク質がリン酸化され、その標的タンパク質により受信細胞はあらかじめ細胞にプログラムされていた応答をする。シグナル受信により細胞内でドミノ倒しのように起こる細胞内情報伝達の

概略がわかったところで、多細胞で構成される神経と筋肉の成り立ち、および両者間でのシグナル送受信を例として見てみることにしよう。

12.2　細胞を改造し、筋肉を作る　― 筋肉 ―

　ヒトを含めた動物の筋肉に関し、大脳の支配を受け、意志によって収縮させることができる**骨格筋**（骨格に付着してその運動を行う骨格筋肉）を**随意筋**とよぶ。意志によって収縮させることができない筋肉を**不随意筋**といい、心臓を構成する**心筋**と**内臓筋**がそれにあたる。骨格筋と心筋は横縞模様があるので**横紋筋**、内臓筋には横縞模様がなく**平滑筋**とよばれる。

　筋肉を構成する最小単位の細胞を**筋繊維**という（図 12.3）。骨格筋の長いひも状の**横紋筋繊維**は、たくさんの単細胞同士が融合した巨大な細胞質に存在し、融合前の単細胞に由来する核が細胞膜の表面近くにたくさん存在する。一方、心筋や平滑筋は単細胞からなる筋繊維をもつ。それぞれの筋肉細胞は、核・筋繊維・ミトコンドリア以外に**筋小胞体**（筋肉特有の小胞体）が含まれている。筋肉細胞でのそれぞれの細胞内の構造の働きを順番に説明する。

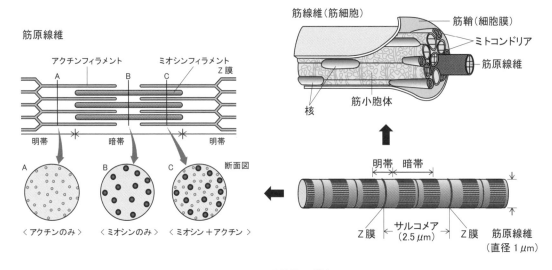

図 12.3　骨格筋の構造

　筋肉の核は、"筋肉を作れ"と転写の指令を出す**転写調節タンパク質**（図 6.11）の働きで、筋肉特有の構造を形作る。ヒトの体は、一つの受精卵から増殖し、筋肉も含めた 200 種類もの細胞に分化する。そして、いったん分化した細胞は、原則として他の種類の細胞に変化しない（図 12.4 左）。ヒトの体で、脳が突然筋肉に、筋肉が突然胃になっては困るのである。しかし、1987 年アメリカのワイントラウプは、"MyoD という転写調節タンパク質のもとになる DNA"を繊維芽細胞に導入し、筋肉細胞への形質転換に成功した。転写調節タンパク質の中には、一度決まった細胞の運命を再プログラムできるタンパク質の存在が示されたのである（図 12.4 右）。

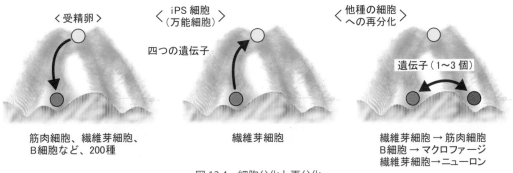

<受精卵>

<iPS 細胞
（万能細胞）>

四つの遺伝子

<他種の細胞
への再分化>

遺伝子（1～3 個）

筋肉細胞、繊維芽細胞、
B細胞など、200種

繊維芽細胞

繊維芽細胞 → 筋肉細胞
B細胞 → マクロファージ
繊維芽細胞→ニューロン

図 12.4　細胞分化と再分化

　その他の例として、2004 年、抗体産生を担う B 細胞に "転写調節タンパク質のもとにな
る DNA" を導入し、細菌を貪食するマクロファージに形質転換できた（図 12.4 右）。そして
2006 年に三番目の事例として、山中は " 四つの転写調節タンパク質のもとになる DNA" を繊
維芽細胞に導入し、iPS 細胞という万能細胞に形質転換させた（図 12.4 中央）。それがノーベ
ル賞の対象となった。このように、最先端の科学として人工的に分化した細胞を再プログラム
して他種の細胞に形質転換させる技術は存在している。しかしながら、哺乳類動物において、
それは自発的には起こらない。いずれにしても、筋肉細胞の核からの情報は、筋肉特有の構造
しか作り出さない。それでは、筋肉にはどのようなタンパク質が存在し、どのような構造を作
りだしているのだろうか？

　筋肉のタンパク質については、1938 年ハンガリーのセント = ジェルジがウサギの筋肉をす
りつぶし、**アクチンとミオシン**という 2 種類のタンパク質を大量に得た。彼はその二つのタ
ンパク質を試験管に入れ紐を作り、そこに ATP を加えるとその紐が急速に収縮すると報告し
た。後年、江橋節郎は、このアクチンとミオシンの収縮が、**トロポニン**というタンパク質とカ
ルシウム（Ca^{2+}）によって制御されることを示した。

　すりつぶす前の筋肉の構造として、**筋原繊維**が秩序だって並んでいる**横紋筋**の横縞模様は、
明帯と**暗帯**から構成される（図 12.3）。筋原繊維は**アクチンフィラメント**と**ミオシンフィラ
メント**からできている。筋原繊維は **Z 膜**という網目状のタンパク質複合体で仕切られており、
アクチンフィラメントはその一端が Z 膜と付着している。Z 膜から Z 膜までの構造を**サルコメ
ア**とよぶ。ミオシンフィラメントが並ぶ部分は暗く見えるので暗帯といい、ミオシンフィラメ
ントを含まない部分は明るく見えるので明帯という。アクチンとミオシンは細胞の形を保つ細
胞骨格であり（図 11.4）、また分裂しかけた二つの細胞をくびり切る際に物理的な力を提供し
ている（図 9.3）。

　このアクチンとミオシンを整然と並べかつ Z 膜という硬い壁に結合させ、ミオシンフィラメ
ントの間にアクチンフィラメントを滑り込ませることで収縮させることができる（図 12.3）。
セント = ジェルジの観察は、いまは分子レベルで説明される。ミオシンフィラメントの頭部と
アクチンフィラメントが結合すると、ミオシン頭部に ATP が結合し、ミオシン頭部の ATP 分
解活性で ATP が分解される。その際、ミオシン頭部がアクチンフィラメントを手繰り寄せる

ように動き、アクチンフィラメントがミオシンフィラメントの間に滑り込んで収縮が起こる（図12.5）。筋肉の収縮に必要な ATP は、解糖系＋乳酸発酵、ミトコンドリアを介した酸化的リン酸化から得られる（詳細は 5.6 節）。

　この両フィラメント間の滑り込みは通常は起こらずに、筋小胞体で制御されている。江橋らの活躍により以下のことがわかっている。(1) アクチンフィラメントとミオシン頭部の結合はトロポミオシンにより阻害されているが、(2)、(3) 筋小胞体からの Ca^{2+} の放出がこのトロポミオシンによる阻害を解除し、(4)、(5) アクチンフィラメントにミオシン頭部が結合し、両フィラメントが滑り始める（図 12.5）、つまり筋肉は収縮する。逆に、筋小胞体が Ca^{2+} を取り込み、Ca^{2+} の濃度が下がると、アクチンフィラメントにミオシン頭部が結合できなくなり、筋弛緩が起こる。

　18 世紀末イタリアのガルバーニは、死んだカエルに電流を通すと、筋肉が痙攣することを発見した。いまでは、骨格筋の収縮に必要なシグナルが、電流を伝える神経細胞からもたらされることがわかっている。神経と筋肉の接合部において、神経細胞からのシグナル分子（神経伝達物質）であるアセチルコリンが、筋肉に向けて放出される。アセチルコリンの存在は、1920 年代にドイツのレーヴィーが夢でみたとおりに実験して証明された。レーヴィーは “(a) 迷走神経のついたカエルの心臓” と “(b) 迷走神経がついていないカエルの心臓” を用意した。その二つの心臓 (a)、(b) を一緒の溶液に浸し、迷走神経を刺激した。結果、心臓 (b) が心臓 (a)

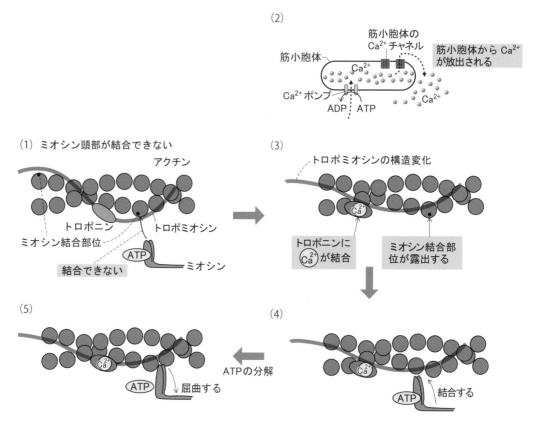

図 12.5　Ca^{2+} による筋収縮制御

と同じ反応をした。このことは、迷走神経により刺激された心臓（a）から化学物質が放出され溶液中を拡散し、それが心臓（b）に働きかけたことを示していた。後年、その化学物質が精製され、アセチルコリンが同定されたのである。このアセチルコリンの情報は、筋肉で受信され、筋小胞体からの Ca^{2+} の放出につながる（図 12.5）。神経細胞は、どのように筋肉に向けてアセチルコリンを発信するのであろうか。次節では、神経細胞の話をしよう。

12.3　細胞を改造し、神経を作る　― 神経 ―

　自然においては受精卵から次第に細胞分化が進み、神経細胞（ニューロン：神経単位）ができる。一方、人工的に"三つの転写調節タンパク質のもとになる DNA"を繊維芽細胞に導入すれば、ニューロンに形質転換できる（図 12.4 右）。ニューロンの細胞体（10 μm）に核が存在し、ニューロンに必要な構造や物質を作り出している。ニューロンには、細胞体に比べて長い**軸索**（数 mm ～ 1cm）があり、その細胞体の周囲には多数の樹状突起がある（図 12.6 (a)）。

　最長 50cm になる場合もある長く伸びる軸索の内部には、細胞分裂の際の紡錘糸の成分であるチューブリンが細胞体から軸索の先端まで列車のレールのように敷かれている。核からの指令で作られた高分子や低分子は、単なる拡散では軸索の先端には届かない。そのため、小胞に詰められた物質は**キネシン**（ATP を分解しながらチューブリンのレール上を動く**モータータ**

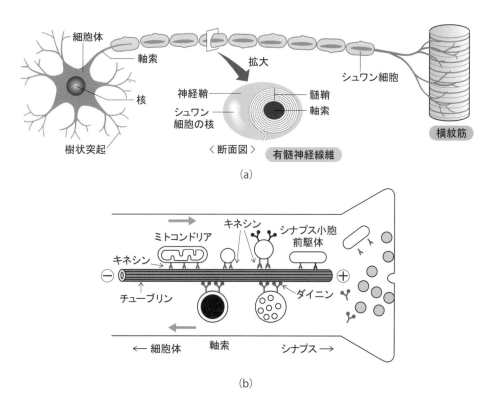

(a)

(b)

図 12.6　神経細胞

ンパク質）にくっつき、キネシンによって細胞体から軸索の先端まで運ばれる。その逆に、軸索の先端の物質は、移動方向がキネシンと逆の**ダイニン**により細胞体へと運ばれる（図 12.6 (b)）。

　キネシンとダイニンは、細胞分裂の紡錘糸（図 9.3）では、チューブリンを動かすモータータンパク質として働いていた。軸索中のチューブリンは固定されているため、相対的にキネシンとダイニンが動くことになる。前節の筋肉細胞と上記の神経細胞の特殊構造（筋繊維・筋小胞体・軸索）などは、多細胞の特性というよりは、単細胞の真核細胞に備わっている細胞骨格・細胞分裂の収縮環・紡錘体・小胞体の Ca^{2+} 保持能・小胞輸送、を最大限に有効利用しているだけにすぎない。

　細胞体から軸索の先端に運ばれるものの中に“**神経伝達物質**”がある。軸索の先端部はいくつかに枝分かれしていて、それぞれの末端はコブ状に膨らむ神経終末となる（図 12.7）。**神経終末**は、他の細胞の樹状突起に接続して情報を伝える。その接続部位（ニューロンとニューロン、ニューロンと筋肉、など）を**シナプス**とよぶが、これらは直接接しているのではなく、シナプス間隙という隙間を隔て接している。シナプスは、脳の切片を染め分け地道に神経細胞の顕微鏡観察を続けた 20 世紀初頭スペインのカハールにより発見された。脳の神経細胞は無数に入り乱れており、シナプスどころか、どの細胞同士が接しているのかさえ通常見分けるのは困難だ。シナプスを見つけるのは、白砂利を敷き詰めた広場のどこかに落ちている 1 個の 100 円玉を見つけるようなものだ。誰かが、100 円玉がここに落ちていると言い、それを確認することは容易だが、最初に見つけるには途方もない努力が要る。カハールはそれができたのだ。**シナプス間隙**での情報のやりとりは、神経終末に集積した“神経伝達物質”を含む**シナプス小胞**（細胞体から軸索輸送で運ばれてくる）が担っている。シナプス小胞は軸索末端の神経終末にだけ見られ、隣接するニューロンの樹状突起や細胞体には見られない。

　シナプス小胞の中味である“神経伝達物質”は超省エネで合成される。省エネ No.1 は、アミノ酸（アスパラギン酸、グルタミン酸、グリシン）と ATP である。これらは、細胞内のありきたりの化学物質をそのまま小胞に詰めるだけでよい。

　省エネ No.2 は、1 〜数段階で簡単に作れる化合物が該当する。アミノ酸の脱炭酸反応（カルボキシ基を外す）だけで合成できる、γ アミノ酪酸（グルタミン酸から）、ヒスタミン（ヒスチジンから）、セロトニン（トリプトファンから）、ドーパミン（チロシンから）、アドレナリン（チロシンから）、ノルアドレナリン（チロシンから）や、トリプトファンから 4 段階で合成できるメラトニンを、小胞に詰める。筋肉で登場したアセチルコリンは、アセチル CoA（エネルギー代謝でありふれた物質）とコリン（細胞膜のリン脂質の一つホスファチジルコリンの構成成分）というありふれたもの同士を合体させ、小胞に詰める。

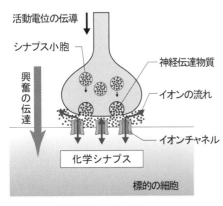

図 12.7　シナプス

　省エネ No.3 は、ペプチド（アミノ酸が数個ペプチド結合で繋がったもの）で、オピオイド（麻薬のモルヒネと関連）やサブタンス P などを、「DNA」→「RNA」→「ペプチド」、という流れで合成するが、ペプチドは短いので最小のエネルギーと材料しか使わずに "ペプチド性の神経伝達物質" を合成し、小胞に詰める。以上のような、省エネ合成でシナプス間の情報伝達の準備が整う。

　シナプス小胞がシナプス間隙に放出され、シナプス間での情報伝達がなされる様子を "運動神経" と "筋肉" との間のシナプスを例にみてみよう。

12.4　体を動かす　—活動電流—

　脊髄を損傷し、運動神経が切断されると、頭（脳）を使って "動け" と筋肉（本来、切断された神経が接続していた）に命令しても、筋肉に情報が伝わらず、筋肉を動かすことはできない。運動中枢からの最初の指令は、ニューロンからニューロンへと伝わり、最後はニューロンと筋肉の接合部に到達する（図 12.7）。ここでは、最後の部分に焦点を合わせる。

　ガルバーニの観察（電気により死んだカエルの筋肉が痙攣する）における電気の役割は、イカの巨大神経細胞を用いた 1960 年代イギリスのホジキンとハクスレーの実験により以下のように解明された。ニューロンが興奮していない静止時には、細胞外には Na$^+$ が多く、細胞内に K$^+$ が多くなるように調節されている（図 12.8（a））。**序章（図 0.1）や第 5 章（5.6 節）で述べたように、ニューロンを多く含む脳が大量の酸素とグルコースを消費している。その消費で作り出された ATP は、この静止状態（図 12.8（a））の能動的な維持に使用される。**その結果、細胞膜の内側が外側に対して約 70mV 負になる電位差が生じ、この電位差を静止電位という。神経に刺激が加えられ興奮が生じると、細胞膜の Na$^+$ に対する透過性が一時的に高まっ

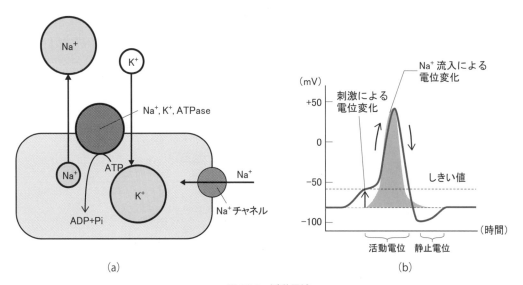

(a)　　　　　　　　　　　　　　　(b)

図 12.8　活動電流

て、細胞内に Na^+ が大量に流入する。その結果、膜内外のイオン濃度が変化して細胞膜内外の電位差が逆転し、**活動電位を生じる**（図 12.8（b））。

　興奮した部位と隣接する部位との間に電位差ができると興奮部と隣接部との間に電流が流れる。これを**活動電流**という（図 12.9（a））。神経細胞内を興奮が伝わるのは、活動電流によって隣接部が次々に刺激されるからである。神経細胞内を興奮が伝わることを**興奮の伝導**という。運動は迅速であるほうが、敵から逃げたり、獲物を捕えたりするのに有利である。脳からの指令が、長い軸索上を活動電流でゆっくり伝わっていくのでは動物の生死に関わる。運動神経を含めた多くの神経細胞の軸索は、ミエリン鞘という飛び飛びの絶縁体で覆われている。ミエリン鞘は、ミエリン（細胞膜の構成員ガングリオシドの一種）を含むシュワン細胞の細胞膜が伸びて軸索に何重にも巻きついたものである。脳からの指令を最速で筋肉に伝えるために、活動電流は、このミエリン鞘で絶縁していない細胞膜の部分を**跳躍伝導**することで、迅速な運動を可能にしている（図 12.9（b））。

　活動電流は軸索末端のシナプスに到達する。シナプス間隙は、隣り合う細胞同士でも細胞膜はつながっていないので活動電流はシナプス間隙を越えて、次のニューロン（あるいは筋肉など）に直接は伝わらない。ここで、前節でニューロンが事前に準備していた "神経伝達物質" を含むシナプス小胞の出番となる。活動電流がシナプスに到達すると、シナプス小胞が細胞膜（シナプス前膜）と融合し、その中味の神経伝達物質を、シナプス間隙に放出する。神経伝達物質は、**シナプス後膜**（次のニューロンや筋肉の細胞膜）上の受容体と結合する。ニューロン

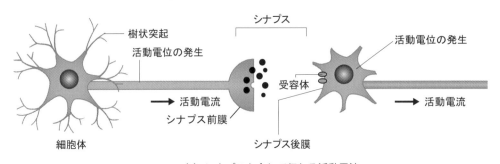

(a) シナプスを介して伝わる活動電流

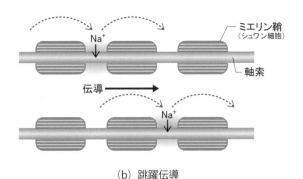

(b) 跳躍伝導

図 12.9　電流が流れる神経細胞

からニューロンの場合は、神経伝達物質がシナプス後膜の受容体に結合すると、Na^+イオンを細胞内に流入させることで活動電位（シナプス後電位）が生じ、興奮が伝達される仕組みだ（図12.9（a））。

運動神経から放出された神経伝達物質であるアセチルコリンは、筋肉細胞の受容体に結合する（図12.7）。すると、微弱な陽イオンの流入が起こり、それが引き金となって、Na^+チャネルが開口し、Na^+が流入することで、筋小胞体とつながっているT管上に活動電流が生じる。T管は筋小胞体のCa^{2+}チャネルを開口させ、筋肉の細胞質のCa^{2+}濃度の上昇を引き起こし、図12.5で説明した筋収縮を引き起こす。

神経伝達物質の中には、シナプス後膜上の受容体に結合するとCl^-を流入させる場合がある。Cl^-の流入は活動電流の発生を抑えるため、興奮を抑制できる。さまざまな興奮性と抑制性の刺激を樹状突起で同時に受けた神経細胞は、細胞体で活動電流を発生させるか否かを統括し、**all or none（全か無か）**の法則に従い、どちらかに決める（図12.10）。シナプス部分も枝分かれをして、それぞれ異なる神経に配線されるため、ニューロン同士は互いに密にかつ複雑に連絡しあう状況が生み出される。

ヒトの脳では1,000億ものニューロンが1兆個の接続（配線）をしており、個人差も大きく、それら接続の全容解明（コネクトーム：connectome）にはいまの科学技術ではほど遠いと考えられている。コネクトームは体長1mmの線虫（全部で959個の細胞）で達成されている。302個のニューロンの接続（8,000個のシナプス）が解明され、その接続の意味を問う研究が進展している。

ヒトの脳よりも、目で見てほぼわかる解剖学的にわかりやすい、末梢におけるニューロン配線図を次節でみてみよう。

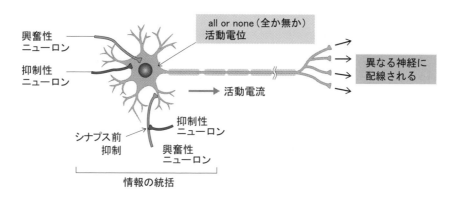

図12.10 配線の多様性

12.5 アクセルとブレーキ ── 自律神経系（交感神経・副交感神経）──

ヒトの体の神経配線のうち、ヒトの意識に上らないものが大多数を占める。もし、心臓の動き、肺の動き、消化管の動き、肝臓の代謝調節など、すべてが認知され、かつ読者自身が「心臓の

鼓動を早くしろ」「食べた肉を消化しろ」などの指令を出さなければならない立場になったら、あまりの忙しさに悲鳴をあげるだろう。

　読者を、上記のような煩雑なことから解放してくれる神経系が**自律神経**である。古代ギリシャのガレノスによる解剖図に自律神経が記載されている。より精緻な解剖図は 16 世紀半ばイタリアのベサリウスによって描かれ、各国の歴代の科学ハンターにより自律神経が身体中の各々の臓器にくまなく張り巡らされていることが 19 世紀半ばまでに周知の事実となった（図12.11）。自律神経は何をしているのであろうか？ 1850 年代フランスのベルナールによる「内部環境の恒常性の維持」という概念の提出を契機に、それぞれの自律神経のもつ "アクセルあるいはブレーキ" の役割が多くの科学ハンターにより解明されていき（図 12.11）、1930 年代アメリカのキャノンによる「**ホメオスターシス**（体内環境はある範囲の状態にゆらぎをもって保たれる）」の概念の提唱に至った。そのホメオスターシス実現のため、**交感神経**と**副交感神経**の二つの自律神経が各臓器に配線され、その働きは拮抗的（反対の作用：自動車でのアクセルとブレーキ）となっている（図 12.11）。心臓を例にあげると、これまでも登場したアセチルコリン（神経伝達物質）は副交感神経と心筋のシナプスで情報を伝え、心臓の動きをゆっくりさせる。一方、交感神経と心筋のシナプスでは**ノルアドレナリン**が働き、心臓の動きを早める。

　心臓の動きを早めるものに「闘争か逃走か」の反応を引き起こす**アドレナリン**（ホルモンかつ神経伝達物質）もある。交感神経が興奮して副腎髄質を刺激すると、**副腎髄質**からアドレナリンが血中に放出される（内分泌については次節でも説明する）。アドレナリンは、心臓や血管系に働きかけ血流を高め、消化器系の機能と生殖系の機能を停止させ、呼吸器系の機能を高めて酸素を吸入し、肝臓にグルコースの血流への供給を促す。戦闘モード全開の状態となり、痛覚も麻痺させ、大きな傷を負っても闘い続け（あるいは逃げ続け）ることができる。

交感神経	器官	副交感神経
脈が速くなる、心収縮力があがる	心臓	脈が遅くなる、心収縮力が下がる
気管が拡張する	気管	気管が収縮する
呼吸を促進する	肺	呼吸が抑制される
収縮する	末梢血管	拡張する
収縮する	冠動脈	拡張する
消化が抑制される	胃腸	消化を促進する
グリコーゲンが分解される	肝臓	グリコーゲンが合成される
胆汁分泌が減少	胆のう	胆汁分泌が増加
インスリン分泌が減少	膵臓	インスリン分泌が増加
散大する	瞳孔	縮小する
涙が出ない	涙腺	涙が出る
唾液分泌が減少	唾液腺	唾液分泌が増加
発汗を促進する	汗腺	（作用なし）
血管が収縮する	皮膚	（作用なし）
弛緩する（尿をためる）	膀胱	収縮する（尿を出す）
異化作用	代謝	同化作用

図 12.11　自律神経系

数年前、日本おいてモーターサイクル・ツーリング中の壮年男性が、走行中にガードレールに接触し、片足の膝下を脱落したにも関わらず、それに気づくことがなかったという。その後、サービスエリアに立ち寄り、オートバイを停め、両足を地に降ろし、立とうとして、転倒して初めて、片足の欠損を知ったと、本人の談である。驚くべき話だが、高速運転中のオートバイで転倒すれば、即座に命を失う。アドレナリンは片足欠損の痛みを封じ、転倒しないような高速運転の続行を可能にしたのである。このような、アドレナリンの多種にわたる作業も、読者の意識による制御ではない。こんな指令を瞬時に複数出すことができるのが、アドレナリンのようなホルモンを介した内分泌系である。

ちなみに、副腎は英語でアドレナリン、ギリシャ語ではエピネフリンという。このホルモンを単離するハンターの先陣争いは、日本の高峰譲吉によるアドレナリン、アメリカのエイベルによるエピネフリン、とそれぞれ名前がつけられ、現在日本とヨーロッパではアドレナリン、アメリカではエピネフリンとよばれている。

神経系のシナプス前膜でのシナプス小胞の分泌は、ホルモン産生・分泌でのホルモン放出と酷似している。ホルモンを受け取った細胞に起こる反応は、細胞内情報伝達の箇所（12.1 節）で紹介済みである。内分泌系が、神経系と大きく異なる点は、シグナル分子がシナプス間隙に封じ込められるシナプスでの情報伝達に対し、ホルモンは血流に乗り多数の臓器・内分泌腺に広範囲かつ同時に情報を拡散できることにある。

次節で、内分泌系について概説しよう。

12.6 　離れたところに信号を送る　― 内分泌系（ホルモン）―

消化液や汗、涙のように排出官（導管）によって運ばれて消化管内や体外に分泌することを**外分泌**というのに対し、**内分泌**とは、排出管によらず直接血液中、体液中に**生体内物質**（ホルモン）を分泌して身体の内部環境を調節し、恒常性（ホメオスターシス）を保つことである。

前節のように、19 世紀末には自律神経による各種の恒常性の維持機構が発見されつつあった。その状況下で神経に依存しない生体内信号の存在を明らかにしたのは、1902 年イギリスのベイリスとスターリングであった。食物消化の際、十二指腸に酸性度の高い胃の内容物が入ってくる（図 5.2）。"十二指腸に人工的に塩酸を加えると膵臓から塩基性の重炭酸塩が分泌されてくる"生体反応が起こることがわかっていた。彼らは膵臓に配線されたすべての神経を切断してもこの反応が起こることから、十二指腸から"何らかの物質"が分泌され、それが膵臓に働きかけたと結論した。それがセクレチンという名の"離れたところに信号を送るホルモン"の発見であった。それ以降は、3.7 節にあるように多くの科学ハンターにより 100 種以上のホルモンが発見されている。ここでは、その全部を説明するのではなく、各種ホルモンに共通する一般的な特徴を概説する。

ホルモンは、動物体内の内分泌腺の分泌細胞や神経分泌細胞などの特定の部分で作られ、血液にごく微量分泌されて、全身に運ばれて、無意識のうちに働いて生体機能を調節する。ホル

モンが働きかける器官を標的器官といい、標的器官の特定の細胞（標的細胞）にのみ、そのホルモンの受容体が存在しており、その受容体と結合することで初めてホルモンの作用が現れる（図12.12（a））。ホルモンの働きに関わる器官などをまとめて**内分泌系**とよぶ（図12.12（b））。

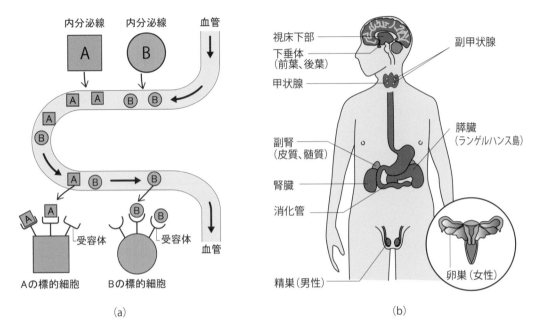

図12.12　内分泌系

　ホルモンの化学的な実体として、一般的に分子量が小さく、化学成分によって三つに大別される。（1）糖質コルチコイドや鉱質コルチコイド、男性ホルモン、女性ホルモンなど、コレステロールを原料として合成される**ステロイドホルモン**、（2）脳下垂体、膵臓、副甲状腺などで作られているポリペプチドからなる**ペプチドホルモン**、（3）副腎髄質や甲状腺のホルモンなどのその他のホルモン、である。水溶性のホルモンの受容体は細胞膜にあり、脂溶性のホルモン（ステロイド系）は細胞膜を通過して核内受容体と結合する。シグナル分子と受容体の結合以降の細胞応答は、説明済みである（図12.1）。

　微量で効果のあるホルモンは、適正にその分泌量がコントロールされる必要がある。そのコントロールは、血液中のホルモン自身の濃度により、**正のフィードバック**（帰還制御）、あるいは**負のフィードバック**を受ける（図12.13）。女性において排卵時の黄体ホルモンや、授乳時のプロラクチンの分泌は正のフィードバックを受ける。一方、他のほとんどのホルモンは負のフィードバックを受けている。なお、内分泌の統括的制御は、間脳の**視床下部**が行う。視床下部は自律神経系と内分泌系を統合する中枢の役割を持っている。

　ホルモンの働きの一部を紹介すると、成長ホルモンやチロキシンのように、体内のタンパク質合成を高め成長を促進するものや、男性ホルモンや女性ホルモンのように、二次性徴を発現させたり出産の調節をしたりするもの、アドレナリンやグルカゴン、インスリンのように代謝の調節を行うもの、さらにアドレナリン、バソプレシンのように他のホルモン分泌の調節を行

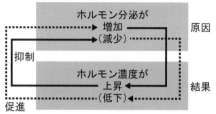

図 12.13　ホルモンの正負の制御

うものがある。

　上記も含め全ホルモン作用の詳細は、機会があればぜひ他書で読んでほしい。

　自ら意識せずに自分の体の恒常性を保つ機構は、大変に興味深い。本章を終える前に、その具体的な説明を一つだけ書き加えたいと思う。なぜなら、それは本書の序章から説明しているグルコースに関するものだからである。

12.7　グルコース濃度を保つ　―インスリンとグルカゴン―

　血中のグルコースが全身の細胞のエネルギー源であることから、血流はそれを供給し続ける必要がある。食後に、一過性に血流中のグルコース濃度（血糖値）が上昇すると、膵臓からインスリンというホルモンが放出され、血流のグルコースは肝臓や筋肉に取り込まれる（図12.14）。グルコースは肝臓や筋肉でグリコーゲンという多糖として貯蔵される。さらにインスリンは肝臓と脂肪に働きかけ、余分なグルコースをトリアシルグリセロールへと合成する。その結果、血糖値は下がる。

　糖尿病は血糖値が高くなる生活習慣病であり、I 型と II 型がある。I 型糖尿病ではインスリンの分泌が低下する。その治療のためインスリンを注射する場合、過度な低血糖による意識不明が起こらないよう注意を要する。血糖値を下げる唯一のホルモンであるインスリンに対し、血糖値を上昇させるホルモンは複数あり、膵臓から分泌される**グルカゴン**、副腎髄質から分泌されるアドレナリン、などがある（図12.14）。

　アドレナリンが肝臓や脂肪に作用すると、「闘争か逃走か」の緊急事態に対応するため、エネルギーを貯蔵する反応は停止される。さらに、「闘争か逃走か」に活躍する筋肉にグルコースを供給するのが肝要となる。そこで、アドレナリンは肝臓でのグリコーゲン分解およびグルコースの血流への放出を促進し、血糖値を上昇させる。ここで血糖値の例をあげたように、体の恒常性を保つための内分泌系の制御は、自律神経系と同様、アクセル役とブレーキ役のホルモンによりバランスが保たれている。

　本章までで、全身に栄養と酸素がいきわたり、各臓器が連携を保った身体の状態を説明できた。この状態を保つには必ずしも意識は必要ない。実際に、脳死状態（意識はないものの、視床下部や延髄が温存され、自律神経系と内分泌系の機能が失われていない）をベッドで維持す

ることが現代の医療で可能になっている。一方、外界の情報を取り入れ、それを知覚するのは、感覚神経および意識が必要となる。正に、それができてこそ動物として生きていく、であろう。そこで、次章では動物の感覚について考えてみよう。

	内分泌腺	ホルモン	作用	
血糖値を下げる	ランゲルハンス島B細胞	インスリン	グリコーゲン・脂肪・タンパク質の合成促進	
血糖値を上げる	ランゲルハンス島A細胞	グルカゴン	肝臓のグリコーゲン分解の促進	速い作用発現
	副腎皮質	アドレナリン	肝臓、骨格筋のグリコーゲン分解の促進	
	副腎皮質	脂質コルチコイド	タンパク質からの糖新生の促進	遅い作用発現
	脳下垂体前葉	成長ホルモン	グルコースの細胞への取り込みを抑制	
	甲状腺	チロキシン	グリコーゲンの分解と腸でのグルコース吸収を促進	

図 12.14　グルコース濃度の制御

第13章 感 覚

13.1 身の回りの状況を把握するには ―感覚神経―

　前章までに登場した自律神経系（交感神経と副交感神経）は、末梢神経に分類される。末梢に対して、情報をまとめて判断を下す文字通り中枢の役割ができるものを**中枢神経系**（脳と脊髄）とよぶ。ヒトの脳は前脳（大脳＋間脳）、中脳、菱脳（小脳＋延髄）となる。大脳は、**大脳皮質**（灰白質）と髄質（白質）からなり、各中枢は大脳皮質に分布している（図 13.1 (a)）。中枢神経系と末梢の器官である感覚受容器や筋肉などの効果器を結ぶのが**体性神経系**（感覚神経と運動神経）という末梢神経である。

　脊髄は、背骨（脊椎骨）の中にある中枢であり、受容器で受けた刺激による興奮を脳に伝え、脳からの命令（興奮）を作動体に伝えるときの神経の通路である。また、反射の中枢でもある。脊髄には背根（後根）と腹根（前根）という神経の通路があり、背根には感覚神経が、腹根には運動神経が通っている。感覚神経は体の各部の受容器から中枢へ興奮を伝える神経で、その方向性から**求心性神経**ともいう。運動神経は、中枢から体の各部の作動体へ命令（興奮）を伝える神経で、その方向性から**遠心性神経**ともいう（図 13.1 (b)）。

　感覚神経を興奮（活動電流を発生）させるのは、受容器［感覚器：舌（味覚器）・鼻（嗅覚器）・目（視覚器）・耳（聴覚器・平衡感覚器）・皮膚（触覚、圧覚、温覚、冷覚、痛覚など）］への刺

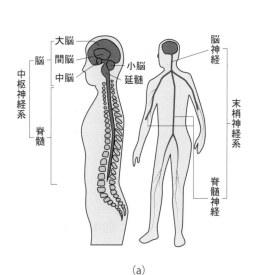

○構造で分類した神経系

神経系	中枢神経系	脳	大脳・間脳・中脳・小脳・延髄
		脊髄	頸髄・胸髄・腰髄・仙髄・尾髄
	末梢神経系	脳神経	脳から出る末梢神経12対
		脊髄神経	脊髄から出る末梢神経31対

○機能で分類した末梢神経系

末梢神経系	体性神経系	感覚神経	末梢の受容器からの刺激を中枢の脳に伝える
		運動神経	脳からの指令を末梢の効果器に伝える
	自律神経系	交感神経	内臓や血管、腺などの働きを拮抗的に調節する
		副交感神経	

○伝達の方向性で分類した末梢神経系

末梢神経系	求心性神経系	末梢から中枢	感覚神経
	遠心性神経系	中枢から末梢	運動神経・自律神経

(a) 　　　　(b)

図 13.1　ヒトの神経系

激である。刺激には、光、匂い、味などいろいろなものがあるが、それぞれの刺激は決まった感覚器で受け取られる（図13.2（a））。このようにある受容器が受け取る特定の刺激を**適刺激**という。受容器で受け取られた刺激は、感覚神経を通して大脳の感覚中枢へ伝えられ、そこで感覚が成立する。

　個々の神経繊維や筋繊維などはある一定の強さの刺激がないと興奮を起こさず、したがって感覚は成立しない。興奮を引き起こし、感覚を成立させるために必要な最小限の刺激の強さを**しきい値**という（図13.2（b））。興奮は刺激の強さがしきい値以上でしか起こらない。しかもしきい値を超えた刺激を与えたとしても興奮の大きさは一定である。つまり、刺激に対して刺激の大小は関係なくまったく反応しないか、最大に反応するかのどちらかであり、"全か無か"の法則に従う。

　それでは個々の感覚ごとに、ヒトに備わっている感覚器および"超"がつく感覚をもつ動物の例を見ていくことにしよう。

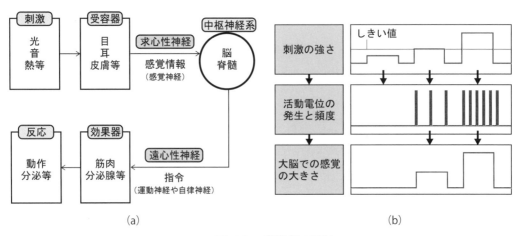

(a)　　　　　　　　　　　　　　(b)

図 13.2　感覚神経の興奮

13.2　おいしいものには理由がある　―味覚―

　単細胞の真核細胞であるアメーバにグルコースを与えると近寄ってくる。酸を与えると逃避する。単細胞生物は、自分を取り巻く環境の中から、必要なものを細胞に取り入れる。その一方、要らないものや毒となるものからは逃げ、細胞に取り込まない。ヒトの**味覚器官**は、舌の乳頭側面にある**味覚芽**（味蕾）である（図13.3（a））。味覚芽には**味覚細胞**があり、水に溶けた化学物質（水に溶けないガラスは当然味がしない！）を刺激として受容し、味覚を生じる。味覚器官は、外から食物（栄養物）を消化管に取り入れる際にその要、不要を判断する最前線に位置する。

　ヒトは、グルコース（糖）の甘み、グルタミン酸（アミノ酸）の旨味（池田菊苗が発見）、Naなどの塩味を感じる。一方、自然界での酸味や苦みは"腐ったもの"や"毒"が食物に含ま

れる可能性を反映する。つまり、単細胞のアメーバが感じることと同様のことをヒトの味覚器官が感知する。甘み、旨味、苦みと結合した受容体は、Gタンパク質を活性化し、IP3 → Ca^{2+} 動員を引き起こす細胞内情報伝達を使う（図 12.1 参照）。酸味つまり H^+ は H^+ チャネルを開口し、塩味つまり Na^+ は Na^+ チャネルを開口する（図 12.1 参照）。これらの味覚細胞の応答が、味覚神経の脱分極を引き起こし、その活動電流が神経細胞間をリレーし（図 12.9）、中枢にまで送られるのである（図 13.2）。

ここで、味蕾の数から、各種動物の味覚を比較してみよう。動物界の味覚チャンピオンは、ナマズである。全身およびヒゲの部分に合計約 20 万個の味蕾が配置され、何も見えない泥を含む淡水の中で、獲物から発せられる味分子の分布から獲物の位置を正確に計算し、狩りを行うのである（図 13.3 (b)）。一方、味音痴と思われる身近な動物はニワトリで、驚くことに 20 個の味蕾しかもたない。哺乳類の中では、肉食動物（約 500）、ヒト（約 6,000）、草食動物（約 20,000 弱）であり、ヒトは肉食動物と草食動物の中間に位置する。

肉食動物は獲物の種類が限られているので、多種類の味を区別できなくても安全に栄養を摂取できる。それに対し、草食動物は、難消化および低栄養の植物を避け、かつ食害から逃れる必要がある。草食動物は、味わいながら"無毒で栄養に富むもの"を選択的に取り入れる必要があるため、この多くの味蕾をもつのだろう。

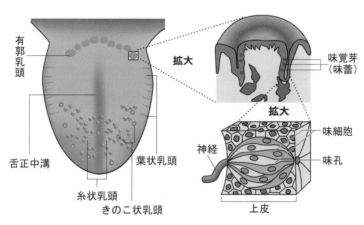

(a) ヒトの舌にある味蕾

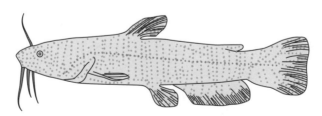

(b) ナマズの体表に分布する味蕾

100個の味蕾を1個の点で表している。
ヒゲには味蕾が非常に密に配列している。

図 13.3 味蕾

13.3 100万の匂いを嗅ぎ分ける ―嗅覚―

　ヒトの嗅覚器官は、鼻腔の上部にある**嗅上皮**である。嗅上皮には**嗅細胞**があり、空気中の匂い物質が粘液に溶けた（水に溶ける必要がある）ものを刺激として受容し、嗅覚を生じる。ヒトの**嗅覚受容体遺伝子**は約800個あるが、そのうち偽遺伝子（DNAとしてはゲノムに存在するが、タンパク質まで翻訳されないもの）が半分あり、匂い物質を受容できるもの（機能的な受容体）は400個程度となる。機能的受容体の数は、イヌで800、マウスで1,000、アフリカゾウで2,000あり、嗅覚のチャンピオンはいまのところゾウである。一方、クジラ（哺乳類）では、進化の過程で鼻腔は潜水時に空気を貯める空間となったこと、空中の匂いはクジラにとって意味がほとんどないことから、偽嗅覚受容体遺伝子は残存するものの、機能的な受容体はほぼゼロにまで退化している。

　ヒトの機能的な嗅覚受容体400個は、400個の異なる匂い物質を区別できるだけでなく、その組み合わせによる数百万種の異なる化合物を嗅ぎ分ける。それぞれの化合物が同時に複数の受容体と結合するため、活性化する受容体の場合の数だけ中枢で匂いを識別できるからである（図13.4）。匂い物質と結合した嗅覚受容体は、Gタンパク質を介してcAMPを産生させ（図12.1）、それが引き金となり脱分極を起こす。そこで生じた活動電流が神経を伝わり中枢に届くのである。

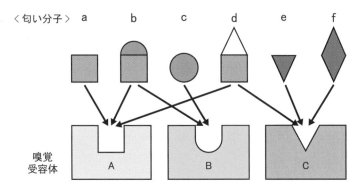

図13.4　匂い物質と受容体

　ここで、自然界で"超"がつく嗅覚をもつ動物をいくつか紹介しよう。サケは河川で生まれ、海を数年にわたり周遊した後、生殖のために自分が生まれた河川（母川）に遡上する。サケを含む硬骨魚類の機能的な嗅覚受容体遺伝子の数は、哺乳類よりも少なく約100しかない。しかし、サケはその限られた嗅覚受容体をフル活用し、母川に含まれる特有のアミノ酸組成のパターンを識別し、驚異的な母川への回帰を実現する。

　北アメリカのヒメコンドルは腐肉食であり、腐肉から放たれる匂い分子"メルカプトン"を何キロも先から嗅ぎ分ける。アメリカのガス会社は、無臭の天然ガスに微量のメルカプトンを混ぜることで、"ヒメコンドルの集合"を指標とした、パイプラインのガス漏れ検知を行っている。

アフリカゾウの 2,000 個の嗅覚受容体が何に役立っているのか、研究が進行中である。大人のゾウ 1 頭は、1 日に 100kg 以上の草木を食べ、100L 以上の水を飲む。それらを群れ単位で確保するために、ゾウは嗅覚をフルに活用しているに違いない。生態系では捕食者のいないゾウであるが、自分たちを狩る民族（マサイ族）の匂いをかぎ分けられるのではないか、という説もある。さらなる研究による謎の解明を待ちたいが、詰まるところ機能的な嗅覚受容体の数は、その動物がどれだけ嗅覚に依存して生きているのかで決まるのである。

13.4　レチナールを延ばし世界を見る　─視覚─

　光刺激によって生じる感覚を**視覚**といい、光刺激を受け取るための感覚器官を**視覚器**という（図 13.5）。ヒトの視覚器である目はカメラ目とよばれ、水晶体やガラス体、紅彩、またそれらを支えたり調節したりする膜や筋で構築されている。光は、眼に届くと、毛様体やちん小帯の働きで厚みが変わり遠近調節できる水晶体で屈折し、ガラス体を通って**網膜**に達し、網膜上に倒立像を結ぶ。

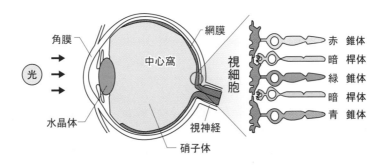

図 13.5　ヒトの眼の構造と視細胞

　網膜に届く光の量は、虹彩の中にある筋の働きによって、瞳（瞳孔）の大きさを変化させることで調節されている。網膜に届いた光は、網膜中にある光を感じる感光細胞（視細胞）で受容され、**錐体細胞**、**桿体細胞**によって色と明暗を感じ、それらの刺激が視神経を通して大脳へと興奮を伝え、視覚を生じる（図 13.5）。

　網膜全体に分布する "桿体細胞" は、薄暗いところで弱い光に反応し、明暗と物の形を識別できる。桿体細胞の細胞膜上に、**桿体視物質**である**ロドプシン**という受容体がある。ロドプシンは**オプシン**というタンパク質と**レチナール**という低分子（ビタミン A より供給）から構成されている。光がシス型で曲がっているレチナールに当たると、レチナール分子がトランス型に延びる。すると、オプシンも巻き込まれて構造変化を起こす（図 13.6）。その構造変化は G-タンパク質を介してセカンドメッセンジャー cGMP を産生する。cGMP はカチオンのチャネルを閉じることで脱分極を起こす。それにより発生した活動電流が大脳の視覚中枢に届けられる。

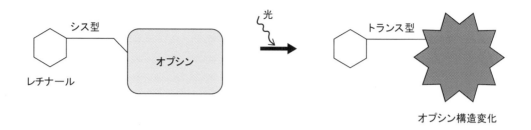

図 13.6 光によるレチナールの変化

　錐体細胞は明るいところで色を識別する細胞で、根元が円錐状の形をしており、片目におよそ 650 万個分布している。しかし、左右の目は立体視に意味をもち、両目合わせて倍の解像度にならない。したがって、650 万画素の性能となる。ヒトの色覚については、プリズムで虹を作り出したニュートンらも諸説の思考を費やしたが、現在にも通用するヒトの色覚の 3 原色説を最初に提唱したのは、1802 年イギリスの物理学者ヤングだった。

　その実体は、3 原色を見分ける 3 種の受容体の存在により証明されている。錐体細胞は 3 種あり、それぞれの錐体細胞の細胞膜上には、**錐体視物質**である**赤錐体**、**緑錐体**、**青錐体**とよばれる受容体のいずれかが存在する（図 13.5（a））。3 種の受容体はロドプシンと同様、赤オプシン、緑オプシン、青オプシンがそれぞれレチナールを内部に抱え込んでいる。赤錐体は赤い光、緑錐体は緑の光、青錐体は青い光を受けるとレチナールが延び、受容体の構造変化が起こり、その後の情報の伝わり方は、ロドプシンのときと同じである（図 13.6）。ヒトは 3 原色を見分けることで、豊かな色彩を認識している。

　時代を遡ると、哺乳類の祖先は、恐竜から逃れるために夜行性だったと想定されており、多くの哺乳類は 2 原色（赤、青）で生きていた。恐竜が絶滅し、昼間に活動の場を広げ、6,500 万年の時を経ても、イヌ、ネコ、ウシ、ウマなど多くの哺乳類は 2 原色のままである。一方、貴重な栄養素を効率よく得るため、食物となる果物の熟れかたなどを見極めるために、ヒトを含む大型類人猿は 3 原色を獲得したと考えられている。

　ちなみに、恐竜の直系の子孫である鳥類は、恐竜時代の昼間の王者の遺産として紫外線に近い光を感知できる錐体視物質をもっている。つまり鳥類は、4 原色の鮮やかな色の世界に生きており、それゆえ、クジャクがその筆頭といえるが、鳥のオスがメスを引きつけるための派手な配色の羽をまとうことに意味があるのである。猛禽類の視細胞の数は、ヒトの視細胞の 7 倍であり、遠くの獲物を見つける視力は驚異的なレベルにある。

　夜行性のふくろうは "桿体細胞" をたくさん網膜に用意し、夜における視力はヒトの 100 倍ともなる。そのため、ふくろうは、昼間は眩しすぎて狩りは行わない。ヒトも暗いところから急に明るいところに出ると一時的に眩しく感じるが、やがて明るさにも慣れ、物が見えるようになる。これを**明順応**という。逆に明るいところから急に暗いところに入ると可視光量の急激な低下により何も見えないが、やがて闇にも慣れ、徐々に物が見えるようになる。これを**暗順応**という。

　明順応では、暗いところで再合成され、蓄積されていたロドプシンが急激に分解されて大量

のエネルギーが発生する。そのとき、桿体細胞が過度に興奮するため眩しくて見えなくなるが、しばらくするとロドプシンが減少し、エネルギーも小さくなり、桿体細胞の興奮性が低下、錐体細胞も働くようになって明るさに慣れる。逆に暗順応では、明るいところで桿体細胞内のロドプシン分解がされていたため、暗くなってからのロドプシンの再合成が急には間に合わず、桿体細胞の興奮性が低くなり物が見えない。しかし、暗くなってからの時間の経過とともにロドプシンが再合成されて、桿体細胞が興奮できるようになり、闇に慣れてくる。なお、ロドプシンの再合成に必要な、レチナールのもととなるビタミンAが欠乏すると、暗所での視覚に障害が起こる夜盲症となる。

13.5 毛をゆらして音を聴く ―聴覚―

　音の刺激を受け取る器官を**聴覚器**という。聴覚は、空気や水中を伝わってきた機械的な刺激が電気信号となり、それを受け取ることで生じる感覚である。ヒトでは、聴覚器と平衡感覚器（次節）が耳で同居している。聴覚器と平衡感覚器はともに**機械的刺激**を受容するという点で、味覚、嗅覚、視覚の**化学的刺激**（味物質、匂い物質、光を受けたレチナール）の受容とは大きく異なる。

　機械的刺激の本質を理解するためには、機械的刺激を受け脱分極する"**有毛細胞**"の性質を知るのが早道である。たとえば、魚類は側線器にある有毛細胞で水の流れを感知する（図13.7（a））。有毛細胞の細胞膜には、一番長い動毛に対し長い順に不動毛が整列している。これらのすべての毛は頂体（クプラ）ですっぽり覆われ、外孔から入った水流が、クプラを変形

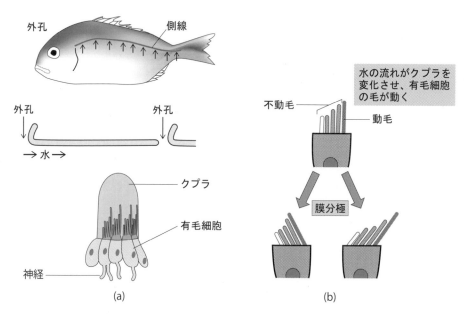

図 13.7　魚の側線器と有毛細胞

させると、毛全体が機械的に曲がり、イオンが流入することで脱分極する（図 13.7 (b)）。

　ヒトの有毛細胞の構造も魚類の側線器の有毛細胞と同じであるが、ヒト聴覚の最終的な受容器は内リンパ液で満たされたうずまき管にある。うずまき管下側にある基底膜には音の受信器であるコルチ器があり、外有毛細胞と内有毛細胞が並びそれぞれの感覚毛は "覆い膜" まで達する。音の振動によりコルチ器の基底膜が振動するため、内リンパ液が振動し、有毛細胞も "覆い膜" も振動する。その機械的刺激が感覚毛を曲げ、内リンパ液中の K^+ イオンの有毛細胞への流入を引き起こし、脱分極させる（図 13.8）。発生した活動電流は聴覚の中枢まで届けられる。つまり、水（あるいはリンパ液）の流れや振動で有毛細胞が機械的刺激を受容する点で、魚類の側線器とヒトのコルチ器は同じ役目を担っている。次に、「音波という空気振動が、どのようにコルチ器の基底膜を振動させたのか」がわかれば、ヒトの聴覚を理解できたことになる。

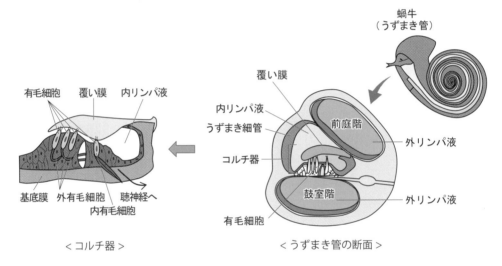

図 13.8　うずまき管の中にある有毛細胞

　聴覚において、音を聞き取るためには、ヒトの耳の外耳（耳殻から鼓膜まで）で集めた音の機械的刺激を、中耳・内耳を経て、聴覚神経を興奮させるまで伝導させる必要がある（図 13.9 (a)）。耳殻から外耳道を通ってきた音波は鼓膜を振動させる。鼓膜の振動は中耳を伝わる。中耳には、耳小骨という骨を収めた鼓室（耳管によって鼻や咽頭と連結）があり、鼓膜の振動は耳小骨で増幅され、内耳に伝わる。内耳（前庭、うずまき管、半規管）にあるリンパ液で満たされたうずまき管（3 層構造で、上が前庭階、下が鼓室階、その間がうずまき細管）を振動させる（図 13.8）。空気振動は水（リンパ液）に伝わる際、減弱するが中耳の耳小骨はそれを防いでいる。

　うずまき管の振動は、"うずまき細管と鼓室階との間の基底膜" を振動させ、その振動が有毛細胞を機械的に刺激する（図 13.8）。基底膜は、うずまき管の入り口に近い方の幅が細く、奥の方が広くなっている。波長の短い高音域の音はうずまき管の入り口の方の基底膜を振動させ、波長の長い低音域の音はうずまき管の奥の方の基底膜を振動させる（図 13.9 (b)）。高音は波長が短く、つまり振動数が多い音であり、聴細胞の感覚毛が覆い膜に触れてもすぐに戻る

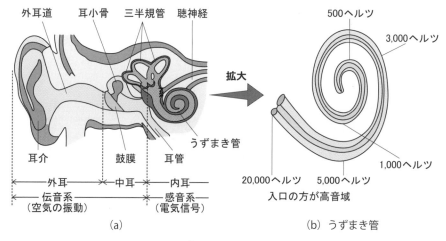

図 13.9　うずまき管に振動を伝える

だけの弾力性に富んでいる必要がある。この弾力性が加齢によって衰えるため、老年になるにつれて高音域の音を感知しにくくなる。

　現在、古代人の遺骨から DNA を回収しその全塩基配列を決定できる時代に入っている（図 10.16）。しかし、温度、湿度とも高い地域の古代人の遺骨は劣化が激しく、DNA 解読に適さないという問題があった。ところが最近、耳小骨の内部は他の骨よりも劣化しにくく、かつそこに含まれる DNA 量も相対的に多いため、耳小骨から古代人 DNA を回収し、その塩基配列の解読が可能になってきた。その一例として、8,000 年前からいまに至る 523 人の古代人のゲノムが復元され、現在人のルーツ探求が加速している。

　聴覚は振動を効率よく伝える仕組みに依存する。濁った水の中に棲む魚類の中で、ナマズやコイは水の振動を音として聞き取る能力が高い。体にあたる水の振動は体内の “うきぶくろ” の中の空気振動に変換させる。その振動は複数の肋骨とウェーバー小骨の骨の振動を介して、最終的に有毛細胞まで伝わる（図 13.10（a））。クジラの陸棲哺乳類時代の外耳は、水棲になった時点で音の収集源として使えなくなった。そこで、下顎の骨を使った骨伝導で、自らがメロンから発した超音波の反射音を集め新たに進化させた耳骨に伝える（図 13.10（b））。その耳

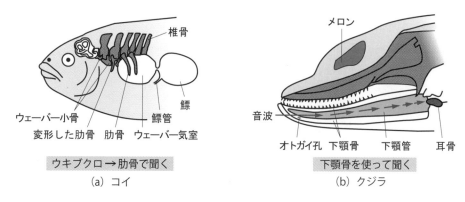

図 13.10　音の通り道は異っても最後は同じ有毛細胞

骨が、中耳の耳小骨に振動を伝える。それ以降は、ヒトの聴覚と同じである。いくつかの動物の聴覚から共通点を見出すと、聴覚の仕組みとは、外界の振動を自分の体の一部の振動に変換し、最終的に有毛細胞の感覚毛を曲げ、脱分極を引き起こすことである。

13.6　毛をゆらして傾きと回転を知る　―平衡感覚―

平衡感覚は、重力に対しての体の傾きや体の回転によって生じる機械的な刺激を感知することであり、これらの刺激を受け取る器官を**平衡感覚器官**という。ヒトの平衡感覚器官は、内耳にある**前庭**と**半規管**である（図 13.11（b））。体の傾きの刺激を受け取るのが前庭であり、体の回転の刺激を受け取るのが半規管であり、それらの内部はリンパ液で満たされている。

　動物が動く方向を認知することは重要である。それ以前に環境の中で自分の体がどのような位置にいるのか把握できなければ、次の行動を起こせない。多細胞生物のクラゲは放射状の体のため前後左右の区別はないが、重力に対して上下の区別は必要となる。クラゲの平衡感覚器では、膜に包まれ液体に浸る平衡石が重力の方向に力を受け、その真下にある有毛細胞の感覚毛と接している（図 13.11（a））。平衡石が動けば、異なる場所の感覚毛が機械的刺激を受け、

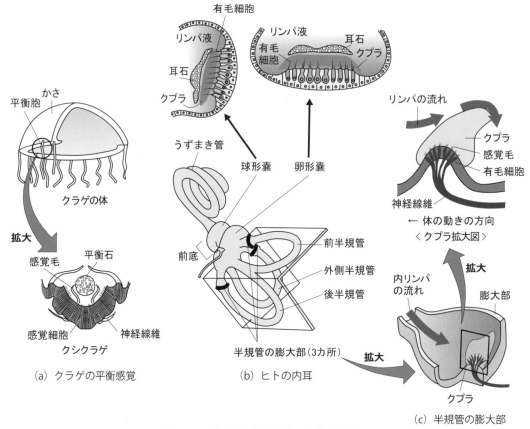

図 13.11　毛を動かして自分の体勢を知る

脱分極する。

　ヒトの内耳の前庭には球形嚢と卵形嚢があり、それぞれ感覚毛をもった有毛細胞がある。球形嚢は垂直方向の加速度を、卵形嚢は水平方向の加速度および頭の傾きを検知できる。その原理は、クラゲと同様に石を使っている。体（頭も含め）が動くと、有毛細胞の感覚毛の上に乗っている耳石（石灰質の粒）がずれて異なる場所の感覚毛を刺激し、脱分極が起こるのである（図13.11（b））。これが大脳に伝わり、重力方向への変化、水平方向への変化、および傾き感を生じる。

　クラゲと異なり、ヒトを含めた左右対称動物は、前後上下左右への動きを認知する必要がある。それができなければ、捕食者から逃げることができず、獲物を捕らえることもできず、生き延びることはできない。進化上、魚類に至る前の動物に位置付けられる円口類は、2本の半規管しかもたないが、魚類以降のヒトを含めた脊椎動物では、半規管は前庭の上部に半円形をした3本の管が互いに直交するように配置されるようになり、それぞれ別の方向への体の回転を知ることができ、前後上下左右を区別できる。

　半規管それぞれの管の膨大部には感覚毛をもった有毛細胞があり、その有毛細胞の上にクプラというゼラチンでできた物質が乗っている。体の回転の開始から停止や急な加速度を伴う動きが起これば半規管も動くが、内部のリンパ液はすぐには動かないので、反動でクプラは体の動きとは逆に動く（図13.11（c））。この流れが感覚毛を機械的に刺激し、有毛細胞に脱分極を起こさせ、その興奮が中枢にまで届けられ、体の回転した方向が正確に感知される。

　聴覚と平衡感覚をまとめると、「有毛細胞の感覚毛を動かす」ことに尽きる。

13.7　最大の組織、皮膚　―触覚―

　ヒト成人では、皮膚は約1.8m^{2}を占める最大の組織で、外側から表皮、真皮がある。表皮は、皮膚の表面を覆う薄い層からなり、血管は分布しておらず、血液の供給は直接受けていない。表皮の消耗は激しく、約10日で細胞が入れ替わる。真皮は表皮より厚く、下に皮下組織（皮下脂肪のたまるところ）を従えている（図13.12（a））。

　皮膚もまた機械的受容器であり、外界からの刺激を一番早く受け取るため、さまざまな受容器がある。受け取る機械的な刺激により、接触したときに感じる触覚、痛みの痛覚、温度による温覚・冷覚などの感覚が生じる。また、そのうち、皮膚を覆う毛の動きを感知する場合と、毛がない部分に受けた刺激を感知する場合とに分けられる。前者において、毛根の部分に神経終末が網の目のように巻き付いた**毛包受容器**（図13.12（a））は、毛の動く機械的刺激により神経に活動電流を発生させる。後者においては、毛がない部分のさまざまな場所に、結合組織のカプセルに包まれている**被包性終末**（図13.12（b））をもつ各種の神経が配置されている。

　"カプセルの形"および"被包性終末の皮膚での位置"により、各種神経は役割を分担している。**マイスナー小体**と**メルケル小体**は皮膚の浅い部分にあり、機械的刺激を受けた場所をハッキリ（狭領域）と、それぞれ「ツルツル・ザラザラ」や「デコボコ」のように中枢に伝えるこ

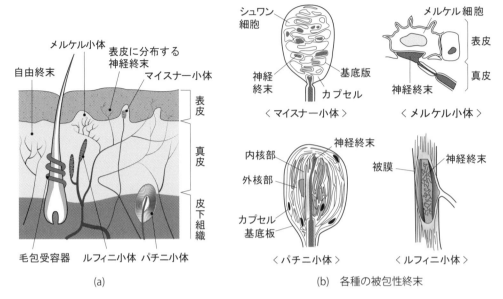

図 13.12　皮膚にある感覚器

とができる。マイスナー小体はカプセルが振動を受けると興奮し、メルケル小体は圧力を受けカプセルが変形すると興奮する（図 13.12（b））。

　一方、パチニ小体とルフィニ小体は皮膚の深部に位置する（図 13.12（a））。パチニ小体は、カプセルの振動により蚊が止まった程度の圧力でも感知できる圧点である。ルフィニ小体はカプセルの変形で皮膚の伸長に応答し、興奮する。毛包受容器および各種の被包性終末から個々の情報が中枢で統合され、皮膚に何が起こっているのか認知される。

　また、皮膚において冷覚と温覚は、温熱受容器を介して感知される。冷覚や温覚を感知する神経は自由終末とよばれる樹木のような枝分かれ構造をもっている（図 13.12（a））。それぞれの温熱受容器は、低温で構造が変わるものから高温で変わるものまで複数あるうちの、特定の温度で構造を変える受容体を備えており、その特定の温度で脱分極する。赤外線により脱分極を起こす温熱受容器をもつ動物も存在する。暗闇の中でも、温血動物（ネズミなど）の体温から発せられる赤外線を正確に探知できるのが、ある種のヘビのピット器官にある温熱受容器である。そのヘビは、温熱受容器を使って狩りをしている。

　温熱受容器は、皮膚だけでなく一部の口腔粘膜にも存在している。温熱受容器は化学物質によっても興奮する場合があり、唐辛子の辛味成分カプサイシンは、味覚によって認知されるのではなく舌の上に分布する温熱受容器で受容される。英語で暑いことを"Hot"、辛いことも"Hot"というが、文字通り高温で構造が変わる受容体がカプサイシンと結合して脱分極を起こし、その興奮を中枢に届けるのである。また同様に、ハッカの主成分メントールは、口腔中に"Cool"とよべる爽やかさをもたらすが、メントールは低い温度を感知できる受容体に結合できるのである。

　触覚のうち痛みは、動物にとってもっとも危険な緊急事態を中枢にもたらす感覚だ。"痛み"を中枢に伝える二つのタイプの侵害受容器（図 13.13）があり、その両方ともに自由終末をもつ。

一つめのタイプは、場所がハッキリわかり素早く中枢に伝えるもので、熱（極度の高温あるいは低温）、化学物質（塩酸など）、機械的刺激（皮膚や筋肉が破れる）に応じ、細胞外の Na$^+$ が神経に流入し脱分極を起こす。その活動電流はミエリン鞘に包まれた跳躍伝導（図 12.9）により中枢に素早く届けられる。高温に触れたような場合は、脳の判断を仰がず脊髄反射により、瞬時に刺激を受けた熱い部分から体を自動的に引き離す応答もある。

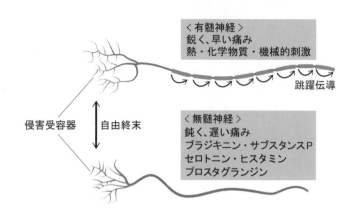

図 13.13　二つの侵害受容器

　一方、二つめのタイプは、一つめの侵害受容器の興奮により周辺に分泌され発痛物質（ブラジキニン・サブスタンス P・セロトニン・ヒスタミン・プロスタグラジンなど）が二つめの侵害受容器の受容体に結合して、直接イオン流入を促進するかあるいは G−タンパク質を介してイオンチャネルを開口させ、脱分極を起こす。その活動電流がミエリン鞘のない軸索上をゆっくりと中枢に向かい、比較的広範囲の鈍い痛みとして認知される。

　速い痛みは、中枢に対し、生死を分ける判断を即座に下すようせまる。一方、遅い痛みは、その損傷に対し、傷を舐める、損傷部位を使わない、休養を取る（ヒトならば病院に行く）といった行動を動物にとらせる。つまり、遅い痛みは、自らの治癒力を高めるための情報となる。

13.8　全感覚の情報を統合する　―中枢―

　これまで紹介したそれぞれの感覚は、中枢である脳の特定の領域に情報が集約される（図 13.14）。さらに中枢内で、それぞれの領域の情報が高次に連携・統合され、「自分の周辺で何が起こっているのか正確に状況把握し、次に起こす行動の意思決定（前頭連合野が関わる）に役立てる」という機能である。本書は生物の入門書なので、脳の機能領域のマップの提示をするに止めるが、現在までに解明された中枢のことは、1,000 頁クラスの専門書に書いてあるので興味のある方は、ぜひ、参照されたい。

　ここまでで、細胞内情報伝達、神経系、内分泌系、感覚器官、の全体が出揃った。多細胞生物においては、体の外部からの情報（味、匂い、光、音、熱、機械刺激、化学刺激、フェロモ

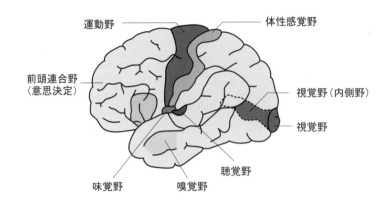

運動野　　　　　　　　　　体性感覚野

前頭連合野
（意思決定）

視覚野（内側野）

視覚野

聴覚野

味覚野　　　　　嗅覚野

図 13.14　感覚の統合と意思決定へ

ンなど）、体の内部の情報（ホルモンや神経伝達物質）のいずれであっても個々の細胞にとっ
ては外部情報であり、それを個々の細胞が受容して細胞内情報伝達で処理後に細胞応答する仕
組みは、単細胞の真核細胞とまったく同じである。また、筋肉や神経の特殊な構造物であって
も、すべて単細胞の真核細胞の中味をアレンジして作り出せたことがわかり、改めて生物の基
本単位は細胞であることを再認識できたところで、本章を終える。

　これまでの章で多細胞生物の分化した体の各組織を説明してきた。また、分化した組織であっ
ても、"繊維芽細胞から筋細胞へ"、"繊維芽細胞から神経細胞へ"、"繊維芽細胞から万能の
iPS 細胞へ"と転写調節因子によって形質転換可能であることも指摘してきた（図 12.4）。次
章では、多細胞生物の体の作り方（発生学）を概説しよう。

第14章 発 生

14.1 双頭のイモリ ―オーガナイザー―

　1902 年ドイツのシュペーマンは、イモリの受精卵が二つの細胞になったタイミングで、自分の赤ちゃんから拝借した細い髪の毛を使い、二つの細胞の間を無理やり分離し、二つの割球にした。すると、それぞれから完全なイモリが生まれた。ヒトにおける一卵性双生児を人工的に作り出したことに相当する。1924 年にシュペーマンはイモリ胚（胚とは、受精卵から生まれるまでの発生途上の段階の総称）の "ある領域（原口背唇部）" を他の胚に移植すると、双頭のイモリが誕生した。"ある領域" は**オーガナイザー**（形成体：初期原腸胚において、隣接する予定外胚葉に働きかけて中枢神経系を誘導する）と命名された（図 14.1）。

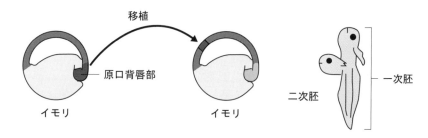

図 14.1　オーガナイザーの発見

　シュペーマンがオーガナイザー活性を測定する方法を提示したのだから、科学ハンターの項（第 3 章）で紹介したように、オーガナイザー活性を担う物質の同定は原理的に可能だ。ところが、採取できるイモリは限られ、そのイモリの小さな胚の "ある領域" だけを大量に集めるのは困難だったため、オーガナイザーが何なのかわかるまでに 60 年以上かかってしまった。1988 年に朝島誠は、脊椎動物胚や培養細胞において、その分化を促進する**アクチビン**（タンパク質）を発見した。アクチビンは、未分化な細胞にふりかけると、低濃度で血球などに、中

図 14.2　アクチビンの濃度で運命が変わる

濃度で筋肉に、高濃度で脊索（さらには神経になる）に、もっと高い濃度で拍動する心筋細胞にとさまざまな細胞に分化させる能力があった。未分化細胞の細胞膜には、アクチビンの受容体があり、アクチビンの濃度によって細胞の応答が質的に変化した（図 14.2）。アクチビンの発見を契機に、胚に働きかけ分化を誘導する多くのタンパク質が見つかるようになった。アクチビン以外の分化誘導因子の同定について、次節以降で説明する。

14.2 　細胞959個の生き物をつくるレシピ —線虫の発生プログラム—

　T4ファージの組み立て方の概略（9.1節）が判明した 1960 年代、イギリスのブレナーは多細胞生物の体の組み立て方の全容解明を目指し、それにもっとも適した生物を探し求めた。その結果、全部合わせてもたった 959 個の細胞しかもたず、体長 1mm ほどの土壌動物である線虫を選んだ。線虫は体が透明なので、959 個すべての細胞を顕微鏡下で見分けることができた。線虫は、大腸菌を餌にできる。つまりブレナーは、それまで研究していた T4 ファージを大腸菌に感染させる代わりに、線虫に食べさせたのだ。さらに、線虫は T4 ファージや大腸菌と同じように凍結保存できた。凍結から解凍すると、線虫は何事もなかったように生き返り、大腸菌を食べ始める。

　ブレナーの同僚サルストンは、1 個の受精卵から 959 個の細胞からなる線虫になる過程をすべて追跡し "細胞系譜" として記録した（図 14.3）。ここで、"T4 ファージ組み立て法" の解析において、T4 ファージの遺伝子に変異を入れると、それに該当するタンパク質に異常が生じ、それにより組み立て異常が起こった（9.1 節参照）。それを単に線虫に応用する。線虫の遺伝子に変異を入れると、細胞系譜のどこかに異常が生じる。どのような異常が生じたかで、"変異が入る前の正常な遺伝子は、本来、線虫の発生に何を起こすのか" が推定できた。

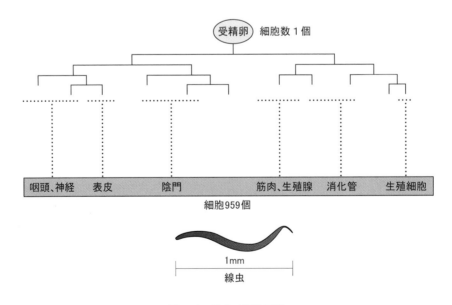

図 14.3　線虫の細胞系譜

　1980 年代に入ると、遺伝子組換え技術の進歩により線虫の発生遺伝子が続々と同定されるようになった。解明されてみれば、発生遺伝子のほとんどは、細胞外シグナル、そのシグナルの受容体、細胞内情報伝達、転写調節タンパク質であった。つまり、第 12、13 章ですでに登場したありふれた役者たちである "さまざまなタンパク質" だった。その役者たちのプログラムされた連携による形態形成の結果、959 細胞からなる見事な多細胞生物・線虫ができあがるのである。

14.3　卵の中で死んだ幼虫を透かして見る　―ハエの発生プログラム―

　T4 ファージ研究を、ショウジョウバエの形態形成に応用したのがドイツのニュスライン・フォルハルトとヴィーシャウスだった。彼らは、ショウジョウバエの遺伝子に変異を入れ、幼虫になれずに卵の殻の中で死んでしまった個体を、殻から取り出して観察した。ハエの幼虫は線虫のように透明ではなく白く濁っているので、顕微鏡でそのまま観察しても何が異常か容易に判別はできない。そこで、彼らは殻の中で死んでいる胚を取り出し、特殊な液体に浸して溶かし、外骨格の透明なキューティクルだけ残す処理をした。それを顕微鏡で観察すると、発生中の胚がどの段階で死んだのか一目瞭然だった（図 14.4）。

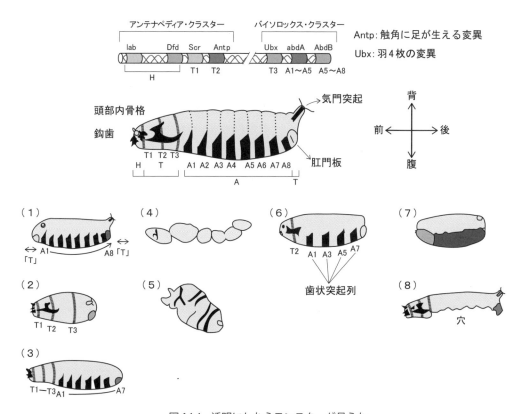

図 14.4　透明にしたらモンスターが見えた

　正常に発生した幼虫のキューティクルの指標として、頭部（H：head）には、鉤歯と頭部内骨格がある。胸部（T：thorax）には T1 から T3 の体節があり、その腹側には歯状突起列（D：denticle belt）が形成される。腹部（A：abdomen）は A1 から A8 の体節があり、その腹側には歯状突起列がある。これらの歯状突起列を使い、幼虫は餌を求めて這いまわることができる。幼虫の尾部（「T」：telson）には、気門突起と肛門板がある。顕微鏡で観察できるこれらの指標から、“（1）H と T1 ～ T3 なし（「T」が頭部にも出現）”、“（2）A1 ～ A8 なし”、“（3）H と「T」なし”、“（4）背側だらけ（D がなく、胚がよじれる）”、“（5）腹側だらけ（D が体節を一周し、かつ胚がよじれる）”、“（6）偶数の体節なし”、“奇数の体節なし”、“（7）体節の中の方向性なし”、“（8）腹側に大きな穴”、などさまざまな幼虫の奇形が顕微鏡で捉えられたのである。

　たとえば、(1)，(2)，(3)，(4)，(5)，(6)，(7)，(8) の奇形があるということは、それぞれ「頭部と胸部を形成しろ」、「腹部を形成しろ」、「前後の先端部を形成しろ」、「腹側を形成しろ」、「背側を形成しろ」、「偶数の体節を作れ」、「奇数の体節を作れ」、「体節の中に方向性を形成しろ」、「腹側に穴を開けるな」と命令を下す発生遺伝子の存在を示している。それらの発生遺伝子の単離と DNA の塩基配列決定が 1980 年代に一斉になされた。“下線を引いていない変異”は転写調節タンパク質の異常が原因であり、“下線が引いてある変異”は細胞の外からの発生シグナルの授受に関連するものも含まれていた。朝島のアクチビン（図 14.2）は、後者の細胞の外から働きかける発生シグナルに該当する。

　iPS 作成等（図 12.4）を復習し、それと前節の線虫の発生、および本節のハエの発生における、転写調節タンパク質の役割についてまとめることとする。iPS 作成のもとになった繊維芽細胞は、それ特有の転写調節タンパク質の組み合わせをもっており、繊維芽細胞に必要なタンパク質を作っている。繊維芽細胞が増殖して新たにできた娘細胞も繊維芽細胞の性質を受け継ぐ。ヒトの 200 種の分化した細胞の性質は、200 種の異なる“転写調節タンパク質の組み合わせ”により維持されていることになる。ここで、繊維芽細胞に“強制的に繊維芽細胞以外の転写調節タンパク質”を発現させると、転写調節タンパク質の種類や数に依存して、それぞれ筋肉細胞、iPS 細胞、神経細胞に形質転換される（図 12.4）。

　受精卵が細胞分裂を繰り返した際に、それぞれの発生中の細胞がもつ“転写調節タンパク質の組み合わせ”は模式図のように、発生が進むにつれ増えていく（図 14.5）。線虫の発生における細胞系譜において、細胞が二つに分裂し、その後に細胞分化の運命が両者で大きく異なっていく様子（図 14.3）は、このモデルによく合致する。

　ショウジョウバエ初期胚の前後軸において、ビコイドは前部が一番濃い濃度で後ろに向かうに従い、濃度が低下する濃度勾配を形成する。その反対に、ナノスは後部から前方へ濃度勾配を形成する。ビコイドはハンクバックの転写を促進し、ナノスはハンクバックの翻訳を抑えるため、将来の幼虫の胸部を形作るハンクバックは胸部に多く局在する（図 14.6）。ハンクバックによって転写を抑えられるクナープスは胚の後方で転写され、翻訳される。

　“（1）H と T1 ～ T3 なし（「T」が頭部にも出現）”、“（2）A1 ～ A8 なし”（図 14.4）、“A2 ～ A7 なし”（図 14.6）の原因となった発生遺伝子が、それぞれハンクバック、ナノス、クナー

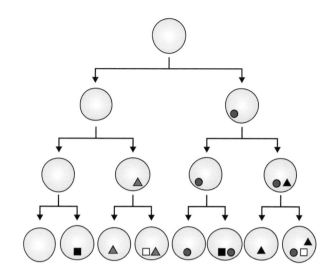

図 14.5　転写調節タンパク質の組み合わせによる細胞分化

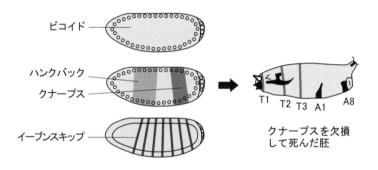

ビコイド

ハンクバック
クナープス

イーブンスキップ

クナープスを欠損
して死んだ胚

T1　T2　T3　A1　　A8

図 14.6　転写調節タンパク質（第 1 ツールキット）の局在

　プスであり、ナノスを除きいずれも転写調節タンパク質であった。転写調節タンパク質群の話し合い（転写への賛成と反対）の採決をとる転写基本タンパク質群が、"転写する"と決めると DNA を折り曲げ、RNA ポリメラーゼ II のプロモーターへの結合を促し、転写を開始させる（図 6.11）。

　アメリカのルイスの行った、"触覚があるべきところに足が生える（Antp）"や"胸が重複した 4 枚羽（Ubx）"などの変異ハエの研究をきっかけに、転写調節タンパク質であるアンテナペディアとバイソロックスが発見されている。アンテナペディアとバイソロックスは、遺伝子のクラスターを形成しており、ハエの前後軸に沿って決まったところで働いている（図 14.4）。ヒトやマウスも、このアンテナペディアとバイソロックスのクラスター（合わせて Hox クラスターとよぶ）を有しており、しかもそれらは 4 倍化（図 10.9）している。この 4 倍化した Hox を用いて、脊椎動物は非常に複雑な体を作り出すことに成功したのである。

　さらに、特定の器官の形成に必要な転写調節タンパク質もある。ハエのアイレスとマウスの

Pax6 は、同じ転写調節タンパク質である。アイレスや Pax6 が働かないとハエでもマウスでも眼ができなくなる。同様に、ティンマンという転写調節タンパク質が働かないとハエでもマウスでも心臓ができなくなる。このように、マウス（新口動物）とハエ（旧口動物）という一見かけ離れた生物に見えても、分子レベルの転写調節タンパク質で比べれば、驚くほどよく似ており、両者に共通の発生のルールがあることになる。

　発生に関わる転写調節タンパク質は、発生というプログラムを作動させる"発生の第 1 ツール・キット（第 1 キット）"とよばれている。それに対し、朝島のアクチビンのように細胞の外から働きかける発生タンパク質を、"発生の第 2 ツール・キット（第 2 キット）"とよんでいる。図 14.4 のショウジョウバエ初期胚の異常 (4), (5), (7), (8) の解析などから、たくさんの第 2 キットが発見されたので、次節で紹介しよう。

14.4　隣近所のコミュニケーション　— 発生の第 2 ツールキット —

　多細胞の動物において、細胞同士はシナプス間隙での神経伝達物質や内分泌系でのホルモンでコミュニケーションをとれる。発生中の初期胚も多細胞ではあるが、細胞の数は少なく胚の大きさも小さい。その小さな胚の中では、局所的なコミュニケーションが必要とされる。第 2 キット筆頭の朝島のアクチビンは、濃度によって細胞に異なる運命を与えることができた（図 14.2）。小さな胚の中で、濃度差をつけるためには、アクチビンを作って細胞外に放出する場所は胚の中で限局されなければならない（胚の全細胞がアクチビンを放出したら濃度差は生まれない）。アクチビン自身あるいは"細胞膜上にあるアクチビン受容体"によって、アクチビンの拡散性が制御され、アクチビン産生領域から周辺に向けて、アクチビンの濃度勾配が形成される。周辺の細胞は、アクチビンの濃度で決められた運命を選択すれば良い。

　第 2 キットに、発生において細胞の増殖や分化などの運命決定に関与するデルタとノッチがある。デルタとノッチはともに細胞膜上のタンパク質である。"隣の細胞膜上のデルタ"と相互作用した"ノッチを膜上にもつ細胞"は、細胞内情報伝達を経て自身の運命を決める（図 14.7）。ショウジョウバエ初期胚で、"腹に大きな穴"が開く変異ノッチがある（図 14.4 の 8 番目の変異体）。幼虫の感覚神経になる細胞は、腹を包む上皮細胞から分化する。上皮細胞の集団は、最初は均一にデルタとノッチの両方のタンパク質を細胞膜上にもっている。

　この中から、デルタの量がその周辺に比べ増加した細胞が、ランダムに出現する。すると、デルタは周辺の細胞膜上のノッチに作用し、"自分が神経細胞になるから、君たちは腹を包む上皮細胞のままでいなさい"と指令を出す。ところが、デルタのいうことを聞かなくなった変異ノッチは、腹の皮でいることを拒否し、自分も神経細胞に分化してしまう。すると、神経細胞がたくさんできた代償として、それを守る腹の皮がなくなり、腹に大きな穴が開くため、胚は死ぬのである。このように、デルタとノッチは、隣の細胞同士でコミュニケーションを取って、お互いの発生運命を決めているのであり、同じシステムは線虫（前節の細胞系譜のいくつかの分岐に関わる）やヒトでも作動している。

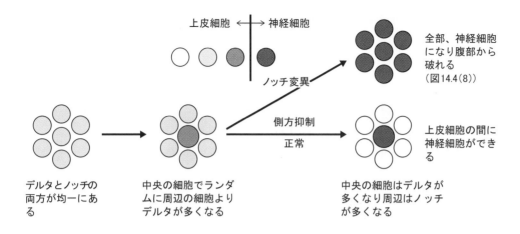

図 14.7　隣同士のコミュニケーション（ノッチとデルタ）

分泌され、隣近所の数個分の細胞に拡散する第 2 キット、ウィングレス（Wg）とヘッジホッグ（Hh）がある（図 14.8）。ショウジョウバエ初期胚の各体節には前後の方向性がある。ところが、それが失われた "体節の中の方向性なし" という変異がある（図 14.4 の 7 番目は Hh の変異体）。初期胚の一つの体節を構成する細胞は 7 個であり、その 7 個に対して方向性を与えることができなければ、当然ながら "体節の中の方向性なし" となる。Wg あるいは Hh はそれぞれたった 1 個の細胞から分泌・放出され、隣接する数個分の細胞にしか拡散せず、放出細胞から遠ざかれば急速に濃度が低下する。" Hh の受容体 " の分布にも偏りがあるため、Wg、Hh、Hh 受容体の組み合わせから、一つの体節の中の 7 個の細胞は、それぞれの運命を決めることができ、体節の方向性が確定する。

これら第 2 キット群（ノッチ、デルタ、ウィングレス、ヘッジホッグ）はヒトやマウスの発生にも使われており、ヒトにおいてこれらに異常が生じると重篤な疾患を発症する。また、わかりやすい例として、ニワトリ胚の将来前肢になる膨らみ部分の ZPA という領域から前肢が形成される（図 14.9 (a)）。このとき、ZPA の上側に、ヘッジホッグを注入すると、本来の前肢に加え、鏡像的な前肢が余分に生えてくる（図 14.9 (b)）。ニワトリではヘッジホッグが前肢を作れと命令しているのである。

ショウジョウバエの第 2 キットのデカペンタプレジック（Dpp）は、脊椎動物の BMP2/4 やアクチビン

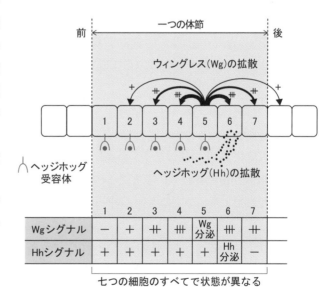

図 14.8　7 種類の細胞が生まれる

と良く似た構造をもつ分泌タンパク質である。ショウジョウバエの初期胚でDppが失われると、"腹だらけ"の奇形が生じる（図14.4の5番目の変異体と同じになる）。Dppは背側の細胞で放出され"背を作れ"と命令できる。背側から腹側に向けてDppは拡散し、濃度勾配を形成し、一番濃度が薄くなったところが腹になる。したがって、Dppがなくなれば全部が腹になる。デルタとノッチの項目で説明したように、幼虫の神経は腹側にできる。一方、脊椎動物の初期胚でBMP2/4（Dppと同じ）は腹側から分泌され、神経は背中側に形成される。ここで、ハエでも脊椎動物でもDpp（BMP2/4）の分泌された反対側に神経細胞ができる、という共通のルールが見出される。

　ハエと脊椎動物は、それぞれ旧口動物、新口動物に分類される。両動物ともに、発生の際、**外胚葉・中胚葉・内胚葉の三胚葉**を形成する過程を経る（図14.10）。外胚葉は皮膚・神経系・感覚器、中胚葉は骨格系・筋系・循環系・泌尿生殖系、内胚葉は消化器系・呼吸器系・尿路へと発生していく領域である。三胚葉をもつ胚に穴が開き、**原腸貫入**が起こり、それが貫通する。最初に穴が開いたところが将来の口になる動物が旧口動物で、貫通後にできる穴が将来の口になるものを新口動物とよぶ。

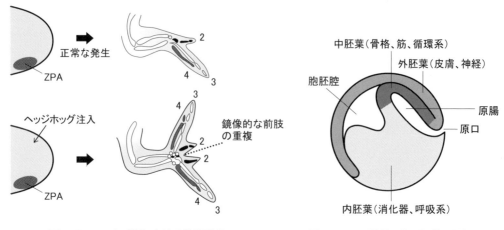

図14.9　ニワトリ胚における前肢形成　　　　図14.10　原腸貫入と三胚葉の分化

　ハエと脊椎動物の共通の祖先動物は、左右対称で前後軸があり、アイレスで作られた眼をもち、ティンマンで作られた心臓をもつ。しかし、ハエの祖先と脊椎動物の祖先が、進化のうえで分かれる際に、発生のプログラムの逆転（背腹の逆転、口と肛門を作る順番の逆転）が起こったという仮説が提唱されている（図14.11）。LUCAの誕生や、古細菌と真正細菌が別々の道に分かれたこと、真核細胞の誕生と同様に、旧口動物と新口動物が分岐した詳細な経緯も謎のままだ。

　転写因子の第1キットは、他の第1キットの合成あるいは抑制、どの第2キットをどれくらい作るか作らないか、どの第2キットの受容体を用意するかしないか、を通じて細胞の運命に影響を与える。第2キットは、受容体に結合し、濃度依存的に細胞内の異なる強度のシグナルを送る。そのシグナルは、さまざまな第1キット、第2キットの合成を促し、細胞の運命を変え

る。多数の第1キット、第2キットの組み合わせで多彩な発生を生み出すポテンシャルをもつ。そのため、生物界に多種多様な形態が満ち溢れるのである。

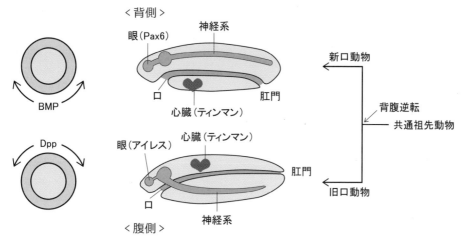

図 14.11　左右対称動物の共通性

　さて、ここまで話を続けてきたが、発生を語るとき、多細胞が"細胞から細胞へ"の原則を守り子孫を残すためには、"確実な受精"が必要不可欠となる。

14.5　次世代に夢をつなぐ　―生殖器系および求愛行動―

　単細胞の真核生物であろうが多細胞の真核生物であろうが、共通して減数分裂を介した配偶子を形成し、二つの配偶子の合体（有性生殖）で次世代の細胞を作っている。たとえば、単細胞のゾウリムシは無性生殖で増殖できるものの、その分かれる回数は限られており、定期的に有性生殖して新規の細胞に生まれ変わる。多細胞生物では、有性生殖専用に特化した細胞として、次世代に渡す配偶子（減数分裂を経て作られる精子と卵子）を作る。その器官を生殖器系という。

　ヒト男性の生殖器系は、精子を産生する精巣と精子を体外に導く導管系や付属の腺からなる（図14.12）。精巣には細精管が数百本集合していて、細精管の中では周辺部から中心部に向かって精子形成が進められ、1日に約6,000万から8,000万個の精子ができる。細精管内の精原細胞は二つに分裂して、一方は精子形成（減数分裂を起こす）へ進み、一方は精原細胞のまま、細精管の基底膜の所に残り、数が一定に保たれている。精子へ分化するためのホルモンや養分は細精管内のセルトリ細胞が供給する。ヒトは、進化の系統上、オピストコンタとよばれる1本のべん毛をもつ真核細胞の大きなグループに属する。精子の形態は、まさにヒトがオピストコンタの子孫であることを示す（図8.10、図10.2 (a)）。

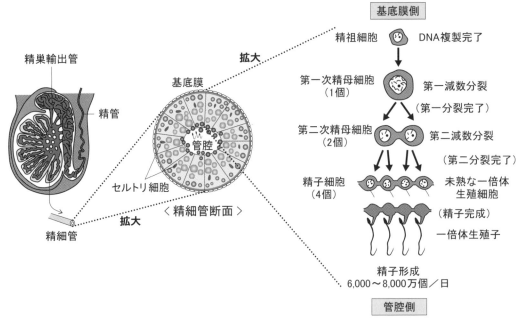

図 14.12　精子形成

COLUMN (6) ═══════《万世一系》═

　減数分裂により形成された精子は、性染色体として、1 本の X あるいは 1 本の Y 染色体のどちらか一方しかもたず、それに対して卵子はすべて 1 本の X 染色体しかもたない。たとえば、男子継承で継がれてきた源氏と平氏の家系図は、清和や桓武天皇まで辿れる。また、さらにそれ以前の天皇家を遡れば、実在が確実と思われる継体天皇（6 世紀）までいきつく。それは、Y 染色体が、男性から男性へしか継承されないため、生物学的に天皇家男子は継体天皇の時代から、脈々と男性天皇のオリジナルの Y 染色体を受け継いできているのだ。皇統の男子継承のぜひは別として、これが、生物学的視点からの万世一系である。現在、多人種の全ゲノム配列が解読され、興味深いことに、とくに中央アジアを中心に突出した頻度で多くの男性に検出される Y 染色体の断片がある。それは 13 世紀ユーラシアに大版図を築いたモンゴル帝国の始祖、チンギス・ハンに由来すると推定されている。

　ヒト女性の生殖器系は卵子を作る卵巣と受精卵を育てる子宮が中心となっている（図 14.13）。卵は卵巣内の濾胞中で成熟し、輸卵管に排卵される。ヒトの卵巣は直径 3.5cm くらいの卵型で、左右に一対ある。卵巣内の卵原細胞は胎児期にすべて一次卵母細胞に分化し、出生時までに約 200 万個作られ減数分裂の第一分裂前期の状態で休眠する。つまり、卵子を作る工程の最後の第二減数分裂のみを残し、そこまでの作業は生まれる前に終わっている。200

万個あった一次卵母細胞は思春期までに約 40 万個に減少するものの、思春期になると約 1 カ月に 1 個の割合で減数分裂を再開させ、濾胞中で成熟させ二次卵母細胞として排卵する。

　成人女性が一生の間に排卵する卵の数は 400 個程度である。それを考えると、あり余る数が次世代につなぐために用意されている用心深さといえるだろう。排卵された二次卵母細胞は第二分裂中期の状態で輸卵管に入ったところで精子と出会う。減数分裂の第二分裂は、受精した後に完了する。受精卵は、「細胞から細胞へ」の原則に則り、卵割を繰り返しながら子宮に向かい、受精後およそ 1 週間で子宮壁に着床する。着床した胚は、本章で解説した発生プログラムに沿い、細胞数を増やしつつ、本書の全編で説明したさまざまな器官や組織を形成し、ヒトとして誕生することになる。種を継ぐための卵子の形成と受精の仕組みの精巧さはまさに神秘的であり、その設計は文明の進んだ今日、人類の成し得たどの創造物をも超越しているといえるだろう。

　受精により父母のゲノムは、受精卵という一つの細胞に同居することになる。受精時に精子由来のミトコンドリアは、卵細胞への侵入を拒否されるか、たとえ侵入できてもオートファジーによる分解を受けるため、ヒトを含めた動物の体細胞に含まれるミトコンドリアは卵細胞のみに由来する。すなわち、ミトコンドリアおよびミトコンドリアに含まれる DNA は、母系遺伝する。読者を構成する細胞内のミトコンドリアは、母・母の母（母方の祖母）・母の母の母、・・・から受け継がれたものである。

　最後に、図 14.13 のように同種の精子と卵子が受精し、次世代に "細胞から細胞へ" の原則を引き継ぐためには、種特異的に異性同士が認識しあい、配偶子を合体させる仕組みの獲得が、種が生き延びる最低条件となる。昆虫のフェロモン、オスのクジャクの見事な羽、昆虫に花粉を運ばせるための甘い蜜、など生命を継ぐための種ごとの工夫は生物界を多彩で豊かなものに

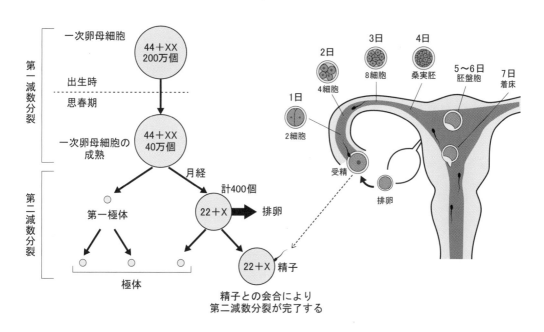

図 14.13　受精卵から始める "細胞から細胞へ" の夢

するが、その背後には第1章でも述べた“細胞から細胞へ”という細胞の夢の実現があるのだ。しかもその夢は、がん細胞のように個体を破滅させるのではなく、世代から世代へと多細胞として生きていけるようにするものであった。

　生物の基本単位である細胞の夢“細胞から細胞へ”が起こる仕組みのあらすじを、第1章から本章までで説明し終えたところで、本書を終える。

終章　「魂の在りか」

「我思う、ゆえに我あり」を残したデカルトは、ヒトの脳内にある**松果体**という構造が"魂の在りか"と推測した（図0.3（a））。しかしながら、"魂の在りか"はいまもわかっていない。その代わり松果体にはヒトの日周期（生物時計ともいう）をコントロールするホルモンを放出する内分泌系としての働きが割り当てられた。視覚からの情報は、視交叉上核を経て、松果体が受け取る（図0.3（c））。松果体は、夜間にメラトニンというホルモンを分泌する。進化学者ドブジャンスキーの言葉「進化的観点がなければ、生物学のすべては意味をもたない」にならい、松果体の進化を他の二つの動物との比較を通じた視点から眺めて本書を閉じることにする。

5億500年前に棲息していた、脊椎動物に近い動物ピカイアにそっくりな動物としてナメクジウオがいる（図0.3（b）上）。ナメクジウオは小さく（体長1〜2 cm）かつ透明で海底から上を見る必要がある。上からの光が透明な体を透過するため、体内の脊髄の中にある視細胞でも十分に上を見ることができる（図0.3（b））。その名残が、両眼（外側眼二つ）の他に頭頂眼という形で、発生中のヒト胚に現れる。しかし、発生のさらなる進行に伴い、ヒトの脳は不透明かつ頭頂は頭蓋骨で囲われ光が届かなくなるため、作りかけた頭頂眼（水晶体まで用意したのに）は実際に眼にはならない。まさに、この頭頂眼の一部が転用されて、ヒトの松果体という内分泌器官となり、光によって作り出された生物時計のリズムを全身に届けるように進化したのである。

生物時計（日周期）の中心部の部品を捕えた"時計ハンター"は、T4ファージの研究から

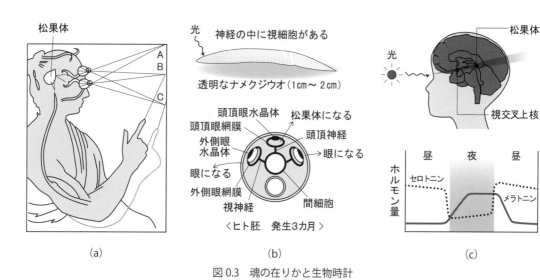

図0.3　魂の在りかと生物時計

ショウジョウバエを使った研究に転向したアメリカのベンザーだった。ベンザーはショウジョウバエに変異を導入し、“正常と異なる長さのリズムを刻むハエ”や“リズムをなくしたハエ”を作り出した。“時計の部品”を壊したのである。この発見を契機に、部品（タンパク質）の情報のもととなるハエの遺伝子群が同定され、それらと同じ働きをするヒト遺伝子が視交叉上核で働いているのがわかったのである。光の刺激は眼から入り、視交叉上核で生物時計のリズムがつけられ、その情報が松果体に、昼夜で分泌するメラトニン量に差をつけさせたのだ（図0.3（c））。残念ながら、ベンザーはノーベル賞を受賞していないが、時計の部品とその作動の仕組みの解明が、2017年になりノーベル賞受賞対象となった。

　デカルトが着目した松果体に魂は宿っていなかったが、祖先動物から引き継いだ光のリズムが宿っていた。このように生物学において、ヒトの松果体を真に理解するのには、ナメクジウオやハエのことを知る必要がある。ドブジャンスキーの格言は、生物界全体がLUCAの子孫として“細胞から細胞へ”の原理で現在まで生き延びた大きなファミリーであることを見据えたものである。

　まるで辞典のように詳しい専門的な教科書に載っている説明は、本書のような生物学の入門書では不可能だ。しかし、入門書の良いところは短時間でその学問の全体像を、鳥が空から地上を眺めるように（鳥瞰、俯瞰）一望できることだ。鳥が同じ場所を何度も旋回するように、何度か本書を読んでいただきたい。そうすれば、生物学の基本を習得できるはずだ。そして鳥となった読者それぞれが、興味をもてる風景を捉えそこに舞い降りる（参考文献を読むあるいは自ら興味をもったことを調べるなど）ことがあるならば、そして生物学が嫌いではなく、少しでも好きになってもらえたならば、望外の幸せである。

終わりにあたり

　これまでに著者二人が大学で講義した学生数は、合わせて延べ 5,100 人を超える。それら学生諸君からの著者らの講義へのコメント（面白い、あるいはわからない等）への回答が本書に随所に反映されている。これまで著者らの講義を受けた学生諸君に感謝するとともに、本書で勉強し何らかのコメントをする未来の学生諸君にあらかじめ感謝しておく。学生諸君が生物学に興味を抱くのに、本書が少しでも役立つことを切に願う。

　本書冒頭に、ヒト細胞を培養する記載がある（図 1.11）。著者の一人の恩師で故人となった山田正篤先生（東京大学名誉教授）は、日本におけるヒトを含めた哺乳類細胞の培養技術の確立に貢献した。その技術について、恩師より直接講義を受けた学生時代が思い出される。著者二人の共通の恩師である榎本武美先生（東北大学名誉教授）と著者らが小さな研究チームを組み、科学ハンター（第 3 章）として、DNA 複製や DNA 修復に関わる標的を追い求めた経験、さらに著者二人はもう二人の仲間とともに現在も科学ハンターとして活動している経験も、本書の随所に反映されている。

　第 3 章のコラム（背中で IgE を捕まえる）で登場した故 石坂公成先生は山田先生の大学時代の同級生であり、山形で引退されていた石坂先生のもとに山田先生・榎本先生および著者の一人で訪問したことも、遠い思い出となっている。著者らは多くの方々から影響を受けており、その方々からの教えの幾つかも本書に反映させている。ゆえに、本書の出版に直接的あるいは間接的に影響を与えたすべての方々に感謝申し上げる。

令和 2 年 11 月　　　　　　　　　　　　　　　　　　　　　　　　　　　　　　筆　者

図の引用元

　本書には、三つ（1）～（3）のタイプの図が掲載されている。（1）オリジナルに作成したもので、引用元の記載は必要ない。（2）アミノ酸、DNA、細胞、ヒトの組織、地球、化学式、などの生物学・化学・物理・地学に関する一般的事項（高校の教科書に掲載されているようなもの）については、本書で参考にしているいくつかの教科書の内容から、ムイスリ出版で新たに図を描き起こした。引用元の記載は特に必要ない。一方、（3）特定の参考文献やHPに掲載の図を改変したものについては、下記に引用元を記した。

トビラ裏の電子顕微鏡（JEM-3200FS）日本電子株式会社提供

図 3.11、図 4.10、図 7.4　『星屑から生まれた世界』ベンジャミン・マクファーランド、化学同人、2017

図 3.12　　CERN HP, Super-Kamiokande HP

図 3.13　　国立天文台 HP

図 3.14　　『ヒトの中の魚、魚の中のヒト』ニール・シュービン、早川書房、2013

図 5.10、図 5.11（b）、図 9.2、図 9.4、図 9.5、図 9.20、図 9.21、図 9.22、図 10.1、図 10.2、図 10.3、図 11.1（a）（b）、図 11.4　東京大学 LS-EDI 生命科学教育用画像集

図 7.3　　National Human Genome Research Institute HP

図 7.7　　Major new microbial groups expand diversity and alter our understanding of the tree of life. C.J. Castelle & J.F. Banfield, *Cell*, 172, 1181-1197, 2018

図 8.11　　国立研究開発法人海洋研究開発機構 HP

図 9.7　　サイエンスビュー生物総合資料、長野敬・牛木辰男（監修）、実教出版、2019

図 9.10　　啓林館高校理科 HP

図 9.13　　東京大学 水島研究室 HP

図 10.10　Reconstructing the genome of the most recent common ancestor of flowering plants, F. Murat *et.al., Nature Genetics,* 49, 490-496, 2017

図 10.11、図 10.12、図 10.13、図 10.15　『生物系薬学 II 日本薬学会編』東京化学同人、2015

図 10.16　『交雑する人類』デイヴィッド・ライク、NHK 出版、2018

図 13.3、図 13.7、図 13.10、図 13.11（a）、図 0.3（b）『感覚器の進化』岩堀修明、講談社、2011

図 14.4、図14.6、図14.11　Coming to life Christiane Nüsslein-Volhard,Kales Press 2006

図 14.8　　Developmental Biology（seventh edition）Scott , F Gilbert,Sinauer Associates Inc ., 2003

参考文献

【本書全般を包含するヘビー級教科書（生物学を本気でものにしたい方へ）】
簡単ではないが、下記の一つでも読破できれば生物学は習得できたといえる
1)　『エッセンシャル・キャンベル生物学（原書 6 版）』丸善出版、2016
2)　『レーヴィン・ジョンソン生物学（第 7 版、上・下）』培風館、2016
3)　『エッセンシャル生化学（第 3 版）』東京化学同人、2018
4)　『ヴォート基礎生化学（第 5 版）』東京化学同人、2017
5)　『細胞の分子生物学（第 6 版）』ニュートンプレス、2017
6)　『遺伝子の分子生物学（第 6 版）』東京電機大学出版、2010

【本書で参考にした教科書（興味を持った章を、さらに理解したい方へ）】
章の内容ごとに下記の教科書も参考にした。なお、章と文献の対応リストは 222 頁に掲載
7)　『シンプル微生物学（第 6 版）』南江堂、2018
8)　『微生物生態学』京都大学学術出版会、2016
9)　『ブラック微生物学（第 3 版）』丸善出版、2014
10)　『コンパス分子生物学（第 2 版）』南江堂、2015
11)　『細胞の物理生物学』共立出版 、2011
12)　『生物系薬学 I（日本薬学会編）』東京化学同人、2015
13)　『生物系薬学 II（日本薬学会編）』東京化学同人、2015
14)　『ハートウェル遺伝学』メディカル・サイエンス・インターナショナル、2010
15)　『ヒトの分子遺伝学（第 4 版）』メディカル・サイエンス・インターナショナル、2011
16)　『遺伝子工学―基礎から医療まで』廣川書店、2017
17)　『入門人体解剖学（第 5 版）』南江堂、2012
18)　『機能形態学（第 4 版）』南江堂、2018
19)　『薬系免疫学（第 3 版）』南江堂、2018
20)　『進化』メディカル・サイエンス・インターナショナル、2009
21)　『ウォルパート発生生物学（原著 4 版）』メディカル・サイエンス・インターナショナル、
　　　2012

【本書で参考にした画像集（見るだけでわかった気になりたい方へ）】
眺めるだけで楽しめる
22)　『生命の不思議』創元社、2014
23)　『生命のメカニズム（原著第 2 版）』シナジー、2015
24)　『遺伝子図鑑（国立遺伝学研究所編）』悠書館、2013
25)　『生物の進化大図鑑』河出書房、2010

26）『ドーキンス博士が教える「世界の秘密」』早川書房、2012

27）『ブレインブック』南江堂、2012

28）『サイエンスビュー生物総合資料』実教出版、2019

29）東京大学 LS-EDI 生命科学教育用画像集

【本書に関する英文論文（生物学の最先端を自ら苦労して覗いてみたい方へ）】

大学1年生の初学者にとって、英文論文を理解することは困難であり、通常は読まない（読めない）。よって、たくさんの論文リストをあげるのではなく、最先端の研究の雰囲気を味わえる数報のみあげる。挑戦者の出現を期待する

30）Spontaneous emergence of cell-like organization in *Xenopus* egg extracts, X. Cheng & J.E.Ferrell Jr., *Science* 366, 631-637, 2019

「細胞から細胞へ」の原則に反し、物質の集合体から細胞が出現する可能性を示した論文。今後、これに関する研究が、どのように展開していくのであろうか？

31）Signatures of mutational processes in human cancer. L.B. Alexandrov *et. al.*, *Nature* 500, 415-421, 2013

がん細胞に膨大な数の変異が検出され、多いもので1,000塩基に一つの変異が検出される。変化する DNA 配列の意味を考えさせられるであろう。

32）From chemolithoautotrophs to electrolithoautotrophs: CO_2 fixation by Fe（II）-oxidizing bacteria coupled with direct uptake of electrons from solid electron sources, T. Ishii *et. al.*, *Frontiers in Microbiology*, 10.3389/fmicb.2015.00994

岩に流れる電気を使って（食べて）生きている細菌が発見された。生物とエネルギーの普遍的な関係について考えさせられるであろう。

33）Molybdenum-catalysed ammonia production with samarium diiodide and alcohols or water. Y. Ashida *et. al.*, *Nature* 568, 536-540, 2019

触媒のモリブデン（Mo）を用い、常温常圧で窒素ガスからアンモニアを化学合成することに成功した。窒素循環における今後のヒトの役割について考えさせられるであろう。

34）Isolation of an archaeon at the prokaryote–eukaryote interface, H. Imachi *et. al.*, *Nature* 577, 519–525, 2020

深海から単離した古細菌（真核細胞の特徴を有する）を12年かけて培養することに成功した。ヒトを構成する真核細胞の誕生の秘密にヒントを与える発見。我々がどこから来たのか考えさせられるであろう。

【本書に関する一般書（気軽な本を読み、知識を広げたい方へ）】

章と下記の一般書の対応リストは、222 頁に掲載

35) OXFORD PORTRAITS in SCIENCE、ルイ・パスツール、大月書店、2010

36) OXFORD PORTRAITS in SCIENCE、ライナス・ポーリング、大月書店、2011

37) OXFORD PORTRAITS in SCIENCE、マリー・キュリー、大月書店、2007

38) OXFORD PORTRAITS in SCIENCE、アーネスト・ラザフォード、大月書店、2009

39) OXFORD PORTRAITS in SCIENCE、クリックとワトソン、大月書店、2011

40) 『やれば、できる』小柴昌俊、新潮社、2003

41) 『生命 40 億年全史』リチャード・フォーティ、草思社、2003

42) 『生命の惑星』チャールズ・H・ラングミューアー ＆ ウォリー・ブロッカー、京都大学学術出版会、2014

43) 『星屑から生まれた世界』ベンジャミン・マクファーランド、化学同人、2017

44) 『岩は嘘をつかない』デイヴィット・R・モンゴメリー、白揚社、2015

45) 『ヒトの中の魚 魚の中のヒト』ニール・シュービン、早川書房、2013

46) 『ミトコンドリアが進化を決めた』ニック・レーン、みすず書房、2007

47) 『光合成とはなにか』園池公毅、講談社、2008

48) 『生命を支える ATP エネルギー』二井將光、講談社、2017

49) 『内臓の進化』岩堀修明、講談社、2014

50) 『1,000 ドルゲノム』ケヴィン・デイヴィース、創元社、2014

51) 『分子からみた生物進化』宮田隆、講談社、2014

52) 『見えない巨人』別府輝彦、ベレ出版、2015

53) 『OXFORD PORTRAITS in SCIENCE』メンデル、大月書店、2008

54) 『「がん」はなぜできるのか』国立がん研究センター、講談社、2018

55) 『裏切り者の細胞―がんの正体』ロバート・ワインバーグ、草思社、1999

56) 『交雑する人類』デイヴィッド・ライク、NHK 出版、2018

57) 『我々は生命を創れるのか』藤崎慎吾、講談社、2019

58) 『生命創造』アダム・ラザフォード、ディスカバー、2014

59) 『OXFORD PORTRAITS in SCIENCE』ダーウィン、大月書店、2007

60) 『チョコレートを滅ぼしたカビ・キノコの話』ニコラス・マネー、築地書館、2008

61) 『感覚器の進化』岩堀修明、講談社、2011

62) 『がん免疫療法とは何か』本庶佑、岩波書店、2019

63) 『人体誕生』山科正平、講談社、2019

64) 『新しい発生生物学』木下圭・朝島誠、講談社、2003

65) 『時間、愛、記憶の遺伝子を求めて』ジョナサン・ワイナー、早川書房、2001

【本書で参考にした各種ホームページ（HP）】

66）CERN HP

67）Super-Kamiokande HP

68）国立天文台 HP

69）国立研究開発法人海洋研究開発機構 HP

70）National Human Genome Research Institute HP

71）啓林館高校理科 HP

72）東京大学 水島研究室 HP

73）巨峰について：岡山太陽のそばの果樹園 HP

74）テルモ HP

【本書での直接の引用はないが、大学生の教養として読んでおきたい一般書】
歴史的な名著、伝記、最近の著作物から数点を載せておく

75）『生命とは何か』シュレーディンガー、岩波書店、2008
　　生物と無生物の違いを物理学・化学で説明し、解かれていない問題点を鋭く指摘した名
　　著

76）『偶然と必然』J・モノー、みすず書房、1972
　　本書にも掲載の *lac* オペロンの発見者が、生物学へ思想的な問いかけをした名著

77）『生命とは何か（第2版）』金子邦彦、東京大学出版、2014
　　シュレーディンガー以降の最新の情報を交えた、数理学で解き明かす生命の神秘

78）『DNA に魂はあるか』F・クリック、講談社、1995
　　DNA 二重らせんの発見者のひとりクリックが DNA 二重らせん発見以降の生物学の潮流
　　について語る。さらに人類未踏の分野である「ヒトの意識解明」に向けた提言

79）『利己的な DNA』リチャード・ドーキンス、紀伊國屋書店、1976
　　DNA の視点から個体・種を捉え直す思想的な問いかけをした

80）『流れとかたち』エイドリアン・ベジャ & J・ペダー・ゼイン、紀伊國屋書店、2013
　　熱力学の視点から万物のかたち（生物を含む）を決める物理法則について論じている

81）『ソロモンの指輪』コンラート・ローレンツ、早川書房、1980
　　動物の行動を科学にしたパイオニア

82）『セレンゲティー・ルール』ショーン・B・キャロル、紀伊國屋書店、2017
　　本書では紙面の都合上ふれることのできなかった生物学の大きな分野である生態学がよ
　　くわかる

83）『OXFORD PORTRAITS in SCIENCE』フロイト、大月書店、2008
　　心理分析のパイオニア

84）『OXFORD PORTRAITS in SCIENCE』ウィリアム・ハーヴィー、大月書店、2008
　　心臓の働きを突き止めた

85）『OXFORD PORTRAITS in SCIENCE』パブロフ、大月書店、2008
　　　動物の行動と生理学を結びつけた

【章ごとに特に参考にした教科書、英文論文、一般書、HP】
各章で参考にした文献番号を列記する（全章に関連し常に参照する 1 〜 6 の包括的な教科書は、
このリストには含めない）
序章：18, 27, 35, 63
第 1 章：7, 8, 9, 52
第 2 章：10, 12, 13, 22, 36, 39
第 3 章：37, 38, 40, 41, 42, 43, 44, 45, 66, 67, 68
第 4 章：12, 13, 46, 47, 48
第 5 章：9, 11, 12, 13, 17, 18, 49, 52
第 6 章：10, 31, 39, 51, 54, 55, 59
第 7 章：7, 8, 9, 10, 16, 43, 50, 52, 57, 58, 70
第 8 章：23, 32, 40, 41, 42, 43, 44
第 9 章：14, 15, 55, 60
第 10 章：14, 15, 53, 56
第 11 章：7, 8, 9, 17, 18, 19, 35, 49, 62, 63, 74
第 12 章：18, 49, 61
第 13 章：18, 49, 61, 63
第 14 章：21, 61, 63, 64
終章：61, 65

索　引

謝　辞

　著者二人ともに、物理と化学で大学受験し、大学での生物学の講義を受ける際におおいに苦労した実体験をもつ。その後に著者略歴からわかるように、著者らは東北医科薬科大学（以前に東北大学、武蔵野大学にて）で1、2年生の学生に生物学を基盤とした講義をする立場となっている。大学の授業アンケートで、「高校で生物学をキチンと勉強しなかったので、授業内容が頭の中にまったく入らない」「覚えることが多すぎて大変」などと記載する学生が一部ではあるが後を立たない。その理由の一つに、いずれの教科書も講義15回で学習できる内容の5倍以上の情報が詰め込まれており、かつ記載が羅列的であることにある。学生が短い時間で読破でき、さらに何度でも繰り返して読み、簡単に生物学全体を鳥瞰できるようなものがない、と感じていた。

　このような状況下で、コンピュータ関連を主体とした教科書の出版を手掛けていたムイスリ出版の橋本豪夫さんより、著者らに声掛けがあったことが本書誕生のきっかけであった。著者らにとって初めての教科書執筆、ムイスリ出版でも初めての生物学の教科書ということもあり、著者らは読者に少しでも理解できるようにと図に相当の工夫をこらした。それら作図したものの中で、判読困難な例が多々出て、出版社側にご不便を掛けてしまったことがいくつもあった。

　ようやく出版の運びとなり、橋本さんをはじめとするムイスリ出版の方々の多大なる尽力、本書へのコメントにおおいに感謝申し上げる。また、一部イラストを手掛けた関まゆみさんにも感謝申し上げる。

令和2年11月　　　　　　　　　　　　　　　　　　　　　　　　　　　　　　　著者

著者略歴

吉村 明（薬学博士・東北医科薬科大学薬学部 講師）
　宮城県第二女子高等学校、東北大学薬学部を経て、東北大学大学院薬学
　研究科にて助手となる。同大学院で薬学博士号を取得後、武蔵野大学薬
　学部の助教を経た後、講師となり、2017 年より現職。

関 政幸（薬学博士・東北医科薬科大学薬学部 教授）
　埼玉県立浦和高等学校、東京大学薬学部、東京大学大学院薬学系研究科
　を経て薬学博士号を取得する。理化学研究所およびイギリスオックス
　フォード大学での博士研究員を経た後、東北大学大学院薬学研究科にて
　助教、准教授となり、2013 年より現職。

2020 年 3 月 26 日　　　　　初　版　第 1 刷発行
2021 年 1 月 30 日　　　　　第 2 版　第 1 刷発行

大学新入生のための**基礎生物学**（第 2 版）

著　者　吉村　明／関　政幸　©2021
発行者　橋本豪夫
発行所　ムイスリ出版株式会社

〒169-0073
東京都新宿区百人町 1-12-18
Tel.03-3362-9241（代表）　Fax.03-3362-9145
振替 00110-2-102907

ISBN978-4-89641-298-7　C3045